WAGNER MARINI

Onde está Deus,

De onde viemos e Nossos desígnios

2024

Copyright © 2024 Wagner Marini
1ª Edição

Direção editorial: Victor Pereira Marinho e José Roberto Marinho

Capa: Fabrício Ribeiro
Projeto gráfico e diagramação: Fabrício Ribeiro

Edição revisada segundo o Novo Acordo Ortográfico da Língua Portuguesa

Dados Internacionais de Catalogação na publicação (CIP)
(Câmara Brasileira do Livro, SP, Brasil)

Marini, Wagner

Onde está Deus, de onde viemos e nossos desígnios / Wagner Marini. –
São Paulo: Livraria da Física, 2024.

Bibliografia.
ISBN 978-65-5563-416-7

1. Biologia 2. Universo 3. Deus 4. Filosofia 5. Humanidade 6. Vida I. Título.

24-190600   CDD-507

Índices para catálogo sistemático:
1. Universo: Origem e evolução 507

Eliane de Freitas Leite - Bibliotecária - CRB 8/8415

Todos os direitos reservados. Nenhuma parte desta obra poderá ser reproduzida
sejam quais forem os meios empregados sem a permissão da Editora.
Aos infratores aplicam-se as sanções previstas nos artigos 102, 104, 106 e 107
da Lei Nº 9.610, de 19 de fevereiro de 1998

LF Editorial
www.livrariadafisica.com.br
www.lfeditorial.com.br
(11) 3815-8688 | Loja do Instituto de Física da USP
(11) 3936-3413 | Editora

Onde está Deus,

De onde viemos e Nossos desígnios

Dedico esse livro à Tekinha (Lucilene), minha esposa e companheira de muitas décadas.

Vou parafrasear Pablo Neruda
Vou sim!
Quero apenas cinco coisas
Primeiro é a primavera
A segunda é o verão
A terceira são seus olhos, quero eles olhando para mim
A quarta é dormir com você
A quinta é o seu amor sem fim, renuncio à primavera para ter esse amor.

SUMÁRIO

APRESENTAÇÃO DO AUTOR...13

PREFÁCIO 17

PRÓLOGO...21

APRESENTAÇÃO 23

PRIMEIRA PARTE

CAPÍTULO PRIMEIRO 29

O incriado 29

Filosofia Grega 31

As ideias germinativas da Filosofia da Grécia Clássica...............31

A busca da verdade. 32

Filosofia Antiga (Clássica): entre o século VI e meados do século III a.C..32

A Dialética grega...33

Sofistas e a era de Sócrates 33

Sócrates 34

A Academia..34

A escola de Platão: A Academia e seus sucessores....................35

O Peripatos...35

A Escola de Aristóteles...36

O Jardim de Epicuro 36

A Estoá de Zenão..37

Helenismo 37

Antes e depois de Alexandre 38

De volta à Academia......38

As ciências especiais......39

O ocaso da Filosofia pagã......39

Retomando o conceito de incriado......40

O fim da ciência helenista......40

A Bíblia......41

O Tempo......42

De volta ao Incriado......48

Síntese......56

CAPÍTULO SEGUNDO......57

Universos......57

O Espaço......57

Universo que habitamos......60

A Simetria......63

Simetria Física e Matemática......67

Simetrias e Conservações......70

Dimensões do Espaço......75

Síntese......77

Anexo ao capítulo 2......79

Intuição......79

Retomando a Metafísica......81

CAPÍTULO TERCEIRO......85

Nosso Universo......85

Universo Raro......87

Quantos Universos?......89

A relação entre taxa de expansão e quantidade de matéria......89

A força forte uma especificidade do universo......92

Entre tantos possíveis, o nosso Universo......94

Síntese......98

CAPÍTULO QUARTO 99

Terra Rara 99

Como a Terra se formou 100

A constituição geológica 106

Uma breve história da Terra 118

Relógios Geológicos 120

Síntese 123

Anexo ao capítulo 4 125

Terremoto 125

CAPÍTULO QUINTO 129

Vida Rara 129

O acabamento da Terra 129

A vida na Terra 130

Com muita água ou sem água? 134

Abordagem Sistêmica e Auto-organização 140

Micelas e Lipossomas 144

Vírus 152

Síntese 157

CAPÍTULO SEXTO 159

Agora a Vida 159

Endosimbiose e Simbiogénese 159

Organização Multicelular 169

Eucariontes Multicelulares e a explosão da vida 173

Evolução e Extinções em Massa 181

Homem moderno 188

Síntese 191

Conclusão da Primeira Parte 192

Anexo ao capítulo 6 195

Vida fora da Terra 195

SEGUNDA PARTE

INTRODUÇÃO 205

CAPÍTULO SÉTIMO 211

O que somos...211

Nossa Beligerância..214

Guerra do Peloponeso 218

Guerras Púnicas..219

Invasões Bárbaras 220

A Expansão Árabe 221

As Cruzadas 223

As Guerras Modernas 226

A Contemporaneidade 228

Conflitos Étnicos e Religiosos? 232

Síntese 234

CAPÍTULO OITAVO..237

A Religiosidade 237

Várias, mas não todas (as espiritualidades).....................239

A necessidade da espiritualidade....................................244

A dicotomia social na história da Filosofia 249

Prólogo: os gregos...249

Pensadores da era cristã medieval 254

Pensadores da era cristã do Século XIV ao início do Século XVIII..........262

Humanistas e Renascentistas..262

Pensadores da Revolução Científica 269

O Pensamento Iluminista...274

Pensadores do fim do Século XVIII aos dias atuais 279

Síntese 288

CAPÍTULO NONO..289

O Dinheiro e o Poder..289

Síntese..304

Conclusão da Segunda Parte 305

TERCEIRA PARTE

INTRODUÇÃO 309

CAPÍTULO DÉCIMO 313

A Verdade e a Realidade...314

A Coisa em Si 315

A Realidade 317

A verdade dos fatos..322

A verdade histórica...325

A verdade científica 327

Há Verdade na Educação Brasileira? 328

Síntese 330

Anexo ao capítulo 10..331

A Consciência da Consciência..................................331

Conclusão da Terceira Parte 335

FALE COM O AUTOR 339

REFERÊNCIAS 341

CRÉDITOS DA IMAGENS 349

APRESENTAÇÃO DO AUTOR

Retrato do artista quando coisa

A maior riqueza do homem é sua incompletude.
Nesse ponto sou abastado.
Palavras que me aceitam como sou – eu não aceito.
Não aguento ser apenas sujeito que abre porta,
que puxa válvula, que olha relógio,
que compra pão às 6 da tarde,
que vai lá fora, que aponta lápis, que vê a uva etc. etc.
Perdoai. Mas eu preciso ser outros.
Eu penso renovar o homem com borboletas.

Manoel de Barros

Para mim foi uma grata surpresa ser convidada para escrever algo que pudesse apresentar, de alguma forma, o autor de "Onde está Deus, de onde viemos e nossos desígnios". O primeiro sentimento foi de que essa tarefa seria grandiosa demais, que não saberia e não teria o que escrever. Mas, a insistência do autor foi tanta, que eu me rendi e comecei a escrever, me aventurei nesse desconhecido. Aventura que se concluiu somente, quando o livro precisava ser entregue ao editor. Ufa! Quase que não consigo.

Este livro é resultado de uma mente, um coração e uma alma inquieta, que pelas histórias que os mais velhos da família contam, sempre foi assim, um menino de repentes, curioso, perguntador e com um desejo enorme em descobrir os mistérios da vida.

O processo de escrita deste livro foi longo, ele vem sendo gestado mesmo antes do autor saber que iria escrevê-lo, sei bem disso, porque foi comigo que ele sempre compartilhou suas ideias, questões e inquietações. Acompanhei sua trajetória de estudo, pesquisa, reflexão e escrita, em meio a muitas interrupções com cafezinhos servidos, especialmente pelo Antônio, o neto caçula, ao menos até setembro de 2023, quando chegará o Francisco. E com convites dos outros dois netos, Pedro e Joaquim, para assistirem um desenho ou consertar um brinquedo. Não sei se você leitor sabe, mas esse autor, também tem um fascínio especial por consertar coisas, sem medir esforços para que a coisa quebrada ganhe mais algum tempo de vida. Gratidão por ter vivido essa experiência, que me tocou profundamente.

Li o livro em primeiríssima mão, a cada finalização da escrita de um capítulo eu era convidada/convocada à leitura, acompanhada de longas e calorosas conversas com o autor, já que cada capítulo traz uma avalanche de questões, provocações, conhecimentos, informações, que por vezes pareciam ser demais para eu compreender. E, ao mesmo tempo, me encantava por dialogar de uma forma tão clara com a ciência, com a história, com a filosofia e, sobretudo, com a vida. Mas, para mim, isso não se constitui um grande problema, pois gosto de leituras que me tombam, me provocam, me desafiam a continuar pensando, refletindo, pesquisando, estabelecendo relações dos novos conhecimentos com o que já tenho guardado em minha memória. E o autor, sempre muito generoso e rigoroso, se colocando inteiramente à disposição para o diálogo, enquanto fazíamos nossa caminhada matinal aos finais de semana. Caso, você leitor, se encontre nessa situação durante a leitura desse livro, não hesite, entre em contato com o autor e fale com ele, certamente ele o convidará para um cafezinho e boa prosa. "Perguntar, por vezes, é mais importante do que responder, mas o que encontramos na nossa lógica atual é: respostas para perguntas que nem chegamos a fazer" (Ana Suy).

Penso que esse livro seja um delicioso, ousado e provocante convite a aqueles, que por algum motivo desejam dar vez e voz às suas perguntas mais genuínas, aquelas perguntas que nos fazem percorrer um caminho de encontro, com o mais íntimo de nós mesmos, caminhos que nos conectam com o todo e nos fazem pensar em nossos desígnios, para viver da forma mais interessante e consciente *a nossa vida rara, aqui nessa Terra rara.*

Quem me conhece sabe que eu adoro emprestar palavras, acho lindo esse ir e vir das palavras e bem sei que no encontro de palavras, nascem mais palavras e mais ideias. Trago as palavras de Carlos Rodrigues Brandão, "Somos seres do aprendizado, inacabados, que vivem a sua mais bela aventura: partilhar com quem se aprende o que se sabe". Penso que esse livro foi escrito para abrir caminhos de diálogo com cada ser humano desejante, inquieto, brincante, arteiro, pesquisador, estudioso, corajoso, amante da vida e de tudo que possa deixar a vida mais cheia de vida e sentidos. Um livro para nos inspirar a deixar fluir todas as perguntas, que não estão em busca de respostas absolutas, únicas, rápidas, mas em busca de sentidos para essa vida rara, aqui nessa Terra rara. E no meio do caminho, quem sabe, possamos encontrar algumas respostas provisórias que, certamente, gerarão novas e instigantes perguntas. Você imagina a vida sem boas e instigantes perguntas? Eu não! Boa leitura!

Especialmente para o autor: que você continue abastado em ser outros.

Lucilene de Lucca Marini
Pedagoga e Psicopedagoga
Mãe, avó e esposa do Wagner, o autor

PREFÁCIO

> Não posso dizer, nem o senhor compreenderia nada, o que foram as horas que ali passei, incorporando na minha vida toda a vida que jorrava dela.
>
> **Machado de Assis in "A desejada das gentes" Várias histórias.**

Tomo emprestadas as palavras de Machado de Assis para expressar o que senti com a leitura deste livro: *uma obra sobre a raridade da vida que é pura vida. Uma obra que jorra vida.* Durante sua leitura é possível sentir o transbordamento da vida de um autor/pesquisador. É quase possível tocar com as mãos o vigor, a perplexidade e a curiosidade que motivaram sua pesquisa e sua narrativa.

Trata-se de obra feita por gente que busca e, por isso mesmo, provoca a busca no leitor com perguntas essenciais e existenciais: Como chegamos aqui? De onde viemos? Que marcas deixamos no mundo? Quais são nossos desígnios? Aliás, como o próprio autor afirma: "*Uma vida sem busca não é digna de ser vivida.*"

Partindo do conceito de "*criador incriado*" que coloca em questão o paradigma do "*criador-criatura*" o livro aborda nossa potência e nosso desamparo diante de uma vida efêmera e de curta duração, mas também aborda nosso compromisso ético com uma vida de remota e longa duração, detalhada por Marini em seus processos históricos, científicos e filosóficos.

Ao lê-lo, percebemos a profundidade da pesquisa interdisciplinar feita pelo autor para tecer um fio condutor construindo ligação entre a origem do universo e o surgimento do Homo sapiens. Observa-se o rigor deste autor/pesquisador que busca em diferentes áreas científicas, conhecimentos e fatos para explicar a raridade da vida e nos provocar sobre nossa forma de nos posicionarmos em relação à mesma.

Sua leitura suscita muitas reflexões e promove o desejo de pesquisar, de saber mais. É certo que a leitura de um livro é, e sempre será, uma experiência singular. Mas, o leitor não se assuste se interrompê-la para pesquisar mais sobre "matéria, tempo, espaço, vulcanismo, aminoácidos ou protozoário". Isso aconteceu comigo várias vezes e é bem provável que isso lhe aconteça. A obra instiga o pesquisador que habita em nós.

Nunca fui especialista em Ciências Físicas ou Naturais, todavia, a forma didática com a qual Marini aborda os assuntos permite que viajemos com ele por territórios às vezes desconhecidos, sem nos preocuparmos muito com o que carregamos em nossa bagagem formativa. Este é um livro ao alcance de qualquer leitor que se interesse pela criação e pela raridade da vida e que se sinta tocado pela necessidade da sua preservação.

Como diz Álvaro de Campos: *"A melhor forma de viajar é sentir"*. Mesmo entrando em territórios desconhecidos, entregamo-nos à sua leitura. O espanto e a surpresa do olhar científico sobre "vida" motivam nossa *leitura viajante*. Creio que todo e qualquer conhecimento científico precise deste "encantamento" diante do fenômeno a ser estudado.

Durante sua leitura é possível recolher e colecionar algumas preciosidades:

"Simetria não é um formato, é um tipo especial de transformação, uma maneira de mover um objeto".

"A Física consegue retroagir no tempo (nosso tempo convencional, tempo físico medido), até muito próximo do marco zero, mas sem chegar nele, pois trata-se de uma singularidade – um ponto, sem extensão, com toda matéria concentrada nesse ponto (...) Entendo que os físicos terão muito o que estudar para propor uma explicação adequada a respeito desse evento inicial. Contudo, a Filosofia pode ir além! Inclusive conjecturar antes do Big Bang."

O livro proporciona visão dialética do conhecimento, uma vez que incorpora qualidades da pesquisa científica tais como: a construção de regularidades, a provisoriedade, a incompletude, a complementaridade, as conjecturas e a intuição (não uma intuição qualquer, mas uma intuição qualificada porque ancorada em conhecimentos já existentes).

Segundo o autor, as verdades científicas e filosóficas, bem como os fatos históricos ajudam-nos a perceber que precisamos seguir algumas regras, ganhar consciência, pois ao contrário, destruiremos o delicado equilíbrio da vida. Para

PREFÁCIO

tanto, Marini constrói uma crítica à sociedade e ao *status quo* estruturado e sustentado pela beligerância, pela religião e pelo poder.

Um livro que nos faz pensar sobre nosso compromisso ético com o aqui e o agora, porque aborda nossa ancestralidade de vida e movimenta nossas utopias, nossos sonhos para o futuro. Precisamos e podemos "desenhar" outro futuro.

"Onde está Deus, de onde viemos e nossos desígnios" fala de um *universo raro, do Universo raro que habitamos, de uma Terra rara, da vida rara nesta Terra, do que somos, do agora da vida, dos nossos desígnios, da responsabilidade de nossas escolhas.*

Enfim, um livro dedicado ao leitor implicado com a vida: a vida pessoal, a vida subjetiva, a vida coletiva, a vida planetária. É preciso lê-lo para compreender, pois *só posso dizer o que foram as horas que ali passei, incorporando na minha vida toda a vida que jorrava desta obra.*

Silvana Lapietra Jarra
Pós graduada em Pedagogia e Mestre em Arte e Educação pela Universidade Estadual Paulista – Instituto de Artes. Larga dedicação à Educação com ênfase à formação permanente.

PRÓLOGO

"Onde está DEUS, de onde viemos e nossos desígnios" é simplesmente fascinante! Que bom que o autor tenha dispensado tanto tempo de sua vida para escrevê-lo. Quanta informação nos traz. Sua leitura nos leva a pensar e a aprender, nos surpreende e nos leva a querer mais e, principalmente, nos deixa maravilhados.

Desde as primeiras linhas percebi que valia a pena prestar a atenção. É daqueles livros que começamos a leitura e não queremos parar. A sua escrita é envolvente e persuasiva. Cada capítulo é bem encaixado com o anterior e o livro vai em um crescendo e completando os questionamentos que antecederam. Muito bem escrito.

Nele o leitor vai encontrar conhecimentos da Filosofia, da Física, da Química, da Biologia entre outros. Há capítulos mais difíceis de entender. O capítulo que fala sobre a vida é bem complexo, entretanto, as explicações do autor, vai nos mostrando a coerência de suas explicações. Aliás, sua escrita anima o leitor e faz com que ele acompanhe o desenvolvimento do texto, ainda que, algumas vezes, devido à especificidade do tema seja preciso reler várias vezes pois, há informações técnicas que merecem mais ou menos conhecimentos do leitor. Mas, pode-se deixar de lado alguma informação com menor compreensão sem perder de vista o que está sendo explicado.

O livro é maravilhoso, também muito oportuno e de interesse a todo tipo de leitor, não importando a formação, crença, ou faixa etária.

Quem não fez os questionamentos que o autor traz aqui? Mas, quantos buscaram apresentar respostas para eles, conduzindo-os de forma tão concatenada e brilhante? Com certeza todos os leitores deste livro ficarão bem-informados e muito curiosos a respeito da magia do Universo em que vivemos.

Leitores, haverá satisfação ao percorrer as páginas deste livro, valerá a pena. Nenhuma página está a mais. Vocês contam ao final de cada capítulo com uma síntese e anexos, que ajudam bastante a continuidade. O autor, como educador que é, pensou em seus leitores a todo momento da escrita.

Quem sabe estamos diante de uma conjectura, a da ECP, que traga algo importante para responder ao título do livro.

Sonia Igliori

Doutora em Matemática pela PUC-SP, Pós-Doutorado pela Université Paris VII, Professora titular da Faculdade de Ciências Exatas e Tecnologia da PUC-SP, Professora permanente do Programa de Estudos de Pós-Graduação em Educação Matemática da PUC-SP.

APRESENTAÇÃO

> A terra tremeu e se retorceu centenas de vezes, esquentou até derreter rochas e se elevou arranhando o céu centenas de vezes, a vida surgiu, se extinguiu e se multiplicou centenas de vezes, o homem surgiu e diversas gerações se sucederam centenas de vezes e a natureza não está nem aí com tudo isso.

No início não existia nada, nem partículas, nem estrelas, nem poeira cósmica, nem átomos, nem o Universo, nem poesia, nem mesmo o início existia, nada além da energia cósmica potencial. Uma energia infinita e eterna, impessoal e completamente fora do alcance do nosso entendimento, capaz, contudo, de sofrer oscilações quânticas e, a partir dessas oscilações, parir universos.

Nosso Universo é um dos filhos dessa energia e nós somos da enésima geração nessa ancestralidade, essa é a história que este livro pretende contar, uma história que, aos meus olhos, não pode conter um incriado e, portanto, podemos nos sentir um pouco desamparados com isso, mas a vida seguiu e segue assim.

Nessa jornada, uma viagem que ao mesmo tempo que contempla a paisagem, convida o leitor e a leitora a refletir, em cada parada desse caminho, sobre o que somos, como surgimos, para onde pretendemos ir, de que forma queremos continuar a trilhar esse caminho, que tem um início, mas ainda não chegou ao seu fim.

A leitura proporcionará reflexões diversas eu afianço, entretanto, algumas sugestões poderão convergir para uma reflexão que seja comum a todos, a nossa raridade, a raridade de nosso Universo, do nosso Sol, do nosso planeta Terra, da vida, da vida inteligente.

E, ao mesmo tempo em que essa raridade se dá, há também uma complexidade da vida que constitui um conjunto de equilíbrio extremamente frágil e delicado. Precisamos aprender a desfrutar dessa oportunidade incrível, que é viver uma vida de curtíssima duração, apreciando toda essa rara beleza, com a responsabilidade de permitir que as gerações futuras tenham a oportunidade de desfrutar do mesmo prazer.

Para isso, há uma série de impeditivos e obstáculos a serem vencidos, nossa beligerância é uma delas, mas com certeza, não somente. A humanidade ao se desenvolver criou regras de toda sorte, políticas, econômicas, de relacionamento social e religiosas, entre outras, que nos colocaram reféns delas mesmas. Essas regras, infelizmente, para nós mesmos, constituem de forma geral um instrumento da destruição do delicado equilíbrio e complexidade da vida. Não é mesmo paradoxal? Criamos um conjunto de coisas para "nosso" "conforto" que pode nos destruir!

Assim como ocorreu com o Homo erectus, o Homo sapiens pode estar num caminho sem saída e estar preparando o seu ocaso, é bem verdade que por razões muito diferentes.

Mas, ainda que difícil, há uma escolha para sair dessa roda viva, afinal todas as consequências que enfrentamos, são devidas às escolhas que fazemos. Contudo, não se trata da escolha de um único indivíduo, mas de cada um de todos os indivíduos. Talvez, essa escolha seja feita tarde demais e premida por situações para as quais não haja alternativa, o que este livro aponta é que comecemos a fazer essa escolha o quanto antes, mesmo que, para uma minoria muito poderosa essa escolha seja muito difícil, não acumular mais riqueza e até mesmo repartir parte dela. Não por doações paternalistas, evidentemente, mas por um processo no qual, esse tão desgastado termo "justiça social" seja efetivamente levado a cabo. Uma vida com mais dignidade, que permita a todos a contemplação de nossa raridade. Nada disso é fácil, mas não se trata de facilidade se trata de necessidade, o poder e a riqueza de nada servirão sem a vida!

Caro leitor e cara leitora, essa jornada não é produto de ficção, ela foi construída com muita pesquisa, com muito cuidado e sempre com o aval da ciência, se for questionada sua verdade, peço ao leitor e à leitora que tenham um pouco de paciência e leiam o livro até seu o final, pois o próprio conceito de verdade está aqui discutido.

A escritura de um livro com esse título nasceu do desejo de fazer uma crítica, com base científica, à sociedade. Um livro escrito para o leitor comum, mas que pretende não receber críticas de especialistas por incorrer em erros.

APRESENTAÇÃO   25

Por isso, o primeiro capítulo foi elaborado para desconstruir o conceito de um criador que, a meu ver, mistifica a ideia de nossa origem.

A partir do segundo capítulo há um esforço para construir um fio condutor que pudesse fazer a ligação desde a origem do Universo até o surgimento do Homo sapiens, preenchendo vazios que criam obstáculos a esse entendimento, vazios que às vezes escapam à ciência por ausência de evidências, mas que podem ser preenchidos com o conceito da metafísica popperiana que é, ainda assim, calcada na ciência. De forma que, se não é possível afirmar algo a respeito do que é, ao menos é possível dizer o que não pode ser e, dessa forma, restar alternativas verossímeis e até mesmo elucidadoras.

A segunda parte é o desenvolvimento de ideias, a partir de relatos históricos oficiais, de um tripé que, novamente a meu ver, suporta nosso *status quo*: i) a beligerância; ii) a religião (religiosidades/espiritualidades[1]) e iii) o poder.

A terceira parte foi escrita para deixar claro o conceito de verdade usado no desenvolvimento do livro, considerando o critério e rigor que está, justamente, apresentado.

Houve, portanto, uma busca constante em manter um fio condutor com a coerência fundada nas ciências, na história, na filosofia e na filologia (*latus sensu*) com a comparação de textos de origens diversas que versam sobre o mesmo tema.

No pano de fundo está o conceito da raridade da vida, seu equilíbrio delicado e a ação predatória, contra a natureza e a vida, empreendida pelo Homem descrita por suas ações destrutivas desde seus primórdios.

Este autor espera que, ao mesmo tempo, possa proporcionar leitura agradável e suscitar profunda reflexão!

O autor

---

1   O conceito de Espiritualidade utilizado no livro é o de caráter amplo, isto é, refere-se a cultos e seitas que não se caracterizam como uma religião formal, portanto chamados de forma genérica de espiritualidades.

PRIMEIRA PARTE

I

Onde Está Deus e De Onde Viemos

CAPÍTULO PRIMEIRO

Se nas coisas da religião [...], não tivéssemos nada melhor a fazer do que senão deitar-nos de joelhos diante da sombra que projeta nossa própria ignorância, haveria que duvidar de todo estudo [...]. Mas, olhando para isso de perto, descobre-se que [...] é sempre a mesma ideia fundamental, [...], gerada por esse terror ao desconhecido que dominava o homem grosseiro dos tempos primitivos, e que continuará a dominar os homens civilizados, até que o sol da ciência e a noção da existência de uma ordem independente e natural das coisas façam do "*Fiat lux!*" uma verdade.

Luiz Büchner

O incriado

Durante muito tempo da minha vida me dediquei a pesquisar e a estudar as narrativas da criação do mundo, que basicamente procuram explicar ou mostrar como surgiu a humanidade, o universo, o primeiro ser humano e como as coisas passaram a existir.

Conheci muitas histórias presentes nas culturas de vários povos indígenas do Brasil: Yanomami, Krahô, Xavante, Kamaiurá, Guarani, Kaingang, Xokleng, Bororo. Em cada uma eu tentava comparar os mitos dos Hindus, dos Maias, dos Astecas, dos Quéchuas, das culturas nórdicas, das culturas europeias. No início, eu queria encontrar o que havia de idêntico entre elas e ficava me perguntando: quem será que inventou essas histórias? O que elas querem dizer?

Percebi que pela antiguidade delas possivelmente muita gente foi "inventando" esse tipo de história, acrescentando informações e colocando o seu jeito de contar, fazendo valer aquele famoso ditado: "quem conta um conto acrescente um ponto". Mas vi que o que elas tinham em comum era a presença do fantástico, da magia e de uma lógica totalmente ilógica.

Kaká Werá

Voltaire disse um dia, nas palavras de Giovanni Reale, que "o relógio é a prova insofismável de que existe o relojoeiro" (ANTISERI e REALE, vol. II, p. 734).

Será que todo pensamento, na busca pelo entendimento do Universo, pode ser associado, silogisticamente, ao pensamento de Voltaire?

Se a dicotomia criador e criatura for admitida como premissa, então não há alternativa, essa relação, apresentada por Reale sobre as ideias de Voltaire, é o único caminho possível.

A metáfora do relojoeiro de Voltaire é uma argumentação muito forte, por isso tem caráter paradigmático, afinal, ninguém é capaz de imaginar que um relógio houvesse "criado a si próprio", por isso a ideia de um criador que o tenha construído é uma ideia que seduz.

Por esse caráter, há uma forte tendência de aceitação de que tudo possa, silogisticamente, ser estabelecido em uma relação de alguém que cria, o criador, e algo ou alguém que seja criado, a criatura.

Contudo, o paradigma criador-criatura não é, em princípio, uma estrutura basilar sobre a qual exista a obrigatoriedade de se construir todas nossas argumentações, especialmente quando queremos desenvolver ideias e conceitos sobre o Universo e sua origem.

Como, então, seria possível compreender a existência das coisas?

Em primeiro lugar, é possível explorar essa ideia considerando a relação criador-criatura como base para o raciocínio que aqui se propõe, para depois obter um entendimento adicional.

Como primeira análise podemos considerar que tal paradigma é verdadeiro e, nesse caso, deve haver um criador para todo resto que se pode observar como criatura: as coisas – pedras, água, ar, os elementos químicos; a fauna e a flora – bactérias, fungos, líquens, aves, peixes, flores, árvores, florestas e o homem.

Por esse ponto de vista é possível alargar nosso horizonte e incluir o Cosmos: a Terra, a Lua, o Sistema Solar, a Via Láctea, enfim, todo o Universo.

Assim sendo, isso nos leva a aceitar que em última instância há um criador primeiro. Um criador sem antecedentes, um criador que existe antes de tudo e de todos. Um criador incriado que, portanto, "sempre existiu". Sempre, aqui, tem o significado de ser infinito no "tempo", ou seja, eterno, sem um início, sem um evento que o antecedesse, caso contrário, se houvesse o momento do início, esse criador seria ele mesmo uma criatura! O que levaria inexoravelmente ao um beco sem saída, portanto, por esse ponto de vista deve haver um criador incriado.

Essa é a perspectiva filosófica, que deu força e vigor ao conceito de incriado e que se estabeleceu na história, especialmente no mundo ocidental, após a unificação da Grécia por Alexandre. Desenvolvendo-se e firmando-se com enorme intensidade ao longo dos últimos dois mil anos, talvez um pouco mais.

Mas, nem sempre foi assim, para que haja melhor compreensão sobre esse conceito de incriado se faz necessário uma reflexão. Não se pode ir adiante sem compreender o significado que isso tem.

Para que se possa compreender melhor esse contexto, segue um brevíssimo resumo dos pensamentos anteriores e contemporâneos a essa inflexão histórica, iluminado pela história da Filosofia ocidental, em especial a Filosofia Grega.

Observa-se que é com Alexandre Magno (O Grande) que a história ocidental da humanidade faz essa inflexão em direção ao paradigma do incriado.

No pensamento grego a figura daquilo que é divino tem características bem distintas daquelas assumidas depois de Alexandre. Uma breve revisitada à essa história nos ajudará nessa compreensão.

FILOSOFIA GREGA

AS IDEIAS GERMINATIVAS DA FILOSOFIA DA GRÉCIA CLÁSSICA.

A filosofia da Grécia clássica começa com raízes em um dogma de caráter religioso: a culpa original. Essa ideia permeou a filosofia grega por centenas de anos sumindo eventualmente e reaparecendo de forma reincidente.

Essa máxima, embora apareça mesmo como uma contradição à concepção vigente em alguns momentos da história grega, eventualmente, marcou tão profundamente o pensamento grego que mesmo aqueles que dela se distanciaram, se viram forçados a dela falar para a ela se contrapor.

A filosofia embrionária grega admite uma alma: não necessariamente uma alma religiosa na concepção moderna, ainda que, às vezes, pudesse ter aproximação a essa característica, mas uma alma que continha uma parte de "deus" no homem, relacionada ao seu controle, sua mente.

Dado que o sistema de crença grego era mais racional e menos dogmático, essa condição proporcionou aos pensadores gregos um terreno fértil para o nascer da Filosofia Grega – o amor à sabedoria, o amor à verdade!

A BUSCA DA VERDADE.

Com a estrada aberta para o livre pensar, sem as amarras dos dogmas, o mundo grego voltou-se para a "explicação" puramente racional – *o logos* – das coisas. É nesse contexto que a Filosofia emergiu na Grécia como necessidade primária do espírito humano.

FILOSOFIA ANTIGA (CLÁSSICA): ENTRE O SÉCULO VI E MEADOS DO SÉCULO III A.C.

A Filosofia clássica nasceu com Tales de Mileto, com ele a ênfase está na *physis* (material), os filósofos contemporâneos a Tales e os que se seguiram foram chamados de físicos ou naturalistas.

Para Tales o elemento fundamental de tudo era a água e para ele o infinito confunde-se com o divino.

Para Anaxímenes o fundamental é o ar e para Heráclito o fundamental está no fogo.

Esses filósofos se esforçaram para dar respostas a questionamentos até então não respondidos e buscaram nos elementos mais importantes das suas existências as soluções para essas dificuldades de compreensão.

Pitágoras elegeu o número como o princípio universal, substituindo assim a água, o ar e o fogo. Para esse filósofo, e para seus seguidores, os pitagóricos, a alma é perene, mas precisa do corpo para se manifestar, então Pitágoras concebeu a reencarnação.

CAPÍTULO PRIMEIRO

Essa reencarnação não precisava ser necessariamente em forma humana, podendo ser em forma animal irracional. Essa ideia parece sugerir o gérmen do espiritismo moderno.

Em Xenófanes é possível ver o epicentro das indagações humanas mudar do divino para o homem – o Ser. Ideia que se intensificou na abordagem de Parmênides – funda-se aí a Ontologia![2]

A DIALÉTICA GREGA

A Dialética grega nasceu com Zenão (o antigo)[3] – esse mesmo Zenão dos paradoxos de Aquiles e da Flecha foi o fundador da Dialética, a argumentação dos contrários, ele construiu e desenvolveu a demonstração pelo absurdo.

A Dialética constituiu a partir de Zenão uma constante na vida grega e seu método foi adotado por quase todas as escolas a partir de sua fundação.

Posterior a Zenão, quase um século, encontramos Demócrito, para ele existe um indivisível, o pleno e o vazio, com esses conceitos buscou responder, no âmbito da *physis*, os problemas propostos e até então sem respostas. Surgiu, assim, o atomismo: átomos, o vazio e o movimento constituem a explicação de tudo.

SOFISTAS E A ERA DE SÓCRATES

Sofistas foram especialistas do saber, não obstante à nobreza da definição, os sofistas ficaram marcados pela conotação mais rasa que essa referência pôde ter, isso devido ao uso recorrente de uma retórica capciosa, mas principalmente por obter pecúnia por seus ensinamentos, ideia abominada pelos sábios contemporâneos. Contudo, a filosofia sofista permanecia no eixo determinado por Xenófanes: o homem é a medida de todas as coisas. O maior representante sofista foi Protágoras.

Górgias foi um dos mais importantes retóricos da Grécia antiga e muitos de seus sucessores, especialmente os estudiosos da política, tiveram nele suas inspirações. Ao contrário de Protágoras, Górgias partiu do niilismo: o Ser não existe.

---

2   **Ontologia:** Reflexão a respeito do sentido do Ser.

3   Chamo de **Zenão** o antigo para diferenciar do Zenão fundador da Estoá.

SÓCRATES

Sócrates aprofundou a ideia de Xenófanes colocando o homem como peça central do pensamento grego e descobriu a psiquê: a personificação da alma (grega).

Com o foco sobre o homem e o lema: *conhece-te a ti mesmo*, Sócrates desenvolveu sua doutrina respondendo a questões e aporias intangíveis por seus predecessores.

Para esse filósofo a virtude é o conhecimento, o vício é a ignorância e retira do homem a culpa original: Ninguém é voluntariamente um pecador, somente o ignorante é pecador.

Ainda assim, persistem em Sócrates o caráter dogmático do divino: há um ser supremo virtuoso por definição.

Nele também encontramos uma forte manifestação dialética, sobre a qual desenvolveu o seu próprio método: a *maiêutica*[4] (o processo heurístico).

Dos sucessores de Sócrates há aqueles que são chamados de socráticos menores – obviamente deve ter havido ao menos um chamado de socrático maior. Esses socráticos menores foram seguidores que difundiram a filosofia socrática, contudo não a suplantaram. Esses socráticos implementaram, entretanto, os conceitos de cinismo e hedonismo no âmbito da Filosofia.

Há um socrático maior e seu nome é Platão!

A ACADEMIA

Aristócles, o Platão, foi o sucessor maior de Sócrates. Platão manteve algumas posições do orfismo[5] que o levaram a questões religiosas, de fato uma *fé racionalizada*.

Fundado em Górgias, Platão intensificou a dialética, bem como o fez Sócrates.

A filosofia de Platão pode ser dividida em duas fases:

- A primeira navegação: que tem ênfase naturalista.

- A segunda navegação, e mais importante: na qual é fundada a metafísica.

---

4   **Maiêutica:** método *socrático* que consiste na multiplicação de perguntas, induzindo o interlocutor na descoberta de suas próprias verdades e na conceituação geral de um objeto.

5   **Orfismo:** nome dado a um conjunto de crenças e práticas religiosas originárias do mundo grego, associada com a literatura atribuída ao poeta mítico Orfeu.

CAPÍTULO PRIMEIRO

A metafísica de Platão separa o mutável e limitado do permanente e ilimitado, o material do imaterial. Para ele existe um Artífice maior, que tudo gera, que é a expressão da bondade, o Demiurgo – a personificação do Divino. Para Platão o divino é o suprassensível e o Demiurgo personifica essa ideia. Está em Platão a origem da teologia ocidental.

O mito da caverna resume a filosofia de Platão e sua metafísica, nele encontramos:

- Os graus em que Platão divide a realidade do Ser (ontologicamente).

- Os graus do conhecimento desse Ser.

- Seu simbolismo sobre os aspectos místicos e teológicos.

- Sua concepção política.

A ESCOLA DE PLATÃO: A ACADEMIA E SEUS SUCESSORES.

"O conhecimento torna os homens melhores" essa máxima foi a base da constituição da Academia.

Dentre seus sucessores encontramos Xenócrates que fundou a tripartição da filosofia platônica: física, ética e dialética. Essa partição serviu grandemente tanto aos filósofos, seus contemporâneos, quanto aos futuros helenistas.

A Academia se manteve até os tempos helênicos e exerceu influência marcante sobre todos que vieram depois dela.

É relevante destacar que na entrada da Academia havia a seguinte inscrição: *"Quem não for geômetra não entre"*. Isso revela a aproximação de Platão às matemáticas e de ideias que, com certeza, foram nascidas em Pitágoras.

O PERIPATOS.

Aristóteles nasceu em Estagira e, também, é chamado por alguns autores como *"o Estagirita"*. Seus escritos estão divididos entre os escritos exotéricos e os escritos esotéricos, os segundos dedicados aos peripatéticos e os primeiros como um tipo de divulgação do saber aos que não pertenciam ao Peripatos – A Escola de Aristóteles.

Diferentemente de Platão que tinha afinidade com a Matemática, Aristóteles mantinha uma certa distância dela. As diferenças entre Aristóteles e Platão estão muito mais em outras áreas do que aquilo que concerne à filosofia que desenvolveram, ainda que haja, evidentemente, diferenças entre elas, contudo há muito mais concordâncias.

A afinidade de Platão pela Matemática o coloca num plano no qual a abstração é mais presente, do que aquela que se pode observar em Aristóteles que, por não manter essa afinidade, desenvolveu mais suas ideias no campo do material, da *physis*.

Entretanto, Aristóteles se aproxima de Platão e de sua metafísica, quando enfatiza sua busca pelas "causas primeiras". O Estagirita classificou a causa da seguinte maneira: a) causa material e causa formal, que dão forma ou existência à matéria; b) causa eficiente, que dá origem ao movimento – motriz e c) causa final (teleológica), que determina a razão, o objetivo que move o homem.

Da mesma forma cria categorias para o Ser: 1) o Ser em si, que é substância e essência; 2) o Ser como ato e potência, o que é e o que pode ser; 3) o Ser como acidente, que é casual ou fortuito e 4) o Ser verdadeiro, que é o ser pensante.

Para esse filósofo existe um Deus, o suprassensível. Há, no entanto, uma diferença fundamental a ser assinalada: enquanto para Platão o perfeito está no mundo do suprassensível de onde provém a capacidade do homem, para Aristóteles é possível conhecer o mundo suprassensível a partir de suas representações.

A Escola de Aristóteles

Sua escola é o Peripatos (passeio) que recebeu esse nome por caracterizar-se pelo modo que os ensinamentos eram efetivados: durante os passeios.

Foi no período em que permaneceu no Peripatos que Aristóteles teve seus momentos mais fecundos.

Teofrasto foi o sucessor de Aristóteles na direção de sua escola.

O Jardim de Epicuro

O Jardim foi a primeira das grandes escolas helenísticas, nascida em Atenas por volta de 307 a.C. e fundada por Epicuro.

Epicuro aderiu à tripartição da filosofia: lógica, física e ética, mas ao contrário de Platão, Epicuro considera que o sensível é a verdade, dessa forma o homem é capaz de captar toda verdade.

A Estoá de Zenão[6]

Estoá foi a mais famosa escola do período helenístico, fundada por Zenão por volta de 312 a.C. Os estoicos, portanto, foram seus discípulos. Por não ser ateniense, Zenão não podia ser proprietário de imóveis em Atenas, não podendo ter uma escola nos moldes de seus contemporâneos atenienses, por isso seus ensinamentos eram ministrados sob os pórticos, que em grego se diz *estoá*.

Ainda que, com os mesmos objetivos materialistas do Jardim epicurista, a Estoá diverge fortemente quanto aos seus dogmas, mais propriamente ao atomismo defendido por Epicuro.

A principal diferença entre seus ensinamentos e os ensinamentos de Epicuro foi a possibilidade da discussão a respeito de seus fundamentos filosóficos, isso permitiu uma evolução não observada na escola rival.

Sua maior contribuição foi no campo da Ética, a ética estoica tem na obtenção da felicidade o maior sentido da vida.

Helenismo

O Helenismo é o período da história da Grécia que corresponde ao final da era clássica e início do governo monárquico.

O governo de Alexandre Magno (O grande) encerra o período da Grécia clássica, com ele cai o conceito de polis (cidade Estado) e se inicia a unificação grega com a monarquia, isso ocorreu por volta de 334 a.C.

Na Grécia clássica o homem era um todo ético-político, muito mais um cidadão do que um indivíduo, ou seja, o homem era compreendido enquanto partícipe da sociedade.

No mundo de Alexandre houve uma ruptura, o estado passou a ser separado do homem, que passou a buscar sua identidade como indivíduo. Essa ruptura proporcionou o vivenciar da igualdade entre os homens e a desconstrução do conceito de escravo, entretanto, não sem causar uma imensa perturbação no desenvolvimento do pensamento grego.

Nesse novo contexto, surgiu uma nova relação homem-estado, novo pensar sobre o sentido do homem e suas relações, enfim, devido a um todo novo e

---

6   Esse **Zenão** não é o Zenão "o antigo", como já foi salientado.

revolucionário, justamente novas tendências filosóficas surgiram para responder a novos questionamentos.

Antes e depois de Alexandre

Na Grécia clássica o conceito de Cidade-estado era o alicerce estrutural da organização social, pode-se dizer que o desenvolvimento grego deve muito a essa organização e a esse conceito de sociedade. O conceito de divindade, ainda que tivesse grande importância, não ocupava o lugar central nessa sociedade que pensava o conceito de *polis* e a relação do *cidadão* com a polis como sua pedra fundamental.

Alexandre, ao estabelecer uma monarquia, subverteu esse conceito e aplicou um golpe mortal ao sistema que perdurara por tanto tempo, o homem grego, a partir daí, precisava se reconhecer, não mais como um cidadão, porém como um súdito.

Essa nova estrutura social impôs a muitos a condição de neutralidade, oposta à participação ativa que os cidadãos do período anterior mantinham, isso foi um grande choque para os gregos que nunca mais alcançaram o mesmo status.

Alexandre morreu jovem, e não conseguiu estabelecer seus maiores objetivos, contudo, com a formação de outras monarquias, resultado da dissolução do império alexandrino, desintegrou-se o espírito grego e as filosofias daí resultantes colocaram de lado o que era mais caro ao grego antigo, a política e a ética.

Essa desintegração permitiu que a Grécia fosse dominada por outros povos que estavam, então, mais organizados e em 146 a.C. tornou-se uma província romana.

De volta à Academia

Com Arcesilau a Academia retoma algum vigor, esse cético retomou o dogmatismo esotérico de Platão, de certa forma para contrapor aos estoicos. Mas foi com Carnéades, quase meio século depois de Arcesilau, que um novo impulso foi dado à Academia, e a ideia que conduziu esse impulso foi a que "não existe, em absoluto, nenhum critério de verdade". Surge, assim, o conceito de probabilidade → a verdade é provável, mas não absoluta, uma vez que, o critério de probabilidade é o único de que o homem dispõe.

AS CIÊNCIAS ESPECIAIS

Com o helenismo há o desenvolvimento das "intelectualidades". A ruptura do pensamento filosófico deu oportunidade para que a "essa proto ciência" fosse pensada de forma independente e empírica.

Nesse contexto surgiram o Museu, destinado a proteger as atividades intelectuais: as "ciências" da natureza, a Medicina, a Geografia entre outras e a Biblioteca que traz a reboque o nascimento da Filologia.

As "ciências" dessa época têm em Arquimedes seu representante maior.

O OCASO DA FILOSOFIA PAGÃ

Em meados do século I a Estoá romana floresceu e teve em Sêneca seu maior representante, que manifestou sua oposição em relação ao nascente cristianismo que afirmava ser o homem estruturalmente um pecador - o pecado original.

Marco Aurélio testemunhou o ocaso do pensamento grego antigo, mas foi com ele que a Estoá romana atingiu o seu auge.

Por volta do século III já estava forte a influência do cristianismo, esse período assistiu ao fim do epicurismo.

Pirronismo, neoceticismo, cinismo e o renascimento do aristotelismo foram algumas das diversas escolas romanas do final da era da Filosofia pagã. Todas essas variações do pensamento romano foram resultado de um processo de mudança que estiveram sujeitos à influência direta da monarquia de Alexandre, do surgimento do cristianismo e da dominação romana.

As tentativas de reformar o pitagorismo e o aristotelismo não tiveram o mesmo sucesso que as retomadas sucessivas do platonismo, isso parece se explicar fundamentalmente por ser a filosofia de Platão aquela que mais se adaptou ao cristianismo e seus fundamentos teológicos.

529 d.C. foi o ano que marcou oficialmente o fim da era pagã antiga, assim decretado por Justiniano, que nesse ato apenas fortaleceu o que já estava certo!

RETOMANDO O CONCEITO DE INCRIADO

Ao acompanhar o desenrolar da história da Filosofia no período da Grécia antiga podemos perceber que o divino está presente, contudo, tem uma conotação muito diversa daquela que teve após o advento do cristianismo.

A alma grega tinha o significado de uma *psiquê* e, ainda que tenha contido significações religiosas, esteve longe de representar o conceito de alma trazido pelo cristianismo, isso está bastante claro nos pensamentos dos filósofos da era da Grécia antiga.

Os deuses gregos tinham características humanas, eram representados por figuras humanas, tinham atribuições quase humanas e tinham um local de nascimento, casavam e tinham filhos, alguns desses filhos resultado da união de um deus com um humano que resultava num semideus.

Não há recurso argumentativo para se chegar a um incriado na mitologia grega. As divindades gregas existiram para satisfazer a necessidade humana de explicar o desconhecido.

Entretanto, após Alexandre, o caminho ficou aberto para o desenvolvimento de um novo pensamento no campo das divindades.

O FIM DA CIÊNCIA HELENISTA

Assim como a Filosofia, a Ciência antiga também declinou e morreu. Ptolomeu, o ícone da astronomia fez seus escritos perdurarem por 14 séculos – 1400 anos sem nada de novo. Galeno (261 d.C.), na medicina, recuperou as ideias de Hipócrates (377 a.C.), entretanto, esses pensadores não tiveram suas ideias repercutidas em seus sucessores, resultado da ação dos cristãos que viam nessas ideias ameaças às suas posições fundamentalmente místicas e proto teológicas.

Essas ações cristãs culminaram em grandes saques às bibliotecas e, evidentemente, grandes perdas. Assim, a partir de 641 d.C. todo livro, que não fosse o Corão[7], foi declarado inútil.

---

7   **Corão:** escritos sagrados.

CAPÍTULO PRIMEIRO

A Bíblia

A difusão desse livro, composto pelo antigo e pelo novo testamento, e de sua mensagem mudou completamente o pensamento ocidental. Essa mensagem, especialmente contida no novo testamento, operou uma revolução nos valores gregos.

O cristianismo colocou literalmente o homem de joelhos, tirando dele a autoconfiança, os desejos e os sonhos, transformando-o em um pedinte de Deus e a Deus.

Essa situação só encontrou mudança importante na idade média tardia por volta do fim do século XII. Contudo, deixou marcas tão profundas que o homem jamais foi capaz de não as sentir.

"Instaurava-se assim, no Ocidente cristão, um longo período em que a fé substituiu a razão e no qual, para muita gente, a fidelidade à Escrituras ocupou o lugar do pensamento" (FONTAINE e SIMAAN, 2003, pg. 74).

É justamente esse estado de coisas que foi possibilitado, a partir do evento da transformação das Cidades-estados em uma monarquia, mobilizado por Alexandre.

Até aqui está claro, que para os gregos antigos o conceito de incriado não existia, tal era a relação dos homens com a política e com a ética e dessa maneira essa ideia nem passava pela cabeça de um grego, por assim dizer, fosse ele um cidadão comum ou fosse ele um filósofo.

O conceito de um incriado não surgiu após os gregos, mas ganhou vigor e crescimento de forma jamais vista na história. De fato, o Deus hebreu já alcançava essa posição, mas não estava presente na cultura ocidental.

Ao retomar o conceito de incriado é importante responder a uma questão, qual seja, será possível estabelecer como premissa a metáfora do relojoeiro na argumentação que sustenta a existência de um incriado, admitindo a dicotomia criador e criatura?

Para responder a essa pergunta precisamos compreender o conceito de tempo.

O Tempo

Se nada se movesse o tempo não faria sentido.
Luís Carlos de Menezes

Portanto, se não houvesse uma sucessão de eventos, não poderia existir o tempo.
Gerald James Whitrow

Sempre que pensamos o eterno, o infinito, o antes, inexoravelmente pensamos no tempo. O que é isso? O que é o tempo?

O tempo é muito lento para os que esperam
Muito rápido para os que têm medo
Muito longo para os que lamentam
Muito curto para os que festejam
Mas, para os que amam, o tempo é eterno.
Henry Van Dyke

A despeito dos significados culturais, socioculturais e de ordem subjetiva (o tempo significando época, clima etc.) ou poética, para a Física o tempo está na base construtiva de teorias que tentam descrever o Universo.

Para o físico Isac Newton, o tempo era absoluto, invariável.

O que isso significa? Significa que independentemente do referencial, qualquer observador poderia medir intervalos de tempo entre mesmos dois eventos e que as medidas dos observadores seriam iguais.

Imaginemos dois observadores na superfície da Terra, eu e você leitor (por exemplo), um em repouso, isto é, parado em relação à Terra e o outro em movimento, em um veículo, colocados a certa distância um do outro, ambos observam o cair de uma bola que fora lançada para o alto em linha vertical, cada observador, munido de um cronômetro, poderá marcar o tempo de queda da bola. De acordo com o tempo absoluto de Newton, ambos observadores devem medir o mesmo tempo entre o evento inicial – início da queda e evento final – o toque da bola no chão, portanto, eventos iguais, partida e chegada da bola, em tempos iguais.

Essa interpretação ainda parece satisfazer a todos, pois ao lidarmos com eventos cotidianos ela atende a todas nossas expectativas. Mas não é sempre assim!

Em 1905, Albert Einstein publicou a sua Teoria da Relatividade Especial. Nela, o tempo aparece não mais como um invariável, mas como um relativo, ou seja, aqueles observadores em referenciais distintos já não podem medir o mesmo intervalo de tempo para os mesmos eventos, agora suas medidas são diferentes.

Na Teoria da Relatividade o tempo medido depende do referencial, portanto é um tempo relativo – relativo ao observador no tal referencial.

Entretanto, tem-se que, para observações cotidianas (eventos corriqueiros) as medidas dos observadores newtonianos e observadores einsteinianos coincidirão, contudo, para eventos onde as velocidades estão próximas da velocidade da luz as diferenças emergem substancialmente.

A Teoria de Newton carrega a ideia de um espaço absoluto e tempo absoluto, ao passo que a Teoria da Relatividade propõe um *espaço-tempo*, imbricados e relativos.

A velocidade da luz é absoluta e os intervalos de espaços e tempos são relativos

Intervalos de espaços e tempos são absolutos e a velocidade da luz é relativa

Einstein 1905

$$a = \frac{F}{m}\left(1 - \frac{v^2}{c^2}\right)^{\frac{3}{2}}$$

Newton 1686

$$a = \frac{F}{m}$$

Figura 1 – O clássico e o relativístico

Na figura 1 acima – *Representação comparativa entre a Teoria Clássica e a Teoria da Relatividade* – aparecem duas equações, à esquerda a de Einstein e à direita a de Newton, ambas se referem à Força – na sua relação com a massa e a aceleração.

A segunda, de Newton, diz que a aceleração é dada pela divisão da Força pela massa, a primeira, de Einstein, apresenta uma configuração mais complexa onde c é a velocidade da luz (299.792.458 m/s). É fácil perceber que para velocidades do cotidiano o termo $\frac{v^2}{c^2}$ tem valor tão pequeno que podemos desprezá-lo, se esse termo é desprezado a equação de Einstein recupera a equação de Newton.

Ainda que os resultados experimentais corroborem dramaticamente as equações da Teoria da Relatividade o conceito subjacente que estabelece a relação *espaço-tempo* é controverso e polêmico, especialmente quando esses conceitos são abordados no campo da Filosofia, uma vez que no campo da Física há bastante consenso.

A Teoria da Relatividade afirma, também, que o fluir do tempo é alterado por campos gravitacionais ou por velocidades muito altas da ordem da velocidade da luz. De fato, uma experiência simples, a de se colocar dois relógios muito precisos em altitudes diferentes, por exemplo, um ao nível do mar e o outro no pico de uma montanha, mostrará que o relógio ao nível do mar marcará um intervalo de tempo maior (por exemplo, enquanto um clic acontece no relógio ao nível do mar, mais de um clic ocorre no outro relógio), ou seja, o tempo medido por um observador ao nível do mar é menor do que o medido pelo observador colocado no pico da montanha, assim, o tempo parece "fluir" mais lentamente quando submetido a ação de um campo gravitacional. É certo que para os intervalos de tempo curtos não será possível perceber qualquer distinção, mas para intervalos maiores, digamos de um mês, a diferença será sensível o suficiente para aceitarmos que a gravidade altera o comportamento do *"fluir do tempo"*.

A questão que se coloca e que justifica a polêmica a respeito do conceito *espaço–tempo* é a seguinte: Será o *fluir do tempo* que se altera com o campo gravitacional ou será que o campo gravitacional altera a *forma como os eventos se sucedem*?

O TEMPO

Parece que a Física não se preocupa muito com esse detalhe, uma vez que as equações de Einstein funcionam bem, enquanto consideram que o fluir do tempo é que é alterado pela gravidade. Mas, do ponto de vista da Filosofia esse detalhe pode fazer muita diferença.

Antes de avançar é oportuno e importante fazer uma observação a respeito de uma experiência mental que, de forma equivocada, sugere que o "*fluir do tempo*" é alterado quando um observador colocado em referencial que está em velocidade muito alta (da ordem da velocidade da luz) em relação a outro observador colocado em referencial estacionado.

Vou melhorar essa descrição, supunha que há dois observadores, digamos, observador **A** (referencial em repouso) e observador **B** (referencial em movimento retilíneo e uniforme) com velocidade da ordem da velocidade da luz. Isso pode acontecer no Espaço Sideral, mas para simplificar, sem perder conteúdo, imaginemos que o observador **A** está numa estação de trem e o observador **B** está no trem que passa pela estação. O observador **B**, no interior do trem, aponta uma lanterna para cima para um espelho colocado no teto, a figura mostra o que cada observador "enxerga" (observa):

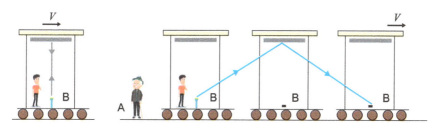

Figura 2 – O tempo relativo

Fica evidente, devido ao fato de a velocidade da luz ser constante, que o percurso medido pelo observador **A** (que está na estação) é maior do que o medido pelo observador **B** (no trem), assim, o observador **A** conclui que o tempo "flui" mais lentamente para o observador **B**, certo? Dessa forma, conclui, também, que para o observador em grande velocidade o tempo "flui" mais lentamente, certo?

Errado para as duas conclusões, onde está o erro na conclusão do nosso observador **A**?

Levemos, agora, nosso experimento mental para o Espaço Sideral num ponto bem distante de qualquer estrela, o mesmo experimento é realizado e simplesmente não é possível dizer quem está parado em relação ao outro, qualquer dos observadores que acender sua lanterna fará o outro chegar à mesma conclusão. Ora, então, não pode o tempo "fluir" de forma diferente apenas considerando-se o referencial. Não é o tempo que "flui" de forma diferente são as medidas de tempo dos observadores que são diferentes.

As transformações de Lorentz descrevem perfeitamente o tempo que cada observador em seu respectivo referencial medirá e, absolutamente, medirão valores diferentes, contudo não é o fluir do tempo que foi alterado, o processo de medida é que foi.

Mas, cautela, vou afirmar, conforme está detalhado adiante, que o tempo não flui de forma diferente qualquer que seja a situação!

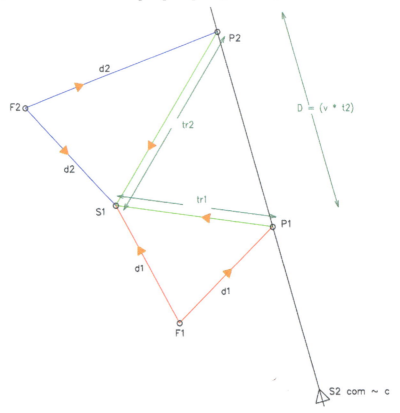

Figura 3 – Relativo, mas fluindo de forma regular

O TEMPO

A figura 3 mostra dois observadores S1 e S2, ambos com velocidades constantes no espaço sideral – A figura 3 representa o experimento mental do ponto de vista de S1, que dessa forma está em repouso e percebe S2 em movimento.

Duas fontes de luz, F1 e F2 estão programadas para emitir sinais, tais que interceptem S1 e S2 depois de percorrerem a mesma distância d1 e d2, respectivamente. Os observadores estão orientados a emitirem sinal, um em direção ao outro, assim que receberem o sinal das fontes de luz.

A observação e medição feita por S1 (tr1 e tr2) o leva a concluir que, como a velocidade da luz é constante e o percurso (tr1 + tr2) * c é maior do que t2 * c, o tempo (t2) para S2 sofreu dilatação, "correu mais devagar" ao avaliar que a distância percorrida pelo sinal correspondente a tr1 + tr2 é maior do que a correspondente a t2 (ou que houve contração do espaço).

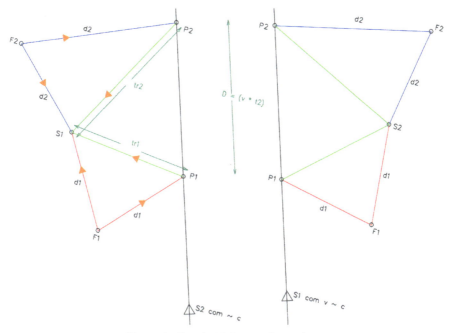

Figura 4 – Regularidade e medição relativa

A figura 4, mostra a equivalência dos observadores, logo, para o observador S2 ocorre o mesmo, podemos concluir que, de fato, não é o tempo que flui diferente para cada observador, mas a medição de tempo é que os leva a essa conclusão enganosa.

DE VOLTA AO INCRIADO

Um incriado que tudo cria é, por excelência, eterno e infinito no tempo, mas em qual tempo?

O tempo intrinsecamente imbricado com o espaço ou o tempo que é um conceito útil, mas fisicamente inexistente? O tempo da Física ou o tempo da Filosofia?

Considero que o tempo seja uma invenção humana, que está muito bem concatenada às leis da Física (que aproximam as leis da natureza). Minha concepção é convergente ao pensamento de Stephen Hawking que, em seu livro *Uma Breve História do Tempo*, ao abordar questões da gravidade quântica, sugere o seguinte conceito de tempo real, manifestando seu pensamento filosófico: "[...] o que chamamos de tempo real é apenas uma invenção de nossa imaginação. [...] o que chamamos de [tempo] real seria apenas uma ideia que inventamos para nos ajudar a descrever o que pensamos ser o Universo". (HAWKING,1988, p. 195)

Ao admitir a possibilidade de um tempo apenas conceitual e não físico, nos encaminhamos ao necessário entendimento a respeito da sucessão de eventos, o conceito de causalidade.

Minha concepção de tempo associada à sucessão de eventos também encontra sustentação em Stephen Hawking. Ele defende que a sucessão de eventos deve seguir a segunda lei da termodinâmica, que afirma que a desordem do Universo só pode aumentar, isto é, podemos ver uma xícara se espedaçar ao cair no chão – passando de um estado ordenado para um estado desordenado – mas não podemos ver os cacos se juntando para formar uma xícara. Stephen Hawking afirma a esse respeito: "Não se pode fazer afirmação mais segura do que esta" (HAWKING,1988, p. 205).

Destarte, se o tempo é desconexo do espaço, não há nada mais do que a sucessão de eventos. Os eventos se sucedem de forma regular ou aleatória, as batidas de nossos corações são aproximadamente regulares, já as chuvas são quase aleatórias.

Para reconceituar o significado de tempo, vamos refletir sobre como essa ideia a respeito do tempo, da maneira como a concebemos, foi desenvolvida. Para isso precisamos partir de algum ponto em nosso passado, de algum evento antecedente.

O desenvolvimento da Astronomia nos deu muitas informações importantes a respeito do Universo, um, que é muito útil, é que os movimentos dos corpos celestes, até onde podem ser observados, são em grande medida periódicos e regulares.

A Terra gira em torno de seu eixo, realizando um movimento de rotação, gira ao redor do sol, realizando um movimento de translação, a Lua também rotaciona em torno de seu eixo e translada ao redor da Terra. Os planetas de nosso sistema transladam ao redor do sol, rotacionam ao redor de seu eixo e, junto com o Sol transladam ao redor do centro de nossa Galáxia.

Quasares, pulsares, estrelas e galáxias, todos os corpos celestes observados apresentam algum movimento regular. Essa regularidade é uma das características fundamentais para nossa reflexão.

Aqui na Terra essa regularidade nos deu o dia e a noite, a semana, o mês e o ano. Se esse movimento periódico regular não existisse, ou fosse "longo" o suficiente para não ser percebido, a ideia de tempo poderia nunca ter sido construída.

Essas regularidades permitiram ao homem ancestral estabelecer uma régua de medida cuja escala passa, como já dito, pelo dia e pela noite, pela semana, pelo mês e pelo ano.

É, e sempre foi para o homem, – que desenvolveu o caminhar bípede, a postura ereta, a consciência e a linguagem – de grande importância a marcação de eventos que se sucedem, essa marcação é parte essencial do próprio desenvolvimento humano.

Dessa forma, marcar a sucessão de eventos possibilitou uma melhor organização das funções nessa sociedade emergente. Sabemos que a contagem e, portanto, a Aritmética também é um condicionante importante no desenvolvimento humano, sobre o qual, oportunamente, faremos uma reflexão. Não obstante, para aquelas populações que desenvolveram alguma Aritmética e que perceberam que a sucessão de eventos poderia ajudar na sua organização, havia na regularidade das sucessões de eventos naturais a possibilidade de se criar uma "régua" de comparação, a partir da qual, outros eventos pudessem ser adequadamente inspecionados, medidos e/ou controlados.

É bastante razoável que a primeira medida dessa régua tenha sido o próprio dia, assim, contar os dias – rotações sucessivas da Terra em torno de seu eixo – pode ter sido a primeira unidade de comparação para outros eventos. Deve-se destacar nesse ponto que, nessa comparação – régua criada e evento medido – não é necessário que o evento a ser medido seja periódico ou regular, ainda que muitos possam ser.

Por exemplo, um agrupamento social poderia ter um determinado estoque de comida e avaliar que esse estoque poderia atender ao grupo por três dias, nesse caso a sucessão de eventos com unidade "dia" está sendo usada para medir uma sucessão de eventos que não tem necessariamente uma periodicidade regular, ou seja, o estoque acabará, porém, sua duração não apresenta uma regularidade intrínseca, justamente porque depende de fatores irregulares, por exemplo, a coleta ou a caça e ainda o número de sujeitos do grupo a atender.

À medida que essas populações foram se desenvolvendo, suas réguas de comparação foram se aperfeiçoando, os dias foram divididos em horas, as horas em minutos, os equipamentos utilizados para constituir essas réguas, também, foram sendo aprimorados, da simples observação entre o dia e a noite para equipamentos cada vez mais elaborados.

> Entre os primeiros relógios, ou *horológios* em português mais antigo, que se tem conhecimento estão os relógios de sol. Relógios simples de água ou areia são conhecidos por terem existido na Babilônia e no Egito em torno do século XVI a.C. A história registra que apareceu na Judeia, mais ou menos em 600 a.C., com os relógios de água (clepsidra) e os relógios de areia (ampulhetas). Em 725 d.C., Yi Xing, um monge budista chinês desenvolveu um relógio mecânico que tinha um complexo sistema de engrenagens e 60 baldes de água que correspondiam aos 60 minutos que fazia uma revolução completa em 24 horas. Em 797 (ou 801), o califa de Bagdá, Harune Arraxide, presenteou Carlos Magno com um elefante asiático chamado Abul Abbas e um relógio mecânico de onde saía um cavaleiro que anunciava as horas. Isso indica que os primeiros relógios mecânicos provavelmente foram inventados pelos asiáticos. Contudo, embora exista controvérsia sobre a construção do primeiro relógio

mecânico, o papa Silvestre II é considerado no mundo ocidental o primeiro inventor.

Outros grandes construtores e aperfeiçoadores de relógios foram Ricardo de Walinfard (1344), Santigo de Dondis (1344), seu filho João de Dondis que ficou conhecido como "Horologius" e Henrique de Vick (1370).

Por volta de 1500, Peter Henlein, na cidade de Nuremberg, fabricou o primeiro relógio de bolso. Até que, em 1595, Galileu Galilei descobre o isocronismo. Com os relógios mecânicos surge uma grande variedade de técnicas de registro da passagem do tempo. Os relógios deste tipo podem ser de pêndulo, de quartzo ou cronômetros.

https://pt.wikipedia.org/wiki/Rel%C3%B3gio – acessado em 03/05/2019.

A relação do homem com a comparação de eventos é bem antiga como pode-se notar, e no ocidente a complexidade dessa relação pode ser bem observada a partir dos gregos antigos:

> Os gregos antigos tinham três conceitos para o tempo: *khrónos, kairós* e *aíôn*. *Khrónos* refere-se ao tempo cronológico, ou sequencial, que pode ser medido, associado ao movimento linear das coisas terrenas, com um princípio e um fim. *Kairós* refere-se a um momento indeterminado no tempo, em que algo especial acontece, o tempo da oportunidade. *Aíôn* já era um tempo sagrado e eterno, sem uma medida precisa, um tempo da criatividade onde as horas não passam cronologicamente, também associado ao movimento circular dos astros, e que na teologia moderna corresponderia ao tempo de Deus.
>
> https://pt.wikipedia.org/wiki/Chronos – acessado em 03/05/2019.

Evidentemente, réguas de comparação também foram desenvolvidas para eventos de "longas durações" quando comparados com a régua que continha dias e horas em sua graduação, assim surgiram os calendários.

Ora, fica claro que o conceito de tempo, nome dado à essa sucessão controlada de eventos, que ocorre nos equipamentos desenvolvidos pelo homem, foi construído e não descoberto!

Uma descoberta é o encontrar algo que já existe, tal como ele é, a coisa em si (um número[8]). Uma construção é algo que se forja a partir de um contexto com os recursos de que se dispõem, no caso do conceito de tempo, o contexto da natureza periódica e regular de eventos que se sucedem.

Uma vez estabelecida a régua, torna-se mais fácil criar escalas com subdivisões e, concomitantemente, inventar um instrumento para essa medida: o relógio.

Whitrow acrescenta "[...] encontramos boas razões para rejeitar a ideia de que ele [o tempo] existe por si só. O tempo é visto como a ordem na qual os eventos ocorrem. Portanto, se não houvesse uma sucessão de eventos, não poderia existir o tempo" (WHITROW 2005, pg. 164).

Bem, por minha parte considero que a simples sucessão de eventos não seria suficiente para a construção do conceito de tempo, para tanto, seria necessário a sucessão de eventos com regularidade.

Tendo o relógio sido inventado e construído, agora o homem pode abstrair eventos regulares e determinar com sua nova régua – o relógio – intervalos na escala que batizou de tempo, e medir a sucessão de eventos não regulares, por exemplo, quantas unidades dessa régua existem na sucessão de eventos que se constitui pelo subir e o descer de uma pedra lançada para o alto. Os relógios atuais têm escalas tão precisas quanto suas regularidades baseadas em períodos de vibração de elementos químicos[9]

Pode-se agora retomar as questões relativas ao tempo e respondê-las:

Um incriado que tudo cria é por excelência eterno e infinito no tempo, mas em qual tempo? O tempo intrinsecamente imbricado com o espaço ou o tempo que é um conceito útil, mas fisicamente inexistente? O tempo da Física ou o tempo da Filosofia?

Fica evidente que o tempo da Física não é suficiente para alcançar as respostas buscadas, assim, é necessário o auxílio da Filosofia para esse objetivo.

Como já foi dito anteriormente, não pode ter havido um evento que tenha precedido o incriado, portanto, esse suposto incriado ou *sempre existiu* ou *nunca existiu!*

---

8 **Número:** termo ligado à filosofia de Kant, carrega o significado de uma realidade assim como ela é sem uma respectiva subjetiva do sujeito, a coisa em si.

9 O **segundo** é definido como: a duração de 9.192.631.770 períodos da radiação correspondente à transição entre os dois níveis hiperfinos do estado fundamental do átomo de césio-133.

O TEMPO   53

Essa reflexão nos instiga a questionar o seguinte: se sempre existiu, existiu onde?

Seguindo esse raciocínio, baseado na possibilidade da existência de um incriado, e por não haver um evento que o tenha antecedido, sua existência tem que ter ocorrido no *nada*, em lugar nenhum! Portanto, não existe o "onde"! e não existe o "quando"!

A alternativa que resta é que o incriado é o nada, logo, nunca existiu.

A metáfora do relojoeiro de Voltaire não encontra sustentação, pois leva a uma aporia, um beco sem saída.

A pergunta colocada no início do capítulo: Será que todo pensamento, na busca do entendimento do Universo, pode ser associado, silogisticamente, ao pensamento de Voltaire?

Pode-se responder, agora, com segurança que não, não! Não precisamos desse pensamento e mais, devemos prescindir dele.

E, para que não fique no ar, retomo a afirmação colocada ao final da discussão da experiência do trem relativístico: o tempo não flui de forma diferente qualquer que seja a situação!

Como o tempo é um conceito criado para ajudar a resolver problemas, não tem sentido discutir sobre o seu "fluir". O que de fato acontece, sempre, é a observação da sucessão de eventos. Essa sucessão de eventos sofre alteração quando submetida à aceleração, o que se reflete nas medidas de tempo, contudo, não ocorre quando as velocidades são constantes.

Medidas de tempo são diferentes para observadores que mantêm velocidades relativas constantes, mas os seus relógios têm exatamente as mesmas sucessões de clics.

Resta, ainda, algo a dizer sobre o tempo, afinal, por que relógios sujeitos a um campo de aceleração medem intervalos de tempo distintos?

Relógios sujeitos a um campo de aceleração, inclusive a gravitacional, têm sucessão de clics alterada e medirão tempos distintos, mais precisamente, quanto maior a aceleração, tanto menor será o tempo medido pelo relógio. Por quê?

A aceleração altera a sucessão de eventos, engrenagens giram de forma alterada, a frequência de emissão de luz de equipamentos é alterada pela aceleração, o batimento cardíaco é alterado pela aceleração, quanto mais aceleração/

campo gravitacional, mais forte é a alteração da sucessão de eventos. Eventos se sucedem de tal forma que, quando usamos nossa régua temporal, ela nos informa que, para eventos em campos de aceleração mais intensos a contagem é menor do em campos menos intensos, ou seja, os tic tacs, por ela medidos são mais espaçados para eventos em campos de aceleração do que fora deles.

Assim, uma experiência simples, a de se colocar dois relógios muito precisos em altitudes diferentes, por exemplo, um ao nível do mar e o outro no pico de uma montanha, mostrará que o relógio ao nível do mar marcará um intervalo de tempo maior (por exemplo, enquanto um clic acontece no relógio ao nível do mar, mais de um clic ocorre no outro relógio), ou seja, o tempo medido por um observador ao nível do mar é menor do que o medido pelo observador colocado no pico da montanha, assim, o tempo parece "fluir" tanto mais lentamente, quanto mais estiver sujeito a uma ação gravitacional.

Sabemos que, pela Teoria da Relatividade geral, o campo de aceleração é indistinguível, seja ele produzido pela presença da matéria ou seja ele produzido pela alteração da velocidade. Isso significa que podemos imaginar, para enriquecer a construção de nosso conhecimento sobre o conceito de tempo, uma experiência em que haja um campo de aceleração.

Consideremos a seguinte situação, um carrossel gigante e um vagão de trem que está sobre esse carrossel, como se fosse uma nave em órbita estacionária, por exemplo, ao redor de Mercúrio.

Esse vagão tem a mesma velocidade de Mercúrio em relação ao centro do carrossel (por exemplo, o centro da Via Láctea – nossa Galáxia), chamemos o observador que está girando com o carrossel de Merculino – Merculino executa a mesma sequência de eventos realizados na experiência do trem de velocidade constante da figura 2.

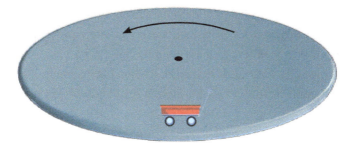

Figura 5 – Vagão do trem sobre o carrossel.

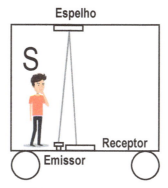

Figura 6 – Merculino fazendo sua experiência

Da mesma forma que o observador fora do trem, na experiência anterior com velocidade constante, um observador fora do carrossel, em S', conclui que o tempo "flui" mais lentamente para o observador que está no trem. Geovaldo, o observador que está em repouso em relação ao centro do carrossel, mede a velocidade da nave, que passa à sua frente, (por exemplo 282.000 m/s, a velocidade aproximada da combinação das velocidades orbitais do Sol e de Mercúrio em relação ao centro da Via Láctea).

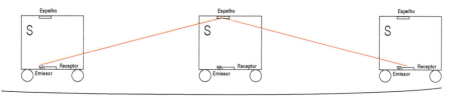

Figura 7 – Geovaldo observa e tira sua conclusão

E, em conclusão, Geovaldo concorda com o observador fora do trem da experiência anterior (do trem em velocidade constante), informando que suas medidas de tempo são diferentes das medidas de Merculino – no carrossel. Do ponto de vista de Geovaldo as medidas feitas por Merculino parecem ter intervalos de tempo maiores. Essa é a mesma conclusão obtida na experiência da figura 2.

Entretanto, Geovaldo acrescenta um ingrediente, ele conclui, acertadamente, que para ele, a luz caminha sobre uma trajetória curva[10]. Essa conclusão está em concordância com a Teoria da Relatividade Geral, que garante que campos de aceração deformam a geometria do espaço, a luz por sua vez, segue essa geometria.

SÍNTESE

Em síntese, nesse primeiro capítulo, buscamos evidenciar que a ideia de um incriado, em primeiro lugar não é uma ideia absoluta, mesmo que tenha sido quase que uma pedra angular para diversas pessoas e para a maioria dos grupos sociais, especialmente no ocidente, durante quase toda a história.

Essa enorme influência sobre o pensamento ocidental, que ganhou notoriedade e força a partir de Alexandre (o grande), durou centenas de anos e como vimos, precisa ser questionada e será necessário renunciar a ela se quisermos evoluir no entendimento de nosso Universo, bem como para compreensão de nossa origem. Essa é nova visão cosmológica necessária. Estudar o conceito de Tempo, nos ajudou a fazer muitas considerações a esse respeito.

Em resumo, está posto que para entender o Universo é necessário prescindir dessa ideia de um incriado. Mas, se a história da nossa Terra e da humanidade não depende da criação do Universo por um incriado, então, como foi?

O aprofundamento das reflexões necessárias, para conseguirmos responder esse questionamento, está colocado a partir do próximo capítulo.

---

10 Evidentemente, o observador fora do carrossel conclui que a **trajetória da luz** é a mesma do vagão sobre o carrossel. Essa deve ser a trajetória percorrida pela luz, uma vez que ela atinge o receptor, de forma conclusiva, como pode testemunhar Merculino.

CAPÍTULO SEGUNDO

> Essas são apenas as razões mais óbvias – e os matemáticos descobriram outras – pelas quais não deveríamos nos surpreender por vivermos em um espaço tridimensional.
>
> **Martin Rees**

UNIVERSOS

O ESPAÇO

Já refletimos a respeito do Tempo, nessa reflexão o questionamento que nos serviu de orientação foi o seguinte, *seria o tempo uma propriedade física inerente ao nosso Universo ou seria antes uma convenção muito bem ajustada ao desenvolvimento de nossa ciência?*

Concluímos que o Tempo é uma convenção.

O que propomos agora é a reflexão sobre o Espaço.

Antes, porém, de iniciar é relevante compreender o significado de Espaço para que seja possível, ainda que aproximadamente, conceituá-lo. Então, será possível avançar na reflexão proposta.

A palavra espaço invariavelmente remete a um significado cotidiano e vulgar (vulgar aqui tem o significado de não ser científico), podemos chamar de primeira significação, que é aquela que usualmente qualifica um local ou um ambiente, por exemplo, um quarto, uma sala, um quintal, um ginásio de esportes, o interior de um veículo etc. (dando a significação de amplidão ou de estreiteza – exiguidade).

Como segunda significação podemos nomear as utilizações de caráter subjetivos do tipo: uma pessoa espaçosa (a pessoa abusada, entrona, que se sente dona da razão).

Como terceira significação podemos nomear a utilização para relacionar o ambiente com o local em que se desenvolvem ações da vivência: o espaço em que vivemos, o espaço destinado às Reservas indígenas e florestais, espaços de lazer, espaços de leitura etc.

Como quarta significação podemos nomear a utilização feita para designar o ambiente entre constituintes cósmicos: o espaço entre a Terra e a Lua, o espaço sideral, o espaço ocupado pelo Universo.

Como quinta significação podemos nomear a utilização matemática: o espaço Euclidiano e o espaço de Riemann, por exemplo.

Sobre qual dessas significações queremos refletir?

Todas e nenhuma em particular!

Todas, porque a reflexão proposta objetivará o conceito mais geral possível e nenhuma, porque justamente não interessará a particularidade qualquer das cinco significações citadas, e bem que podemos ampliar esse número ou aglutiná-los em um número menor.

O objetivo é conduzir essa reflexão, assim como foi feito para o Tempo, e escolher entre um conceito de Espaço que seja uma propriedade física inerente de nosso Universo ou outro que, como o Tempo, seja uma convenção, uma criação bem adaptada à nossa ciência.

Diferentemente do Tempo, o Espaço nos precede, pois, ao se ganhar consciência já percebemos o arredor. Dessa forma, temos a clara sensação de que o Espaço sempre esteve onde está.

O Espaço, diferentemente do Tempo, parece ter uma relação íntima com a Matéria, ou seja, se existe Matéria existe Espaço. Se assim for, podemos afirmar com suficiente certeza de que o Espaço é uma propriedade do Universo, então teríamos já o conceito de Espaço como um ente inerente ao Universo, contudo terminar essa reflexão assim a deixaria muito pobre.

Parece haver um paradoxo ao escolhermos a quarta[11] significação, pois há um vazio interestelar, uma "região" sem matéria, um espaço sideral, por assim dizer, um espaço sem matéria. Como conceber, então, *uma relação íntima com a matéria* se não há matéria? Há de fato um paradoxo? Qual é a relação íntima entre Matéria e Espaço?

---

11 Como **quarta significação** podemos nomear a utilização feita para designar o ambiente entre constituintes cósmicos: o espaço entre a Terra e a Lua, o espaço sideral, o espaço ocupado pelo Universo.

CAPÍTULO SEGUNDO

Primeiro é relevante dizer que o "vazio do espaço" não é tão vazio assim[12] e, portanto, não há paradoxo, segundo, talvez seja bastante apropriado estender essa reflexão para a conotação de *Matéria*, para que nos seja possível desenvolver um entendimento a respeito da sua relação com o Espaço.

Por ora, consideremos que o Universo nasceu com o "Big Bang", dito isso, podemos dizer que toda matéria existente nesse Universo nasceu como ele próprio, no "Big Bang".

Neste ponto é importante que se atente para a seguinte pergunta, o Universo, bem como a matéria nele contida, que acabara de nascer, se expandiu para onde? O espaço estava lá e foi preenchido pelo Universo e toda sua Matéria? Ou, o Espaço foi se desenvolvendo à mesma medida da expansão da matéria?

Será necessário criar um axioma[13] ou um postulado, para convergirmos para uma conclusão?

Se for necessário a definição de um postulado, puro e simples, então temos que o conceito de Espaço inclina-se para uma convenção, uma criação humana.

Em vez disso, pode-se aguardar um pouco antes de se postular alguma coisa, podemos hipotetizar, criar uma hipótese que possa, eventualmente, ser testada. Quais hipóteses podem ser criadas? Primeira, aquela que afirma que o espaço já existia e que o Universo nele se expandiu e segunda, aquela que afirma que o Espaço se desenvolveu à mesma medida da expansão da matéria (do Universo).

Se o espaço sempre estivera lá e nele o Universo, bem como toda matéria, nele se tenha expandido, então não há relação íntima com a matéria o que está em desacordo com a hipótese anterior que afirma: *"O Espaço, diferentemente do Tempo, parece ter uma relação íntima com a Matéria, ou seja, se existe Matéria existe Espaço"*.

Há duas hipóteses e elas são mutuamente excludentes.

---

12 A Física Quântica já demonstrou que **não há um "local" no Espaço de energia zero,** isso significa que há uma flutuação de energia que proporciona o surgimento e aniquilação de partículas, chamadas virtuais devido à sua efemeridade e são, justamente, essas partículas que povoam o Universo mesmo onde se possa imaginar o vácuo!

13 **axioma** ou **postulado** é uma proposição que não é provada ou demonstrada e é considerada como um consenso inicial necessário para a construção de uma teoria, assim, é aceita como verdade e serve como ponto partida para dedução de outras verdades.

Eu escolho a segunda hipótese, que supõe que o Espaço se tenha desenvolvido à medida da expansão do Universo. É assim que compreendo o Espaço!

Escolho a segunda hipótese, pois me parece estar mais alinhada com as teorias da Física, bem como com os resultados experimentais, até agora efetivados.

Dessa forma, parece que é possível decidirmos sobre o conceito de Espaço que, em concordância com a reflexão desenvolvida, seja uma propriedade de nosso Universo e não se trata de uma convenção!

UNIVERSO QUE HABITAMOS

Para a Física tudo que existe em nosso Universo tem início com o Big Bang, uma grande "explosão" a partir de um ponto, literalmente um ponto, sem extensão, a partir do qual todo Universo conhecido se desenvolveu.

O conceito de um ponto sem extensão só se obtém na Matemática, a Física recorre à Matemática quando se depara com uma entidade com essa característica que é chamada de singularidade[14].

A Física consegue retroagir no tempo (nosso tempo convencional, tempo físico medido), até muito próximo do marco zero, mas sem chegar nele, pois trata-se de uma singularidade – um ponto sem extensão, com toda matéria concentrada nesse ponto (isso soa um tanto estranho, tão estranho como a ideia que se tinha do Éter, que era concebido como um meio transparente, sem massa e rígido, que preenchia todo o espaço não ocupado pela matéria no Espaço, e tão parecido na sua engenhosa construção, especialmente, por ser uma ideia frágil e sem robustez)

Entendo que os físicos terão muito o que estudar para propor uma explicação adequada a respeito desse evento inicial.

Contudo, a Filosofia pode ir além! Inclusive conjecturar o antes do Big Bang.

Imaginemos, por agora, que seja possível conceber a ideia de um conceito anterior ao Big Bang, algo que esteja no âmbito do absolutamente impessoal e seja de fato infinito e eterno.

---

14 Uma **singularidade** é geralmente um ponto no qual um dado objeto matemático não é definido, ou um ponto de um conjunto excepcional onde ele não é "bem-comportado" de alguma maneira particular.

CAPÍTULO SEGUNDO

Como pensar o infinito? Isso não é trivial, infinito igual a sem-fim. Na Matemática os conjuntos de vários números são infinitos, sempre é possível acrescentar um elemento por mais longe que se chegue no conjunto dos números Naturais. Na reta Real dividida em pontos, sempre é possível encontrar um ponto entre dois outros pontos dados, por mais profundo que vá nessa separação de pontos, isso é um conceito de infinito.

Há diferentes formas de pensar o infinito, o infinito potencial, como colocado acima, onde se pode aumentar indefinidamente, como no caso do acréscimo de números naturais. O infinito atual, aquele que está posto antes mesmo de pensarmos em acrescentar algo, como os pontos da reta real. E o infinito absoluto, sobre o qual o entendimento racional não alcança.

Mas, fisicamente o que poderia ser o infinito?

Nosso Universo já foi definido como finito e como infinito, sua infinitude está determinada matematicamente a partir da determinação de sua curvatura, que pode ser inferida pela radiação cósmica de fundo em micro-ondas. Um universo com topologia simples, poderia ser ilimitado e infinito, de acordo com medições feitas até a data que essas linhas estão sendo escritas, nosso Universo teria essa topologia e, portanto, seria ilimitado e infinito, mas essa conclusão não é definitiva.

Não é nada fácil imaginar alguma coisa assim, mas é necessário pensarmos algo que seja infinito para além de nosso Universo.

Podemos começar por escolher um nome para esse infinito, que pode ser: *Energia Cósmica Fundamental* (ECF). Podemos, ainda, considerar, por ora, que essa ECF não tenha uma unidade pela qual seja possível associar um valor, isto é, medi-la, consideremos ainda, que essa energia esteja em estado de equilíbrio, mas que possa apresentar desequilíbrios pontuais/eventuais (e probabilísticos), similares às vibrações sugeridas pela Física Quântica.

Imaginemos um desequilíbrio pontual que possa transformar parte dessa ECF em matéria[15], de tal forma que o espaço acoplado a essa matéria se desenvolva (um big Bang).

---

15 E=mc² é a equação da Teoria da Relatividade, desenvolvida por Einstein. Ela determina a relação da transformação da **massa em energia e vice-versa**, sendo "E" a energia, "m" a massa e "c" é a velocidade da luz.

Essa forma de enxergar o incriado, elimina a aporia, isto é, evita o "beco sem saída" e, ao contrário de Voltaire, já não precisamos ter relojoeiros, mesmo que haja relógios!

A ideia da ECF (Energia Cósmica Fundamental), permite imaginá-la como um *infinito-eterno* em equilíbrio e que tem a propriedade de apresentar desequilíbrios pontuais/eventuais (flutuação quântica). De tal forma, que um desses desequilíbrios transforme parte dessa ECF em matéria e, que dessa transformação, concatenado e imbricado com a matéria, desenvolva-se um espaço, tudo isso considerando um Big Bang original.

Essa ideia necessita de um substrato conceitual robusto, entretanto, talvez nunca seja possível verificá-lo empiricamente, não obstante, no campo das ideias podemos fazer conjecturas metafísicas.

Popper nos ajuda a compreender a função da metafísica na descrição do Universo e da busca pela verdade física: "[...] inclino-me a pensar que as descobertas científicas não poderiam ser feitas sem fé em ideias de cunho puramente especulativo e, por vezes, assaz nebuloso, fé que, sob o ponto de vista científico, é completamente destituída de base e, em tal medida, é 'metafísica'." (POPPER, 2013, p. 36).

Obviamente, Popper não defende a metafísica como fonte de conhecimento, mas a coloca sim, como um potencial recurso, digamos, complementar e de inspiração. Isso fica claro na exposição que faz a respeito do seu terceiro mundo[16]: "A tese da existência desse terceiro mundo de situações de problemas impressionará a muitos como extremamente metafísico ou dúbia" (POPPER, 1999, p. 118). O que ele quer dizer é que o fato de existir nesse acervo do mundo 3, conteúdos de origem metafísica, pode parecer dúbio com relação ao conhecimento objetivo de base no método científico, contudo, há em muito desse conhecimento científico uma germinação na metafísica.

Ideias de origem metafísica podem inspirar e podem ser germinativas para o desenvolvimento de ideias mais elaboradas a partir do método científico, é esse viés metafísico que exploraremos.

Uma condição necessária para assumirmos a ECF é admiti-la como infinita (infinito absoluto) e atemporal, no sentido da inexistência do tempo

---

16   **Mundo 3** de Popper: É aquele composto pelas realizações humanas, livros, bibliotecas, conteúdos de memórias de computador, enfim, o acervo do saber humano.

CAPÍTULO SEGUNDO

– mais uma vez o tempo aparece como um ingrediente meio indigesto, mas que já foi digerido, entretanto, na discussão desenvolvida no primeiro capítulo.

Dessa forma, as condições necessárias para podermos pensar nessa possibilidade, ficam estabelecidas.

Há um outro ingrediente a se acrescentar, a simetria!

A SIMETRIA

A palavra simetria é bastante conhecida e, até mesmo no senso comum pode-se encontrar boas definições e exemplos.

Contudo, devido à grande importância que o significado de simetria tem na Física, vale dedicar algumas linhas para que seja possível ir um pouco além do senso comum.

Uma das formas de compreender o significado de Simetria[17], é observar a paridade entre uma ou mais dimensões, quando colocadas lado a lado, segundo uma linha divisória.

Simetria longitudinal, simetria transversal, simetria cilíndrica, simetria esférica, apenas para citar alguns exemplos de simetrias geométricas.

É também a relação entre partes de um de um todo onde é possível observar similaridades.

A natureza nos oferece muitos exemplos de simetria: o corpo humano possui simetria longitudinal, bem como a maioria dos seres que habitam ou habitaram nosso planeta.

---

17 **Simetria** (συμμετρία), do grego συμ(com) + μετρία(medida)

CAPÍTULO SEGUNDO 65

Figura 8 – Nove Imagens sobre simetria (acervo do autor – 7 acima e duas abaixo).

Entretanto podemos verificar outras simetrias inanimadas na natureza, além, é claro das simetrias produzidas pelo homem.

A simetria está presente em grande parte da Matemática, a maioria das pessoas pode observá-la especialmente na Geometria. Mediatriz, circuncentro, baricentro, axial, espelhamento, são termos que fazem referência a algum tipo de simetria geométrica. Mas, há muito mais simetria na Matemática do que a maioria das pessoas pode imaginar.

Pode-se, ainda, expandir o conceito de simetria para a Física, massas simétricas, mesmo que os volumes das partes correspondentes sejam diferentes, daí o conceito de *centro de massa* (ponto no qual todas as partículas que compõe o corpo em questão, estão igualmente distribuídas) – há outras definições para centro de massa, mas essa é suficiente para dar um exemplo de simetria.

Na Física há muita simetria e uma boa parte revela-se nas equações matemáticas a ela associadas.

Na Matemática destaca-se o poderoso sinal de igualdade, para mim, o mais importante da Matemática, se é que seja possível dar essa classificação, ele determina que os dois lados, por ele separados, são exatamente idênticos, pode-se obter simetria mais profunda do que essa?

Nosso planeta apresenta algo muito próximo de uma simetria esférica, bem como a maioria dos elementos cósmicos (planetas e estrelas, por exemplo), há ainda simetrias elípticas, e espiraladas, as variações são inúmeras, mas sempre é possível observar alguma simetria na forma em que esses elementos cósmicos se apresentam.

Diversos vírus, senão a maioria, apresentam-se em uma forma geométrica com algum tipo de simetria (cilíndrica, esférica, circular, icosaédrica, entre outras).

Do menor que se pode observar ao maior do cosmos, a simetria é soberana dominando o cenário. Não é de se estranhar que esse conceito seja tão importante na Física.

Figura 9 – Galáxia em espiral   Figura 10 – Forma geométricas de vírus

Simetria Física e Matemática

Não é possível falar em simetria na Física sem falar nas simetrias da Matemática, entretanto, nem sempre foi assim, mas atualmente (na verdade há pouco mais de cem anos, não obstante, considerando que a história da Matemática se inicia, ao menos, pelo que se tem de registro, com a história dos Sumérios, ou seja, há quase seis mil anos, podemos dizer que cem anos seja *atualmente*) essas duas ciências andam de mãos dadas no mais profundo que possa ter esse significado.

Simetria em Matemática é uma coisa antiga, afinal, desde Euclides – cerca de 400 anos antes de Cristo – a Geometria Plana já estava com suas bases bem definidas e nela a simetria já se mostrava presente.

À medida em que a Matemática evoluía, o próprio conceito de simetria também evoluía e tornou-se não um número, não uma forma, mas um conceito:

> "Simetria não é um número nem um formato, é um tipo especial de *transformação* – uma maneira de mover um objeto. Se o objeto parecer o mesmo depois de movido, a transformação aí presente é uma simetria. Por exemplo, um quadrado continua um quadrado quando for rotado de um ângulo reto" (STEWART, 2012, p. 8)

Essa evolução conceitual nasceu a partir da Álgebra[18]. Antes dela, tanto os enunciados, quanto suas respectivas resoluções eram feitas a partir de construções feitas na linguagem natural, tal como se fala, imaginem a enorme dificuldade no tratamento desses cálculos.

Dessa forma, a Álgebra, que é a maneira de escrever o que se fala, com símbolos matemáticos – mais que isso, é um conceito no qual números são substituídos por letras e outros símbolos permitindo uma generalização antes impossível – representou um salto importante no desenvolvimento da Matemática.

---

18   O vocábulo **álgebra** é derivado do termo árabe *al-jabr*, que significa, mais ou menos, *juntar as partes*, ou mais *precisamente restauração e simplificação*. No ano de 830 o astrônomo Mohamed ibn Musa al-Khwarizmi escreveu um livro cujo título é: *al-Jabr w'al Muqabala*, no qual, apresenta técnicas para ajustar equações de maneira a facilitar sua resolução.

Mas, foi somente a partir do século XVIII e, mais tarde, início do século XIX que a Álgebra começou a desvendar seus segredos mais recônditos e que se manifestaram em diversas formas de simetria. Muitos matemáticos dedicaram esforços no desenvolvimento da Álgebra, dentre eles podemos citar, Cardano, Lagrange, Vandermonde, Cauchy, Ruffini, Abel, Ferrari, essa lista não tem um ponto final, mas tem um ponto de inflexão, isso com certeza tem!

Esse ponto de inflexão, onde as coisas parecem mudar de direção, foi oferecido por Évariste Galois, nascido a 25 de outubro de 1811 e, com uma curta vida, falecido em 31 de maio de 1832, aos 20 anos de idade. Uma mente brilhante que deixou como legado a Teoria de Grupos (mais precisamente Grupos de Permutações[19]), cuja base conceitual repousa em uma simetria!

> "Galois introduziu um novo ponto de vista na matemática, mudou seu conteúdo e deu um passo necessário, ainda que desconhecido, na abstração. Com Galois, a matemática deixou de ser o estudo dos números e das formas – aritmética, geometria e ideias desenvolvidas a partir da álgebra e trigonometria. Tornou-se o estudo das *estruturas*. [...] estudo de *processos*." (Op. Cit. p. 113)

Conforme já dito, uma simetria de um objeto matemático, é uma transformação, na qual, sua estrutura fica preservada. Assim, podemos pensar que uma simetria é um processo, que empreende uma transformação em um objeto matemático, de tal forma a manter sua estrutura. A partir de Galois, a simetria ganhou status de conceito matemático.

Mas, foi com William Rowan Hamilton, um irlandês, nascido a, bem, não se pode precisar ao certo, entre 3 e 4 de agosto de 1805 (à meia noite), que a simetria da Matemática iniciou seu namoro com a simetria da Física. Pensando em soluções de problemas, utilizando a abordagem a partir de números complexos, Hamilton cunhou o conceito de quartênios, números de quatro dimensões (os números reais têm uma dimensão, os números complexos têm duas dimensões e os quartênios têm quatro dimensões).

O conceito de quartênios permitiu a John Graves expandi-lo para octônios (números de oito dimensões), que ficou esquecido por muito tempo.

---

19 **Permutações:** Uma forma de rearranjar as raízes de uma equação algébrica.

CAPÍTULO SEGUNDO

Marius Sophus Lie nascido na Noruega a 17 de dezembro de 1842, desenvolveu o que hoje é conhecido como Grupos de Lie e Álgebra de Lie, que relaciona o estudo das transformações de grupos (Galois) aplicados às equações diferenciais (Newton), ou seja, transformações simétricas.

Nesse momento da história a simetria já se apresentava como profundamente envolvida em diversas áreas da Matemática e subjacente às fundamentações da Física. Pouco mais de meio século adiante, um alemão nascido em 1879, Albert Einstein, deu novo impulso à engrenagem que juntava de forma inequívoca a Matemática da simetria com a fundamentação da Física e essa junção definitiva germinou das reflexões a respeito das propriedades da luz.

A Física do século XX foi revolucionária seja pelo seu desenvolvimento intestino, seja pela aplicação sistemática da simetria matemática aos seus fundamentos. Mas, foi na Mecânica Quântica que esse desenvolvimento mais se apresentou.

Durante o século XX a Física destrinchou a matéria, nesse processo de previsões e descobertas, de descobertas e constatações teóricas, uma teoria robusta para o microcosmo foi sendo engendrada. Esse conjunto robusto de conceitos tem o nome de Modelo Padrão, ou Teoria do Modelo Padrão.

Por essa teoria sabemos agora que a matéria é formada por uma família de partículas elementares os férmions e os bósons. Os férmions se dividem em léptons (elétron, múon, tau e neutrino) e quarks (seis tipos), os seis quarks formam os hadrons (bárions e mésons). Essa Física também unificou forças (força forte ou nuclear; força etrofraca, eletromagnética e radiação de decaimento).

Não obstante, e tão reveladora quanto o Modelo Padrão foi a construção da Teoria da Relatividade, enquanto o Modelo Padrão é aplicado ao microcosmo, o mundo do muito pequeno, a Relatividade é aplicada ao mundo do muito grande e das velocidades da ordem de grandeza da velocidade da luz.

Essa dicotomia deixa os físicos angustiados, por isso surgiu a corrida para encontrar a Teoria do Tudo, como foi chamada, uma teoria que pudesse juntar o Modelo Padrão e a Gravitação (Relatividade Geral).

Entre muitas teorias surgidas nesse contexto, uma delas, que teve grande destaque, foi a teoria das cordas, popularmente famosa por ser abordada no livro de Stephen Hawking, *O Universo numa Casca de Noz*. Importante, ao menos pelo seguinte fato, ela está baseada nas ideias de Hamilton (quartênios), nas ideias de Graves (octônios) e nos grupos de Lie, ideias recuperadas por John Baez em 2001.

> "A relação entre os octonions e a vida, o Universo e tudo mais, surge a partir da teoria das cordas. O aspecto chave é a necessidade de dimensões extras para manter as cordas. [...]. Na antiga teoria quântica, um dos princípios chaves era a simetria e esse é o caso, também, na teoria das cordas. [...] Tudo gira em torno dos grupos de simetria de Lie [...]." (Op. Cit. p. 271)

Para trazer o aspecto da simetria na Física para uma linguagem um pouco mais cotidiana, basta compreender que simetria é conservação, lembremos que ao aplicarmos uma transformação, se a estrutura se mantém, então, estamos diante de uma simetria.

Algumas entidades físicas se conservam, ou podem ser conservativas, o que isso significa?

Simetrias e Conservações

A simetria em Física é tão determinante que é usada muitas vezes para validar ou descartar uma hipótese, assim, ao se observar a existência de uma simetria os físicos ficam entusiasmados quer seja por verem confirmadas suas hipóteses, quer seja por estarem diante de algo novo e promissor. Ao contrário, desanimam-se quando as simetrias não se manifestam, pois há aí o entendimento de um potencial beco sem saída.

A fundamentação da relação da existência de uma simetria com um sistema conservativo, foi dado por Emmy Noether, uma matemática que utilizou o conceito de simetria para, através da matemática, fundamentá-lo formalmente.

> Noether publicou um artigo chamado Invariante *Variationsprobleme* em 1918, onde explicava como toda simetria tem associação com uma lei conservativa. Deste modo, todas as leis de conservação estão associadas em si através de eventos de simetria. Noether utiliza a

> mecânica lagrangiana[20] para descrever como todo princípio conservativo está associado a uma simetria.
>
> Neste sentido, simetria seria a ação de uma transformação e obtenção de um resultado conservado, por exemplo, como ocorre com a energia. (JÚNIOR, 2019, p. 84)

Bem, de forma geral, a comunidade de físicos e físicos-matemáticos concorda que, diante do novo, a primeira preocupação é observar se há simetria presente.

As mais manifestas simetrias físicas estão justamente nas leis de conservação, e a conservação de energia é a das mais importantes.

Ao imaginar possibilidades para a gênese do Universo, não se pode deixar de considerar o conceito de simetria no qual repousa a fundamentação da Física.

Talvez não seja um tema muito amistoso para a maioria das pessoas, mas para aqueles que querem ter um mínimo de compreensão de nosso Universo é necessário entender alguns conceitos que envolvem a simetria.

A simetria está intimamente relacionada com a conservação de energia, mas também com a conservação de momento e fundamentalmente com a conservação dos parâmetros básicos do Universo.

Quando dizemos conservação de momento, estamos considerando fundamentalmente a conservação do produto da massa pela velocidade do objeto material avaliado. Podendo ser o momento linear ou o momento angular. Também precisamos pensar na conservação da massa, obviamente, a conservação da matéria!

Há ainda, que se compreender o que vem a ser um sistema fechado, pois a conservação desses parâmetros vale sempre que o sistema é considerado fechado. Para nossa análise o sistema observado é o próprio Universo e, portanto, vamos considerá-lo um sistema fechado, ou seja, não troca energia nem matéria com outro sistema.

---

20 **Mecânica lagrangiana**, nomeada em homenagem a Joseph Louis Lagrange, é uma formulação da mecânica clássica que combina a conservação do momento linear com a conservação da energia. Exposta pela primeira vez no livro *Méchanique Analytique* em 1788, a formulação é provida de um potente ferramental matemático equivalente a qualquer outra formulação da mecânica, como por exemplo, o formalismo newtoniano.

De forma bem simples podemos dizer que quando temos, por exemplo, energia potencial se transformando em energia cinética (quando soltamos um objeto de determinada altura) e finalmente em deformação e calor (quando esse objeto colide com o solo), houve uma sequência de transformações da energia, mas nenhuma energia foi criada ou perdida.

Alargando um pouco esse horizonte, quando, por exemplo, em um laboratório de Física Quântica, partículas são criadas, ou elas são resultado da decomposição/fusão de outras partículas, tal que, a soma das massas permanece constante, ou, com certeza, elas são criadas aos pares – partículas de matéria e antimatéria, uma vez que, num sistema fechado, matéria não pode ser criada, assim como a energia também não!

A equação mais popular de Einstein relaciona-se com esse princípio: $E = m \cdot C^2$, onde E é a energia do objeto avaliado, m é sua massa e C é a velocidade da luz no meio considerado.

Energia e matéria se relacionam podendo ser revertidas, ou seja, matéria ser transformada em energia e energia ser transformada em matéria. O caso de matéria ser transformada em energia tem como exemplo as bombas atômicas dos arsenais nucleares espalhados pelo mundo e as bombas lançadas sobre Hiroshima e Nagasaki, quando o final da segunda guerra mundial já estava determinado, mas os Estados Unidos da América *"precisavam"* testar sua nova superarma!!

Já, o processo inverso ainda não teve sucesso prático, pois depende de tecnologia ainda em desenvolvimento, mas cientistas estão otimistas em conseguir a criação de matéria a partir de bombardeamento, com feixes de laser de alta energia, em alguns materiais.

A simetria talvez não seja eficiente para nos dizer o que pode ser, mas é ferramenta fundamental para nos dizer o que não pode ser, isto é, se encontramos algo que não apresente simetria devemos desconfiar.

O neutrino é um exemplo, ou o exemplo, mais emblemático do que significa a simetria para a Física.

Havia uma questão em aberto acerca do decaimento β, de forma simples, parecia faltar energia em certos processos de emissão radiativa, especialmente no decaimento tipo β, no qual há emissão de um elétron. Diante desse infortúnio, que indicava a violação do princípio da conservação de energia, o físico

CAPÍTULO SEGUNDO

austríaco Wolfgang Pauli, optou por postular a existência de uma nova partícula e manifestou essa sua ideia através de uma curiosa carta de 1930.

A Carta de Pauli

> O portador destas linhas, a quem rogo graciosamente que ouçam, lhes explicará em mais detalhe, como por causa da estatística errada dos núcleos de 14N e 6Li e do espectro contínuo me ocorreu uma solução desesperada para salvar o teorema de troca da estatística e a lei da conservação da energia. Nomeadamente a possibilidade de que possam existir no núcleo partículas neutras, a que desejo chamar nêutrons, que tem spin 1/2 e obedecem ao princípio de exclusão, e que diferem das partículas de luz por não viajarem com a velocidade da luz. A massa dos nêutrons deve ser da mesma ordem de grandeza da do elétron e, em qualquer caso, nunca superior a 0.01 vezes a do próton. O espectro contínuo do decaimento seria então compreensível pela hipótese de, no decaimento beta, ser emitido um nêutron em conjunto com o elétron de modo a que a soma da energia do nêutron e do elétron é constante. ... Concordo que esta solução parece incrível porque deveríamos já ter visto estes nêutrons se realmente existem. [...] W. Pauli.

Dois anos mais tarde essas partículas foram rebatizadas com o nome de neutrinos, pois outras partículas sem carga foram descobertas no núcleo dos átomos em 1932 por James Chadwick, com massas da mesma ordem das do próton, como a massa dos neutrinos são ínfimas, receberam o nome diminutivo do nêutron (neutrino).

O neutrino foi detectado em 1953 por Clyde Cowan e Frederick Reines, 23 anos após a postulação de Pauli.

Assim sendo, na busca pela compreensão da origem de nosso Universo, um princípio necessário é a simetria. Talvez o ponto de partida para esse entendimento.

Qual simetria nos interessa? Parece sensato iniciar pela simetria de massa, ou seja, a conservação da matéria. A popular equação de Einstein, $E = m \cdot C^2$, nos diz que matéria e energia são intercambiáveis e, como é sabido, há exemplos de sobra da transformação da matéria em energia (bombas de fissão nuclear, similares àquelas lançadas sobre Hiroshima e Nagasaki em 06 e 09 de agosto de 1945, respectivamente), contudo com o caminho inverso não acontece o mesmo.

A dificuldade em encontrarmos exemplos para o caminho inverso reside no fato de se necessitar grandes quantidades de energia para se conseguir uma quantidade diminuta de matéria. Grosso modo, considerando $E = m \cdot C^2$, para produzir 1Kg de matéria seria necessário algo em torno de $2,5 \cdot 10^{10}$ (25.000.000 MWh) – a produção anual de energia elétrica da usina hidrelétrica de Itaipu é de 66.369.253 megawatts-hora (MWh), então, seria necessário um pouco mais de um terço da produção anual de Itaipu para produzir 1Kg de matéria.

A título de comparação, no processo inverso da geração de matéria, a bomba de Hiroshima transformou 0,6g de matéria em energia.

Mas, há um local onde esse experimento ocorre, no LHC (Large Hadron Collider) na fronteira entre a Suíça e a França, esse enorme acelerador de partículas promove eventos titânicos de colisões entre prótons que geram partículas como resultados desses choques. No LHC há quatro experimentos em atividade (enquanto essas palavras estão sendo escritas): o ALICE, o ATLAS, o CMS e o LHCb, este último é o maior e mais conhecido dos experimentos conduzidos no LHC. "Um dos seus objetivos é registrar o decaimento de um tipo específico de partículas: os mésons B, que pode nos ajudar a entender a diferença entre matéria e antimatéria" (Através do Espelho: o inverso da matéria, 2018. Texto de autoria do GpexDC-Uniso[21]).

Antimatéria, o que é isso? E por que nos interessa?

Antimatéria é a matéria espelhada, de tal forma que a junção da matéria com a antimatéria causa a aniquilação de ambas na mesma proporção de suas massas. Esse aniquilamento faz com que elas simplesmente sumam? Não, a aniquilação gera energia! Há um ciclo, energia que gera matéria-antimatéria; matéria-antimatéria que gera energia, fechando o ciclo.

E é por isso que nos interessa, essa propriedade é o que se pode chamar de simetria da matéria. O que significa que, ao produzir matéria a partir da energia, a antimatéria surge espelhada à matéria, o que não é muito útil, já que o resultado é a aniquilação de ambas. Os experimentos no LHC, têm entre

---

21 GpexDC-Uniso: Grupo de Produção Experimental em Divulgação Científica da Universidade de Sorocaba

CAPÍTULO SEGUNDO

outros objetivos, compreender o nascimento de nosso Universo, aceitando-se o fato inicial do Big Bang.

O que torna a investigação no mínimo curiosa é saber que em nosso universo há muito mais matéria do que antimatéria, o que sugere que no início deve ter havido uma produção muito maior de matéria e que após o aniquilamento, resultado do encontro entre matéria e antimatéria, tenha sobrado mais de uma do que da outra. Isso justifica o interesse dos pesquisadores.

> "Acredita-se que matéria e antimatéria tenham surgido simultaneamente durante o Big Bang, a explosão cósmica que deu origem ao espaçotempo (e, consequentemente, ao universo como nós o conhecemos). Uma descrição simplificada da história do universo seria a seguinte: no início, houve uma explosão que deu origem a pares formados por uma partícula e sua antipartícula. Ou seja, foram criadas matéria e antimatéria, em quantidades iguais. Com o passar do tempo, os pares de partícula e antipartícula deveriam se reencontrar e se aniquilar. Dessa forma, não deveríamos ter matéria no universo, pois todas as partículas criadas deveriam ter se aniquilado, ou ao menos deveria haver uma quantidade igual de matéria e de antimatéria" (IDEM- GpexDC-Uniso).

Devemos guardar essas informações para retomá-las logo adiante.

Alguns pesquisadores atribuem o fato de nosso Universo ter mais matéria do que antimatéria à uma quebra de simetria espontânea, o que teria ocorrido nos primeiros instantes do nascimento de nosso Universo. De minha parte, sustento que deve haver outro entendimento para esse fato, como será abordado adiante.

DIMENSÕES DO ESPAÇO

Essa discussão sobre a simetria parece ter revelado um paradoxo a respeito das dimensões do Espaço, dediquemos algumas linhas para pensar sobre isso.

É possível conceituar o Espaço, isto é, criar uma definição que o caracterize?

Ao concordarmos que o espaço seja uma propriedade da matéria, concordamos também que ele nasce, por assim dizer, e se desenvolve à medida que essa matéria é "gerada" – resultado da transformação da energia, lastreada na equação de Einstein: $E = m \cdot C^2$.

A Matéria cria o Espaço, nesse contexto, essa afirmação (afirmação metafísica no sentido de Popper) parece razoável. A quantidade de matéria gerada, num evento que pode ser chamado de Big Bang, determinará o "tamanho" desse Espaço que carrega, dessa forma, a informação de quanto será sua expansão.

Podemos imaginar uma representação para o Espaço?

Para responder a essa pergunta, vamos hipotetizar:

Hipótese (metafísica) 1: A Matéria tem o número de dimensões observáveis.

Hipótese (metafísica) 2: As dimensões matemáticas atribuídas à Matéria (como na teoria das cordas), são argumentos teóricos (abstrações) construídos para tentar explicar o que não se pode obter de forma empírica.

Hipótese (metafísica) 3: O Espaço tem a mesma dimensão que a matéria.

Portanto, Matéria e Espaço têm 3 (três) dimensões e voltaremos a esse tema mais adiante.

Assim, podemos sugerir uma representação para o Espaço, a saber:

O Espaço é uma "região"[22] onde encontram-se a Matéria, os Campos e onde se desenvolvem as interações entre matéria e Campos[23]. Essa "região" pode ser imaginada, por um ponto de vista matemático, como um reticulado tridimensional, suscetível a deformações pontuais, onde existe concentração de matéria, e "lisos" (uniforme e homogêneo), onde a matéria é rara.

Hipótese (metafísica) 4: O Espaço e a Matéria são constituintes elementares do Universo.

O Espaço tem massa?

Caso tenha, vai aqui mais uma conjectura metafísica, talvez seja a "matéria escura"[24]

---

22 **Região** no sentido mais amplo que podemos pensar

23 **Campo** aqui considerado uma grandeza física que possui um valor associado em todo ponto do Espaço, por exemplo, o Campo gravitacional.

24 **Matéria Escura**, é assim chamada por não emitir radiação e não ser visível. Alguns cientistas supõem que a única interação com a matéria visível seja de forma gravitacional e ela é a candidata para explicar a atual expansão do Universo.

CAPÍTULO SEGUNDO

Essas considerações metafísicas (sempre conforme as ideias de Popper), podem sugerir caminhos (ou mesmo excluí-los) e servirem de sementes germinativas para o desenvolvimento de especulações científicas.

Para concluir nossa reflexão sobre a caracterização do Espaço, devemos acrescentar algo sobre sua plasticidade. Vimos no final do capítulo anterior que campos de aceleração produzem deformação na geometria do Espaço, essa consequência verificada experimentalmente[25] e em concordância com a Teoria da Relatividade geral, nos inclina, ainda mais, a aceitar a existência de uma profunda relação entre Espaço e Matéria, portanto, não existe um sem o outro!

SÍNTESE

Desenvolvemos as ideias da formação do Espaço e pudemos concluir que o Espaço é um constituinte fundamental do Universo, assim, se o Universo tem propriedades intrínsecas, essas propriedades estão inerentemente imbricadas com as propriedades do Espaço.

Foi solicitada a ajuda de Popper para a compreensão que queremos ter sobre o significado de metafísica, para com essa ajuda, darmos significações a significantes ainda indeterminados pela Ciência.

Vimos também que existe uma relação profunda entre Matéria e Espaço, tal que um não existe sem o outro.

Todo o desenvolvimento reflexivo sobre o Espaço só foi possível por causa do conceito de simetria e da verificação de sistemas conservativos.

Finalmente, concluímos pela tridimensionalidade do Espaço, da Matéria, da sua inter-relação profunda e, portanto, da tridimensionalidade do Universo. Do Universo criado, primordialmente, a partir de uma flutuação de energia, da ECF. Ainda será necessária alguma reflexão sobre isso, pois carece um esclarecimento sobre o desequilíbrio entre matéria e antimatéria.

---

25 A comprovação da **Teoria da Relatividade Geral**, de Albert Einstein, tem mais de um século. E foi no interior do Ceará que cientistas brasileiros e ingleses ajudaram o famoso físico alemão a provar sua tese. Esta proeza científica foi conseguida em 29 de maio de 1919, quando as fotografias de um eclipse solar, tiradas na cidade cearense de Sobral e na Ilha do Príncipe (África), foram fundamentais para comprovar a deflexão da luz pela gravidade, prevista por essa Teoria. Tal feito histórico teve grande repercussão na imprensa brasileira, europeia e dos Estados Unidos, transformando Einstein em celebridade mundial e abrindo novos horizontes para o conhecimento científico.

Anexo ao capítulo 2

Intuição

O que é intuição?

Antes de dar meu entendimento sobre o que seja a intuição, quero fazer uma relação que considero da maior importância, defendo que a intuição tenha caráter metafísico, mesmo entre cientistas pesquisadores profissionais. E que muitas ideias norteadoras na ciência nasceram de intuições, por assim dizer, metafísicas.

Segue o que penso ser intuição e depois retomo a relação dela com a metafísica.

Quando se diz "eu intuo" o que se quer dizer com isso?

Quando se diz "isso é intuitivo" o que se quer dizer com isso?

Consideremos a situação1: Duas esferas de mesmo diâmetro (mesmo tamanho) e massas diferentes – por exemplo, uma de chumbo e uma de plástico, sabemos, evidentemente, que a esfera de chumbo é mais massiva. Ambas são abandonadas, simultaneamente, a uma mesma altura do chão. Pergunta-se, qual atingirá o chão em menos tempo?

A cinemática newtoniana nos garante que $v_0 + at \rightarrow v = gt \rightarrow$ a velocidade não depende da massa, portanto, as duas esferas atingirão o solo no mesmo instante.

Dizemos que isso não é intuitivo para a maioria das pessoas.

Consideremos a situação 2: Coloca-se numa balança de pratos, esferas de vidro (bolinhas de gude) todas iguais, da seguinte forma, num dos pratos coloca-se uma bolinha e no outro todas as demais, a balança penderá para o lado do prato com todas as demais bolinhas. Alternativamente, coloca-se, exatamente metade das bolinhas em cada prato da balança, e os pratos ficam em equilíbrio.

Dizemos que isso é intuitivo.

Consideremos a situação 3: Eratóstenes concluiu que a superfície da Terra e, portanto, a própria Terra deveria ser redonda – esférica, ao observar que em mesmos dias dos anos, em regiões afastadas (cerca de 800 Km) – distância entre as cidades Alexandria e Cirene, a sombra de uma vara posta na posição vertical, tinha um comprimento em uma das cidades e não havia sombra na outra cidade, ao menos olhando em retrospectiva, isso parece intuitivo.

Consideremos a situação 4: A velocidade da luz, de acordo com a Teoria da Relatividade e dados experimentais, é constante no meio considerado. Sem importar a velocidade de sua fonte – no mesmo sentido ou em sentido oposto, um observador medirá sempre a mesma velocidade.

Isso não parece intuitivo.

Associamos a ideia de intuição às experiências (reais ou mentais) que em certa medida concordam com o senso comum. Dito de outra forma, a ideia de intuição, está associada a algo que tomamos como verdade a priori.

Essa verdade a priori onde está? De onde vem?

É intuitivo o que concorda, de início, com o que acreditamos ser válido. Então, se temos a noção de muito e de pouco, julgamos que a balança penderá para o lado do "muito" e se equilibrará no "igual".

Muitos acreditam que uma esfera mais massiva (mais pesada) chegará mais rapidamente ao solo, mas isso não ocorre, está em desacordo com o que, de início, acredita-se ser válido.

Intuir é associar um fato novo com uma "verdade" a priori.

Que verdades a priori são essas?

São verdades conceituais, em geral, são experiências acumuladas indutivamente, por comparação, cuja origem se dá a partir de uma observação[26], que gerou uma hipótese conjectural, que foi testada, então, sedimentou-se como verdade[27].

---

26   **Observação** que, por sua vez nasceu de uma "atenção"

27   **Verdade** aqui tem o mesmo sentido dado no Racionalismo Crítico, aquilo com que uma comunidade concorda, ainda que de forma provisória.

Uma imagem (visão), um som (audição), uma textura (tato), um odor (olfato), um sabor (paladar), despertou a atenção em um sujeito. Esse sujeito passou a observar (procurou ver, ouvir, tocar, cheirar e degustar com mais agudez), elaborou uma hipótese e testou, se a hipótese foi validada, isso transformou-se em "verdade" (não há garantia para isso, mas para aquele sujeito, naquele contexto, uma verdade foi estabelecida).

Certas observações posteriores, semelhantes àquelas que deram origem à sua "verdade" o levam a concluir as mesmas verdades (isso é indução), está posta uma verdade a priori.

Diante de uma nova experiência factual, esse sujeito, baseado em suas verdades a priori tirará uma conclusão, se a conclusão corresponde ao esperado, ele diz que tal conclusão é intuitiva, senão ele diz que não é intuitivo. Aí está o cerne do significado da intuição.

Em resumo, a intuição é um processo inato, mas longe de ser inato a sua construção, isto é, o mecanismo para o desenvolvimento da intuição está em cada sujeito como resultado da evolução do homem como espécie, mas o seu desenvolvimento depende do conhecimento de mundo que cada sujeito tem associado à construção desse conhecimento (que é só desse sujeito).

Retomando a Metafísica

Diversos cientistas e pensadores importantes para a história da Ciência e da Filosofia foram traídos pela intuição.

Aristóteles acreditava que o centro do Universo estava no centro da Terra e por essa razão, uma pedra abandonada a certa altura deveria cair na Terra porque: i) a Terra é seu local de origem e ii) deve, portanto, dirigir-se ao centro da Terra.

Muitos cientistas acreditaram num mito e desenvolveram teorias com bases matemáticas para justificá-lo, esse mito tinha nome, era o Éter. O Éter era conceituado como um meio transparente, sem massa e rígido, que preenchia todo o espaço não ocupado pela matéria no Espaço (no Universo). Uma criação de fato alegórica e com uma constituição complexa e indetectável. Mesmo assim, crentes na sua existência, os cientistas Albert **Michelson** e Edward **Morley** empreenderam um experimento que seria revelador, provaria a existência do Éter.

O experimento comparava a velocidade da luz em direções perpendiculares e, segundo eles, ao medirem velocidades diferentes, para a luz propagada, no Éter Luminífero estacionário, em direções diferentes, comprovariam sua existência. Ocorre que, mesmo repetindo inúmeras vezes com grande acurácia, não detectaram qualquer alteração na velocidade medida da luz.

Kelvin estimou a idade da Terra entre 20 e 100 milhões de anos, hoje sabe-se que a Terra tem pelo menos 4,5 bilhões de anos.

Linus Pauling propôs uma estrutura de triplo hélice para o DNA um erro que chocou a comunidade científica de sua época.

Newton acreditava que o rato poderia nascer do lixo – Teoria da Geração Espontânea – bastaria deixar um punhado de queijo e pão apodrecerem num canto qualquer, que dali nasceriam ratos. Da mesma forma, acreditava que a carne apodrecida geraria larvas.

Einstein defendia a ideia de um Universo estático, em 1929 Edwin Hubble publicou artigo divulgando sua descoberta, o Universo estava em expansão. Sabe-se hoje que o Universo não só está em expansão, como essa expansão é acelerada.

Ptolomeu dizia que a Terra era o centro do Universo.

Assim como o sujeito comum, aquele sujeito que não é um cientista, que tem suas verdades a priori, os cientistas também têm suas verdades a priori, a diferença substancial é que os conhecimentos de mundo são diferentes.

No limite do conhecimento as consequências são iguais, isto é, podem levar a becos sem saída e a erros grosseiros.

Entretanto, sem hipótese metafísicas, sem intuição, também, não há progresso, não há crescimento do Saber.

Então, precisamos ter a coragem de intuir, de criar hipóteses metafísicas, especialmente quando estamos no limite do conhecimento, como fez Wolfgang Pauli, quando afirmou "[...] me ocorreu uma solução *desesperada* para salvar o teorema de troca da estatística e a lei da conservação da energia." Vejam, uma solução desesperada, uma intuição, uma hipótese metafísica, naquele momento.

Ou mesmo a coragem de Descartes, que errou muito mais do acertou, mas seus acertos valeram a pena dos ônus sofridos com os erros. Ele defendia que o Universo era plano e que não poderia haver vácuo, que a matéria só poderia ter extensão e movimento. Bem, quanto à inexistência do vácuo, podemos até perdoá-lo, considerando a criação e aniquilação quântica, mas sem dúvida não era isso que ele argumentava.

Enfim, o processo criativo na ciência (e fora dela), tem germinação intuitiva que, geralmente, é uma hipótese metafísica. A matéria escura é uma dessas hipóteses, sobre as quais nada há de certeza, apenas intuição e metafísica.

CAPÍTULO TERCEIRO

> Apenas Seis Números nos ajudam a compreender a estrutura que compõe O Universo Elegante em que vivemos, nesse universo sobre o qual não conseguimos ter um Conhecimento Objetivo, A Matéria é ponto de partida para conjecturarmos sobre nossa origem, nossos desígnios e respondermos à pergunta: estamos Sós no Universo? Essa resposta não virá sem Ruído, mas precisamos enfrentar o desafio de respondê-la.
>
> **Wagner Marini**

NOSSO UNIVERSO

No capítulo primeiro de seu livro *"Apenas Seis Números"*, Martin Rees comete um ato falho que considero revelador, não obstante, a qualidade do seu conteúdo não esteja em dúvida. Ele começa o capítulo com a seguinte frase: *"Leis matemáticas sustentam a estrutura de nosso universo – não apenas os átomos, mas as galáxias, estrelas e pessoas."* (REES, 2000, p. 13).

A Matemática, enquanto uma invenção humana, não pode ser sustentadora de nada, serve como ferramenta, importante ferramenta, para nos ajudar a compreender o mundo que nos cerca. Essa afirmação de Rees revela como um cientista pode se distanciar das reflexões filosóficas e permanecer hipnotizado pelas equações matemáticas, necessárias sim, mas não suficientes.

Preferimos o caminho da reflexão, embora, permaneçamos admiradores e fiéis às equações matemáticas, elas são necessárias e utilíssimas, mas são ferramentas e não existem por si só, suas existências são essencialmente aquelas que o Homem lhes dá.

Este breve preâmbulo, serve apenas para não deixar que nosso caminho se distancie do pensamento filosófico que é, fundamentalmente, a busca pela verdade, ainda que, firmemente atrelado ao Saber Científico e a toda sua estrutura. Mantemo-nos, também, firmes no nosso propósito de responder às questões, para as quais, a Ciência ainda não consegue produzir experimentos, ou mesmo teorizar e a matemática ainda não produziu modelos.

Neste ponto, creio já estarmos preparados para dar o passo atrás, para antes do Big Bang e imaginar como nosso Universo nasceu, conjecturando, criando hipóteses metafísicas respaldadas por Popper e sempre considerando toda evolução científica, mas é preciso dar esse passo para trás.

Para compreender o desenvolvimento do Universo, o que ocorreu depois de seu nascimento, muito estudo já foi desenvolvido e, ainda que haja controvérsias, a ciência tem Teorias e equações matemáticas que corroboram esses estudos e contribui muito para essa compreensão. O Big Bang, o período da inflação cósmica, a aniquilação de partículas e antipartículas, a fusão de partículas, o resfriamento, a formação de gases, e assim por diante está, digamos assim, com uma moldura bem estruturada. Há, com certeza, muito a caminhar, vamos explorar um pouco dessa história mais adiante, entretanto, neste início de capítulo nosso interesse é no antes.

Exploremos um pouco aquilo que a Ciência não tem como fazer verificações empíricas, ao menos por agora.

Há um infinito, um imensurável que escapa à nossa intelectualidade, mas mesmo sem compreendê-lo de forma plena, podemos tentar compreender algo sobre ele. O infinito é algo que ao se retirar quase tudo, ainda resta tudo! Ao se acrescentar muito, nada muda na sua imensidão! Nada que possamos imaginar é tão imenso, simplesmente não encontramos algo para comparar com o infinito ... ele nos escapa. Não temos uma verdade a priori para ele, ele não é intuitivo, não se trata simplesmente de um infinitamente grande, mas um sem-fim.

Da mesma forma há um eterno, e o que significa isso? Que não há relação temporal, simplesmente existe sem eventos periódicos, ou mesmo sem evento algum. O eterno nos escapa igualmente, pois somos seres cuja finitude é nossa maior verdade, o eterno nos causa medo, inveja, nos desperta sensações que não conseguimos explicar e nos coloca a pensar, nos leva a buscar entendimento onde ele não está. A busca por uma vida cada vez mais longa e até mesmo por uma vida para além da morte, confirmam essa nossa admiração e nosso medo pelo eterno incompreendido.

No capítulo dois pudemos refletir sobre o conceito da ECP, e conjecturamos a existência dessa Energia Cosmológica Primordial, essa energia seria algo assim, infinita e eterna, escapando ao nosso entendimento. Conjecturamos, também, que essa energia poderia sofrer flutuações pontuais em seu estado, essas flutuações poderiam ensejar um Big Bang.

Esse Big Bang, pode ser de diversas proporções e pensado dessa forma, essas proporções serão (ou foram) determinantes para o futuro tamanho que esse novo universo virá (ou veio) a ter, e mesmo para o número de eventos que nele poderão (ou puderam) se suceder.

Esses eventos, que se desenvolverão (ou que se desenvolvem) nesse universo recém-nascido, poderão ser periódicos ou aleatórios, se forem aleatórios nada existirá além da matéria pura e simples, caso sejam periódicos e regulares, eventualmente, poderão dar oportunidade ao desenvolvimento da vida e à criação de uma régua temporal.

Essa é nossa hipótese metafísica popperiana e a partir dela traçaremos nossa história, para compreendermos "de onde viemos".

UNIVERSO RARO

O Nosso Universo nasceu de uma flutuação energética da ECP, essa flutuação deu origem não a um, mas a dois Big Bangs, de um único ponto, dois universos irmãos foram gerados, um principalmente composto de partículas de matéria e o outro seu espelho, composto essencialmente de partículas de antimatéria. Evidentemente, um evento dessas proporções, acabou permitindo alguma troca de material entre os universos irmãos recém-nascidos, nos seus primeiros instantes. Essa é a causa hipotética que sugerimos para a justificativa de encontrarmos partículas de matéria em desequilíbrio quantitativo com partículas de antimatéria no nosso universo, presentemente.

Figura 11 – Imagem de uma Nebulosa

POR QUE PRECISA SER ASSIM?

Precisa ser assim, para que as regras de simetrias não sejam quebradas. Como vimos, parece ser mais prudente aceitar a simetria do que a sua quebra. Há, contudo cientistas que não pensam dessa maneira, não obstante, sabemos que há, em grande medida, um viés filosófico nessa abordagem de simetrias supostamente quebradas, talvez o fato de, também, existirem cientistas avessos aos pensamentos filosóficos, explique essa inclinação para "quebra de simetria".

Marcelo Gleiser faz uma abordagem interessante, ele diz que o passo adiante que a natureza dá à especialização é justamente consequência de uma quebra de simetria, por sua abordagem a evolução acontece por causa da quebra da simetria e não pela sua manutenção. "É necessária uma nova estética para a ciência, um novo tipo de beleza que substitua as antiquadas qualidades de ordem e simetria inspiradas na fé monoteísta. Essa nova estética tem um princípio básico: que a Natureza cria a partir do desequilíbrio" (GLEISER, 2010, p. 155). Para ele tudo no Universo é resultado das imperfeições da Natureza e as

CAPÍTULO TERCEIRO

supostas simetrias, seriam apenas uma aproximação dentro das possibilidades de precisão que nossas medidas têm.

Eu consigo concordar com ele de alguma forma, creio que a quebra de simetria, caso ocorra, seja reestabelecida em seguida, após uma evolução. Assim, consigo acomodar as duas situações: a simetria não é quebrada definitivamente, apenas o suficiente para fazer o sistema evoluir e se reestabelecer em seguida.

Mas, como um desequilíbrio energético poderia dar ao nascer de um universo tão grande que mal conseguimos estimar seu tamanho?

Grande e pequeno são conceitos humanos, sempre comparamos tudo a partir de nossas próprias réguas. A ECP não é pequena nem grande é infinita, portanto, por maior que seja nosso universo, é ínfimo comparado a ela. Então, aceitamos esse fato e seguimos em frente.

QUANTOS UNIVERSOS?

Baseados em nossa conjectura, não podemos deixar de supor a formação de infinitos universos, com uma ECP (infinita e eterna) é possível imaginar uma infinidade de universos nascendo aos pares, aqui e acolá. Na imensidão do infinito e do eterno, muitos universos possíveis.

Suponho que visitá-los ou mesmo percebê-los seja mesmo impossível, talvez em alguma época a humanidade encontre uma maneira de visitar nosso Universo espelho.

Contudo podemos imaginar como esses universos podem (ou poderiam) ser, nossas conjecturas podem fazer essa previsão. E como seriam esses universos?

A RELAÇÃO ENTRE TAXA DE EXPANSÃO E QUANTIDADE DE MATÉRIA

Einstein imaginava que nosso Universo fosse estático, um tamanho fixo.

> Einstein descobriu que um universo estático começaria imediatamente a contrair, porque todas as coisas nesse universo atraem todo o resto. Um universo não poderia permanecer em um estado estático, a não ser que uma força adicional pudesse contrabalançar a gravidade. Assim, ele incluiu em sua teoria um novo número, que

denominou "constante cosmológica"[28], indicado pela letra λ (lambda). Dessa forma, as equações de Einstein passaram a permitir um universo estático, em que, para um valor adequado de λ, uma repulsão cósmica equilibraria exatamente a gravidade. (REES, 1999, p. 103).

Já sabemos que a luz tem velocidade constante num meio considerado, por exemplo, no vácuo (espaço sideral) 299.792,458 Km/s. Não importa se o observador tem alguma velocidade relativa em relação à fonte de luz, sempre medirá a mesma velocidade, indo ao seu encontro ou afastando-se dela. Entretanto, o aspecto ondulatório da luz lhe dá uma frequência de vibração, já que é uma radiação eletromagnética, o espectro de frequência está compreendido entre as ondas de rádio e raios gama. O espectro do visível fica compreendido entre o infravermelho e o ultravioleta.

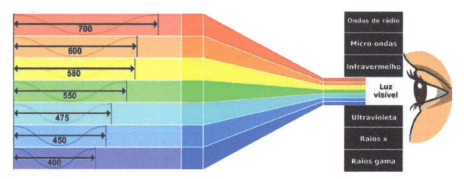

Figura 12 – Espectro Eletromagnético com comprimentos de onda em nanômetros[29]
(https://brasilescola.uol.com.br/fisica/espectro-eletromagnetico.htm)

E, embora, a velocidade da luz não se altere, a sua frequência pode ser medida com valores diferentes, por exemplo, para um observador que se aproxime (desvio para o azul), ou que se afaste (desvio para o vermelho) da fonte dessa luz.

O astrônomo Vesto Melvin Slipher, dez anos antes de Hobble, e Georges Henri Joseph Édouard Lemaître dois anos antes, já haviam percebido um forte desvio para o vermelho no espectro de luz de diversas estrelas, galáxias e

---

28 Essa **constante cosmológica** parece ter sido uma intuição, uma hipótese metafísica.
29 1 **nanômetro** = 10^{-9}m = 0,000000001m

CAPÍTULO TERCEIRO

aglomerados, esse desvio para o vermelho é a indicação de que a fonte de luz está se afastando do observador (o astrônomo aqui na Terra).

Em 1929 o astrônomo Edwin Hobble, fez observações que o levaram a concluir pela existência de uma lei dominante no Universo, a chamada "lei de Hubble", que faz a relação entre a distância de uma estrela e seu afastamento para o vermelho.

Essa descoberta de Hubble colocou um fim na ideia de um universo estático e, a partir dela, sabemos que nosso Universo está em expansão. Sabe-se hoje, que além de estar em expansão, essa expansão é acelerada.

De acordo com as observações da cosmóloga Simone Aiola (2020) e seus colegas, o Universo está expandindo a uma taxa[30] de cerca de 67,6±1,1 km/s para cada 3,26 milhões de anos-luz[31], com 68% de confiança. Essa verificação está em concordância com a estimativa do satélite Planck medida de forma independente, que obteve a taxa de 67,9±1,5 km/s por cada 3,26 milhões de anos-luz.

Isso significa que quanto mais distante estão as estrelas, galáxias, aglomerados e demais componentes brilhantes em nosso Universo, maior é a velocidade de afastamento; no horizonte de nosso Universo conhecido, as estrelas estão se afastando a aproximadamente 295.750 Km/s (lembrando que 299.792,458 Km/s).

Voltando à pergunta, e como seriam esses universos?

Então, com pouca matéria não seriam nada, apenas partículas elementares e, eventualmente, um pouco de hidrogênio. Com muita matéria, talvez não expandisse o suficiente para formar elementos pesados e, consequentemente, planetas. A quantidade de matéria do universo, no momento inicial do seu Big Band, parece ser decisiva para o seu futuro, possibilitando ou não o desenvolvimento da vida. Um ajuste fino dessa expansão parece ser necessário, os astrofísicos dão um nome para esse ajuste, a *"afinação da expansão inicial"*, representado pela letra grega Ω (ômega), que atualmente, para o nosso

---

30 Essa **taxa** indica que a cada milhão de parsecs a velocidade de expansão do universo cresce 67,6 Km/s.

31 **Parsec** é uma unidade de comprimento usada para medir as grandes distâncias de objetos astronômicos fora do Sistema Solar, aproximadamente igual a 3.26 anos-luz ou 206.000 unidades astronômicas, ou ainda, 30,9 trilhões de quilômetros. Assim, 3,26 milhões de anos-luz correspondem a 1 milhão parsecs, a distância percorrida pela luz num período de 3,26 milhões de anos.

Universo, vale aproximadamente 0,3. Entretanto, calcula-se que no seu início, Ω teria sido muito próximo de 1.

Ω representa a relação entre a quantidade de matéria e a taxa de expansão do universo. Para valores iniciais muito menores do que 1, teríamos uma expansão muito rápida sem tempo para que a matéria pudesse se juntar para formar estrelas. Para valores muito maiores do que 1, o ajuntamento seria muito rápido, mantendo temperaturas altíssimas e colapsando pela ação gravitacional, sem expandir-se; da mesma forma, não haveria ocasião para o desenvolvimento da vida.

Logo, dentre os infinitos universos possíveis, há uma faixa estreita na formação inicial, na qual eles precisam estar para que o seu desenvolvimento seja semelhante ao que ocorreu com o nosso e possibilite o desenvolvimento da vida, permitindo a formação de estrelas, de hidrogênio, de hélio, de ferro e assim por diante.

A FORÇA FORTE[32] UMA ESPECIFICIDADE DO UNIVERSO

Outra relação importante é a eficiência nuclear, denotada pela letra grega ε (épsilon), ela indica a relação entre matéria e energia na ligação do núcleo do Hélio (He^4). Sabemos que o átomo de hélio tem massa atômica igual a 4 na tabela periódica – que é o número inteiro mais próximo do peso atômico do átomo contendo o seu núcleo, mas a sua massa em *u (unidade de massa)* é dada por: massa do He^4 é **4,0026033u**. A massa dada em unidade de massa é definida em termos do elemento carbono predominante – a massa do carbono 12 (C^{12}) e vale 12,0000000 u.

Mas, a massa de 2 prótons e dois nêutrons é **4,0329812u**, sabendo que o átomo de hélio é formado por dois prótons e dois neutrons e que a massa dos elétrons é desprezível, percebe-se uma diferença importante entre as massas.

O que significa que a diferença de **0,0303779u** é resultado manifesto da energia de ligação do seu núcleo. O ε, que é a relação dessas massas, tem valor de 0,0075, ou seja 99,25% da massa do átomo de hélio corresponde às massas dos dois prótons e dos dois nêutrons e 0,75% correspondem à energia de

---

32 **Força forte:** Interação nuclear entre prótons e nêutrons. Há 4 tipos de força na natureza, a **força forte**, no núcleo dos elementos, a **força fraca**, no átomo e eletrosfera, **força eletromagnética** e **força gravitacional**.

CAPÍTULO TERCEIRO

ligação do núcleo. Pode-se concluir daí que o hidrogênio, combustível do Sol, converte 0,0075 de sua massa para a fusão do Hélio.

ε tem relação direta com a duração da vida das estrelas, pois determina a taxa de transmutações dos seus constituintes. Do Hélio até chegar ao Ferro, as transformações (fusões), liberam apenas mais 0,0100 de sua massa.

As forças internas (força forte) ao núcleo são determinantes para se chegar ao valor de ε. Assim, se tivéssemos um ε menor, digamos 0,0055, a força nuclear forte não seria suficiente para ligar um nêutron a um próton, não seria possível a evolução do universo e a produção de Hélio e os demais elementos.

Se tivéssemos um ε maior, digamos 0,0085, isso faria com que dois prótons se unissem de imediato e não seria possível a produção de hidrogênio. Mais uma vez, o desenvolvimento da vida não seria possível, sem hidrogênio os demais elementos essenciais à vida não poderiam existir, bem, até seria possível a formação de alguns elementos, mas a tabela periódica teria muitas lacunas.

Não é possível dizer que a Física seja uma particularidade de cada universo, entretanto, essa especificidade do nosso Universo, garante que se a Física for diferente, esse universo com essa física diferente não seria um ambiente capaz de promover a o desenvolvimento e a existência da vida.

Entre tantos possíveis, o nosso Universo

Paradoxo

Profundo olhar sobre o mundo aponta
Quão pequenos no Universo somos
E ainda que sejamos nada
No Universo que a lente aponta
A existência do Universo somos

Caminhando com olhar profundo
Muitas vezes entendemos nada
Os pequenos vão pisando fundo
Vão vivendo a certeza clara
De um olhar que deixará o mundo

Os pequenos não entendem o tanto
Quanta vida sob a lente, tanto
As espécies em nosso meio, tanto
Que, suplicam nossa ajuda, tanto
E a vida ainda vive tanto!

Sublime teimosia a Terra mostra
Mesmo sob o duro fardo que carrega
Generosa, resiste e recupera
As feições mais gentis da parideira
Aos pequenos dando a chance derradeira

O paradoxo da existência canta
O nada da vida no nada
Um grão de nada no mundo
Um mundo inteiro de vida
A profusão de vida no grão

Wagner Marini

Para responder à pergunta, "de onde viemos?", estamos pavimentando um caminho sobre o qual possamos caminhar na direção de uma resposta, até aqui foi preciso, em primeiro lugar, entender de onde veio o nosso Universo e, ainda que de maneira simples, verificarmos algumas de suas especificidades.

Após o Big Bang nosso Universo desenvolveu-se, de uma "bola de fogo" inicial e após um curtíssimo tempo, surgiram as partículas elementares, léptons e hadrons[33], a altíssima temperatura inicial arrefeceu permitindo que a junção de partículas pudesse produzir, em primeiro instante o hidrogênio e em seguida o hélio em menor proporção. Os 50 milhões de graus centrígrados, da primeira meia hora, possibilitaram a fusão de núcleos de hidrogênio e a formação de hélio. Segundo estudos astrofísicos, na primeira meia hora de existência, nosso jovem Universo teria produzido quase todo hidrogênio e hélio, nele existente.

Nada mais existia, além de hidrogênio, hélio e partículas independentes e nenhuma matéria "nova" foi produzida após o Big Bang, todo novo ecossistema cósmico, nasceu das interações entre hidrogênio-hidrogênio, hidrogênio--hélio, hélio-hélio e daí por diante formando elementos cada vez mais pesados e preenchendo a tabela periódica.

Contudo, nos primeiros dois bilhões de anos de existência esse jovem Universo, era composto apenas de hidrogênio, de hélio e de partículas independentes (livres). Nenhum componente cósmico, além de estrelas de hidrogênio e nebulosas poderiam ser produzidas nessas condições iniciais. Isso porque qualquer elemento mais pesado, com maior massa nuclear, necessita de condições mais elaboradas para sua produção.

Para a produção desses elementos mais pesados, essas estrelas iniciais precisaram evoluir, atingir a maturidade e se transformarem, criando um ambiente adequado de temperatura e pressão, para que, dessa forma, novas fusões nucleares pudessem acontecer e os novos elementos pudessem ser produzidos.

---

33 Genericamente as partículas elementares, os constituintes da matéria, são chamadas de férmions (quarks e léptons). Léptons, por sua vez, são as partículas mais leves e velozes, como elétrons, pósitrons e neutrinos, por exemplo. **Hadrons**, são partículas pesadas e lentas, como prótons e nêutrons, cada hadron formado por três quarks.

Esse ambiente adequado ocorre quando as estrelas atingem o estágio de gigantes vermelhas[34], em geral quando essas estrelas iniciais atingem os últimos 10% do tempo de vida. Para atingir essa etapa, são necessários milhões e até bilhões de anos, portanto, há um período entre o Big Bang e a formação de gigantes vermelhas no qual, pouca variedade de elementos pôde existir em nosso Universo.

Para formar um átomo de carbono, por exemplo, é necessária uma colisão tripla de núcleos de Hélio. Uma vez formado o carbono, outros elementos pesados podem se formar. Essa produção de elementos mais pesados ocorre no núcleo de estrelas, cujas temperaturas variam entre 10 milhões e 100 milhões de graus centrígrados. Nosso Sol está produzindo somente Hélio e quando se tornar uma gigante vermelha produzirá todos os elementos da tabela periódica, até a massa atômica 83 (Bismuto), os mais pesados a partir do Polônio (massa atômica 84), só encontram ocasião para sua produção nos núcleos de estrelas pelo menos dez vezes mais massivas do que o nosso Sol.

Essas estrelas mais massivas (dez vezes ou mais a massa solar), ao atingirem a maturidade, explodem em supernovas (com brilho aumentado cerca de 100 bilhões de vezes, essa explosão pode ser observada, algumas vezes, aqui da Terra, a olho nú, durante alguns dias). É nesse contexto cósmico que a produção de elementos mais pesados e radioativos acontece.

Durante a explosão e produção dos elementos mais pesados, parte dessa produção é ejetada da estrela para o espaço sideral, esse material é ingrediente básico de uma poeira cósmica que, quando reciclado, poderá dar origem a uma ecologia cósmica semelhante à que podemos observar em nosso Sistema Solar.

Durante bilhões de anos esse ciclo se perpetuou, e ainda hoje continua ocorrendo, parte dessa poeira se aglutina gravitacionalmente dando origem a outras estrelas e eventualmente sistemas semelhantes ao sistema solar. Sistemas com uma ou mesmo duas estrelas, orbitadas por planetas, planetoides, cinturões de asteroides, cometas e outros componentes desses tipos.

O nosso Sistema Solar se formou assim, resultado de alguma explosão, cujo material ejetado continha muito hidrogênio, algum hélio e alguns

---

34 **Gigantes Vermelhas**: são estrelas que evoluíram de estrelas iniciais com massa entre 0,5 e 8 massas do Sol, as estrelas dessa categoria, se tornam gigantes vermelhas ao esgotar o suprimento de hidrogênio que estão queimando e que é responsável pelo equilíbrio entre a expansão da geração de energia com a força gravitacional de sua massa.

elementos pesados, uma nebulosa de poeira e gás, que ao se aglutinar gravitacionalmente moldou sua forma final. A maior parte da massa dessa poeira, grande o suficiente para reascender em forma de estrela, continha 99% de hidrogênio e hélio (muito mais hidrogênio do que hélio), o nosso Sol. Uma pequena parcela, que não colapsou para o Sol, permaneceu em sua órbita, juntando-se de maneira a constituir os planetas internos rochosos, o cinturão de asteroides e os planetas externos gasosos.

Esse processo deve ter se repetido inúmeras vezes e a Via Láctea, a Galáxia à qual pertencemos é, também, resultado de processos semelhantes.

Bem, estamos aqui e, evidentemente, a vida é uma realidade, mas será que, mesmo em um Universo com todas as especificidades requeridas para o desenvolvimento da vida, podemos dizer que a vida é uma realidade em todo nosso Universo?

Há muitas razões para não concordarmos com essa ideia de uma profusão da vida por todo o cosmo. De acordo com Peter D. Ward e Donald Brownlee, existem zonas mortas em nosso Universo e, nestas zonas, a vida não tem lugar.

Devido à idade de nosso Universo podemos separar essas zonas em separações temporais e em regiões do Espaço. Na sua juventude, nosso universo não poderia manter a vida, pois não havia matéria pesada como vimos. Sem elementos pesados (metais, por exemplo), não pode existir planetas rochosos, semelhantes à Terra. Outra dificuldade é que na sua juventude, nosso Universo estava sujeito a muita turbulência, seus constituintes ainda estavam próximos e a liberação de grandes quantidades de energia impediria quaisquer desenvolvimentos orgânicos. Assim, nada de vida pode ter ocorrido no jovem universo, em qualquer recanto.

Essa turbulência ocorre, igualmente nos aglomerados, nas galáxias elípticas e nas galáxias pequenas, tendo passados bilhões e bilhões de anos, essas entidades cósmicas são pobres em elementos pesados, especialmente metais.

Nos centros das galáxias, de qualquer tamanho, ocorrem processos energéticos semelhantes ao do jovem Universo, uma turbulência impeditiva para o desenvolvimento da vida.

Sistemas com planetas gigantes, que estejam em rota de colisão com sua estrela, acabam arrastando os planetas internos com ele. Ou planetas gigantes com órbitas excêntricas, criam ambientes de grande instabilidade e a vida requer grandes períodos de estabilidade para se desenvolver.

A raridade de urânio, potássio e tório podem ser determinantes para estrelas futuras, que ainda não acenderam e não poderão constituir planetas que contenham tectônicas de placas, uma necessidade para o desenvolvimento da vida.

SÍNTESE

Iniciamos o capítulo dando o passo atrás necessário para a construção de nossa hipótese sobre o surgimento de nosso Universo. Conjecturamos a existência da ECP, com suas flutuações quânticas, avaliamos que essa condição enseja o surgimento de pares de universos, uma forma de mantermos a simetria da matéria e que, ao mesmo tempo, abre a possibilidade de pensarmos que diversos universos são possíveis – sempre aos pares – ao mesmo tempo, pode-se pensar que entre todos os possíveis universos, há um tipo, uma categoria que abarcando algumas especificidades, poderá, conforme seu desenvolvimento, oferecer um conjunto de condições para o desenvolvimento da vida.

Essas especificidades, são resultados do impulso inicial, que a flutuação da EPC proporcionou, criando a quantidade de matéria, digamos, na medida certa.

O forno cósmico do nosso Universo está cozinhando toda a fauna cósmica que irá constituir estrelas, galáxias, aglomerados, grupos de aglomerados e, por fim o seu todo. Mas, nem toda parte do Universo está preparada para a vida, como vimos, há regiões chamadas de zonas mortas do universo.

Uma vez que concordemos com essa hipótese, estamos preparados para continuar a busca pela resposta à questão: "De onde viemos?"

CAPÍTULO QUARTO

> Por isso dizemos que cada átomo individual da Terra e de todas as suas criaturas – incluindo nós – ocupou o interior de *pelo menos algumas* estrelas diferentes. Pouco antes da formação do Sol, os átomos que formariam a Terra e os outros planetas existiam na forma de poeira e gás interestelar. A concentração dessa matéria interestelar formou uma jovem nebular, que se condensou então no Sol, seus planetas e seus satélites.
>
> **Brownlee e Ward**

> [...]os processos de formação da crosta terrestre, dos oceanos e do surgimento da vida ocorreram posteriormente à solidificação do magma. Isto quer dizer que durante muito tempo a Terra era um planeta extremamente quente, sem crosta, sem atmosfera e, portanto, inapropriado para o surgimento da vida.
>
> **Tatiana CPII Realengo**

TERRA RARA

A nebulosa solar formada essencialmente (99%) de hidrogênio e hélio, acabou por dar origem, além do próprio Sol, aos planetas e outros corpos constituintes que vieram a ser o Sistema Solar. Desse total, aproximadamente, 1% formado por sólidos deu origem aos planetas e os demais corpos associados à nebulosa. Os planetas rochosos nasceram de pequenos grãos que possibilitaram uma efetiva aglutinação gravitacional, atração gravitacional que os gases não apresentavam na mesma medida.

Aglutinação, colisões e acumulação foram alguns dos processos que levaram esses grãos à formação de planetas, especialmente os rochosos. A composição dessa formação planetária foi resultado, além dos processos citados, do distanciamento que mantinham do Sol e que determinou a natureza de cada planeta.

A Terra é um planeta rochoso, como Mercúrio, Vênus e Marte, para além da órbita de Marte há o Cinturão de asteroides, e os planetas Júpiter, Saturno, Urano, Netuno e Plutão (os gasosos), nessa ordem.

A Terra tem na sua composição alguns elementos da maior importância para o desenvolvimento e sustentação da vida, são eles, hidrogênio, Oxigênio, Carbono, Ferro, Níquel, Urânio, Potássio e Tório. Logo veremos o porquê dessa importância para a sustentação da vida.

Como a Terra se formou

Há, como vimos, zonas mortas no universo, nas quais a vida não pode se desenvolver, seja pela ausência de elementos pesados, seja pela turbulência energética da região. De forma semelhante, há nos sistemas estelares, similares ao nosso Sistema Solar, zonas proibitivas à vida.

A Terra se formou na região que é conhecida como Zona Habitável[35] do nosso Sistema Solar.

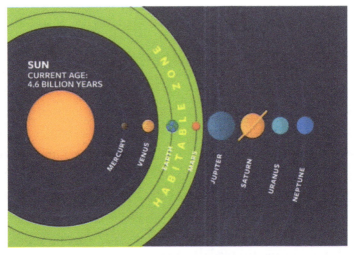

Figura 13 – Zona Habitável presentemente
https://gizmodo.uol.com.br/estudo-novas-zonas-habitaveis/

---

35 A **Zona Habitável** em nosso Sistema Solar é compreendida entre as órbitas de Vênus e a órbita de Marte, a Terra está numa posição praticamente central nessa zona. A Terra é o único planeta do sistema solar que apresenta condições para o desenvolvimento da vida, especialmente por manter uma variação térmica que permite a existência da água em estado líquido.

CAPÍTULO QUARTO

Há muitas razões para essa faixa ser considerada como uma faixa habitável, entre elas é necessário que o planeta tenha uma variação térmica que possibilite a existência de água líquida – essa regulação térmica é mantida por um processo químico conhecido como ciclo do silicato de dióxido de carbono, isso só é possível, entretanto, se a massa do planeta for semelhante à massa da Terra – e se existir uma atmosfera que contenha nitrogênio, água e CO_2.

Ainda que, um planeta nessa zona seja potencial mantenedor da vida, a vida pode se manifestar fora dessa região, como veremos. A zona habitável, conforme definida, ao redor de uma estrela é aquela capaz de manter *vida animal*, contudo, a vida se manifesta de outras formas.

Vimos também, que nosso Sol explodirá em uma gigante vermelha, em aproximadamente 4,5 bilhões de anos, isso fará com que a zona habitável mude de posição. A faixa habitável será levada para entre as órbitas de Júpiter e Saturno. Todavia, ainda que seja uma zona habitável, esses planetas não reúnem as condições para a manutenção da vida.

Figura 14 – Zona habitável em 4,5 bilhões de anos
https://gizmodo.uol.com.br/estudo-novas-zonas-habitaveis/.

Parece que tudo no universo tem um prazo de validade, tudo acabará se extinguindo, enquanto isso, que não é nada pouco considerando nossa régua temporal, tentamos sobreviver. E, como disse Carl Sagan: "A Terra é o único mundo, até agora, que se sabe abrigar vida. Não há nenhum outro lugar, pelo menos no futuro próximo, para onde nossa espécie possa migrar".

Nosso Universo, em sua maior parte, é muito quente, ou muito frio, ou muito vazio, ou muito energético, ou não tem os elementos químicos necessários à vida, isso não é nada animador. Até onde os cientistas puderam chegar em termos de análise e verificação, a Terra é uma raridade seja por suas propriedades físicas, seja pela sua constituição química. Dentre as condições necessárias para o desenvolvimento da vida, a Terra tem quantidade mínima de carbono, água líquida na quantidade adequada, atmosfera com temperatura regulada, longos períodos de estabilidade geológica e de meteorismo e, ainda, elementos pesados e alguns radioativos. Resultado de um processo que durou cerca de 4,5 bilhões de anos.

Nosso Sol tem uma especificidade interessante, uma abundância de elementos pesados, quando comparado com estrelas similares em tamanho e brilho. O Sol tem 25% mais elementos pesados do que estrelas similares a ele. Esse fato explica a quantidade de elementos pesados na Terra. Uma Terra originada a partir de uma estrela com menor quantidade de elementos pesados, teria sido menor, pois teria uma atração gravitacional, também menor. Essa quantidade de elementos pesados, especialmente os metais, é de fato surpreendente e faz do Sol uma estrela rara e consequentemente, torna rara nossa Terra.

Elementos radioativos são pesados, como pode ser observado na tabela periódica, a existência desses elementos no núcleo da Terra é condição *sine qua non* para a sustentação da vida, eles constituem a geração motriz do núcleo terrestre. Essa usina que atua no núcleo da Terra, é responsável pelo seu aquecimento, pelo fenômeno do vulcanismo, pela tectônica de placas, processos garantidores da vida.

A partir da explosão de uma super nova ou uma combinação com a explosão de uma gigante vermelha, nosso Sol teve ocasião para se formar e com ele o Sistema Solar. Na órbita dessa jovem estrela grãos de poeira se ajuntaram para formar, entre outros, o planeta Terra. Em geral, planetas rochosos que se formam muito próximos de sua estrela, não têm muita água e têm pouco nitrogênio e carbono, quando comparados com planetas mais afastados.

CAPÍTULO QUARTO

A Terra tem em sua composição 0,1% de água e 0,05% de carbono (ambos essenciais à vida). A quantidade de carbono no sistema solar é grande, mas se essa quantidade estivesse presente na mesma proporção aqui na Terra, muito provavelmente não haveria a vida, embora necessário, o carbono precisa existir na medida certa, como aqui.

Mais água, significaria uma superfície sem continentes e mais carbono significaria mais CO_2 e um efeito estufa capaz de produzir temperaturas como as de Vênus, de centenas de graus centígrados. Em comparação, a temperatura da superfície de Vênus é aproximadamente 450ºC.

A Terra não nasceu pronta para receber a vida, ao contrário, lhe faltava muita matéria prima, há um entendimento geral de que muitos dos elementos necessários ao desenvolvimento e à manutenção da vida tenham sido trazidos das órbitas mais externas do sistema solar, um processo que teria sido muito intenso no início da formação do sistema solar, mas que ainda acontece. Cerca de 40.000 toneladas de material, vindo de órbitas externas, cai na Terra todo ano, são pequenas partículas, na sua grande maioria.

Estima-se, contudo, que objetos com diâmetro de 10 Km caiam na Terra a cada 100 milhões de anos, uma colisão dessa magnitude pode produzir uma catástrofe como a que ocorreu há 65 milhões de anos, resultando em uma extinção em massa e foi nesse evento que os dinossauros foram extintos.

Há uma hipótese a respeito da formação da Terra que considera que um planeta do tamanho de Marte, teria colidido com a jovem Terra. Isso teria ocorrido há cerca de 4,4 bilhões de anos. O resultado dessa colisão há 4,4 bilhões de anos, deve ter sido algo imensurável, um cataclisma impensável, que permitiu, todavia, que a Terra tenha hoje a constituição que tem, além de ter colocado parte dessa matéria em sua órbita, a nossa Lua, um satélite tão grande quanto estranho, considerando o tamanho da Terra.

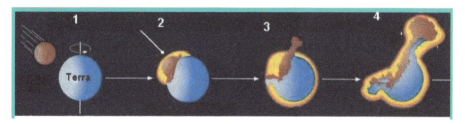

Figura 15 – Simulação da colisão ocorrida entre a Terra e um planetoide do tamanho de Marte – (GROTZINGER, 2008, p. 30)

Impactos tão grandes cessaram por volta de 3,9 bilhões de anos, colisões dessa magnitude evaporaram oceanos, derreteram a crosta, modificaram a inclinação do eixo e rotação da Terra, alteraram fortemente o estado térmico do seu núcleo.

Figura 16 – Ilustração da colisão (Imagem: Michael Elser/University of Zurich)

Figura 17 – Simulação da formação da Lua (GROTZINGER, 2008, p. 31)

Como resultado, a Terra que já possuía muito metal, formou um núcleo líquido e quente e que se mantém assim, graças ao decaimento radioativo do urânio, do tório e do potássio. Esse núcleo, especialmente composto de ferro e níquel, em movimento constante, produz corrente elétrica geradora do campo magnético da Terra, o mesmo núcleo líquido e quente é responsável pela tectônica de placas e formador dos relevos continentais, ajustando os habitats adequadamente. Esse conjunto de situações é absolutamente inusitado, uma receita na medida certa para a manutenção da vida.

Como era essa jovem Terra?

Durante muito tempo a Terra foi um planeta extremamente quente, sem crosta, sem atmosfera e, portanto, inapropriado para o surgimento da vida.

À medida que a temperatura da Terra foi diminuindo, os elementos foram sendo distribuídos, mais ou menos, conforme sua densidade e conforme as composições que os ligavam, de uma forma geral, os mais densos foram para o centro da Terra, formando o **núcleo**, os de densidade intermediária formaram o **manto** e os menos densos, flutuaram sobre o manto, e formaram a **crosta** terrestre.

Figura 18 – Imagem Minas Júnior Consultoria Mineral

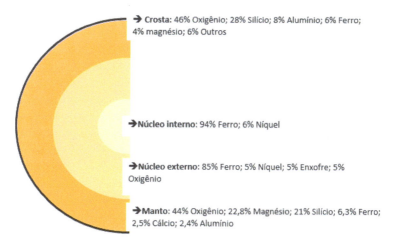

Figura 19 – Composição básica da Terra.

A CONSTITUIÇÃO GEOLÓGICA

A crosta é muito fina e frágil[36], as movimentações do manto e do núcleo – que se mantém aquecido, graças à atividade de decaimento radioativo, como já citado – produzem movimentações na crosta. Esse fenômeno partiu a crosta em alguns pedaços flutuantes sobre o manto, esses pedaços são as placas tectônicas. Essas placas flutuantes formam a chamada Deriva Continental[37]. A crosta mais a intersecção dela com o manto é chamado de Litosfera, que tem uma espessura média entre 100 e 200 Km algo em torno de 2% do raio terrestre.

Devido à curiosa forma dos continentes, que parecem se encaixar num grande quebra cabeça, nasceu a teoria de que em algum tempo no passado, toda parte continental de terra firme estivera reunida num único bloco chamado Pangea, essa teoria evoluiu e se firmou como Teoria da Tectônica de Placas. A grande pressão que núcleo e manto aquecidos exercem sobre a litosfera, promovem a sua deriva e a modelam, em movimentos convergentes, divergentes e transformantes, respectivamente, quando as placas se encontram, se afastam ou quando deslizam lateralmente.

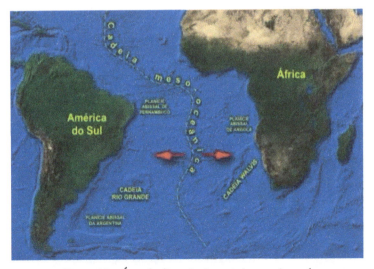

Figura 20 – Área de divergência oceânica continental
https://www.cp2.g12.br/blog/re2/files/2017/02/Geologia.pdf

---

36 Em comparação: Um ovo médio de galinha tem na sua secção transversal, que é aproximadamente circular, um diâmetro de 4,5cm. A casca do ovo médio de galinha tem 0,35mm de espessura, ou 0,035cm. Logo, a espessura da casca é aproximadamente 1,6% do raio, o que nos permite constatar que é aproximadamente a mesma relação entre a espessura da **Crosta** e o raio da Terra.

37 A velocidade média da **Deriva Continental** está entre 2 e 3 cm/ano.

CAPÍTULO QUARTO

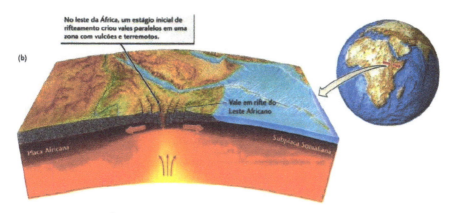

Figura 21 – Área de divergência continental (GROTZINGER, 2008, p. 54)

Evidentemente – em uma Litosfera que flutua sobre o Manto da Terra que tem um raio de valor fixo – se a Deriva Continental promove um afastamento em alguma região, muito provavelmente, deve promover uma aproximação em outra.

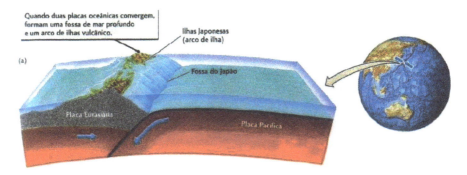

Figura 22 – Área de convergência oceânica oriental (GROTZINGER, 2008, p. 57)

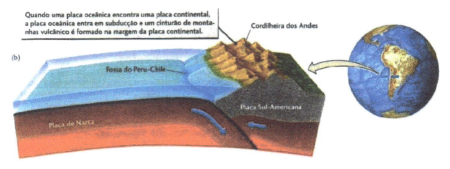

Figura 23 – Área de convergência oceânica ocidental (GROTZINGER, 2008, p. 57)

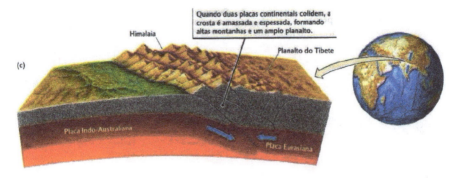

Figura 24 – Área de convergência continental (GROTZINGER, 2008, p. 57)

Contudo, há ainda, o movimento de deslise lateral, as placas escorregam uma em relação à outra sem que haja convergência ou divergência, isso pode ocorrer em área oceânica ou continental, batizadas de falhas transformantes.

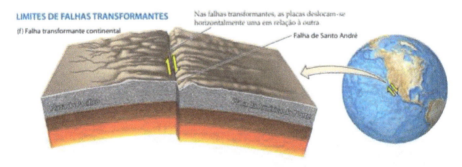

Figura 25 – Falhas Transformantes
https://www.cp2.g12.br/blog/re2/files/2017/02/Geologia.pdf

Não se tem, até agora, enquanto essas linhas estão sendo escritas, uma ideia conclusiva sobre quais fenômenos produziram ou estão produzindo as fraturas na crosta e, assim, dando origem às placas tectônicas. A ideia mais aceita é que as fraturas foram e são promovidas, principalmente, pelo movimento de convecção do material do manto. Esse movimento ocorre similarmente ao que acontece quando esquentamos um líquido no fogão, a parte mais quente emerge e as mais frias, na superfície, mergulham e devido à grande viscosidade o atrito é muito intenso provocando movimentações fraturantes. Recentemente, alguns pesquisadores têm defendido a ideia de que o efeito das marés lunares, possam contribuir de maneira importante para a formação de fraturas.

CAPÍTULO QUARTO

Figura 26 – Falha (Transformante) de San Andrés – Califórnia – Minas Júnior Consultoria Mineral

São sete as maiores e mais importantes placas tectônicas, seus nomes estão relacionados com as áreas de suas abrangências: Placa Africana, Placa da Antártida, Placa Euroasiática, Placa Norte-americana, Placa Sul-americana, Placa do Pacífico e Placa Australiana.

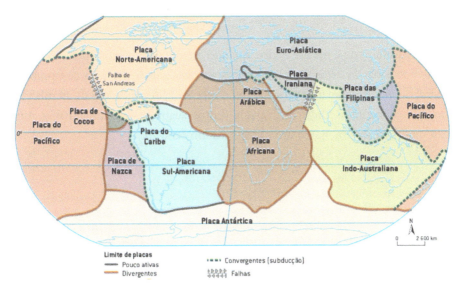

Figura 27 – Diagrama das placas tectônicas
https://www.coladaweb.com/geografia/placas-tectonicas

A Terra executa um movimento de rotação em torno seu eixo, essa rotação dá ocasião a uma força inercial chamada de força de Coriolis, a mesma que ocasiona o movimento giratório dos ciclones.

Figura 28 – Foto de satélite de um ciclone
https://pt.wikipedia.org/wiki/Ciclone_extratropical#/media/
Ficheiro:Low_pressure_system_over_Iceland.jpg

Esse efeito de Coriolis, ocorre quando uma região de baixa pressão recebe ventos de todas as direções, esses ventos acabam ganhando uma componente lateral desviando para a direita ou para a esquerda, dependendo do hemisfério em que ocorrem, a convergência dos ventos acaba por se transformar num redemoinho e, assim, nasce um ciclone ou um furacão.

CAPÍTULO QUARTO

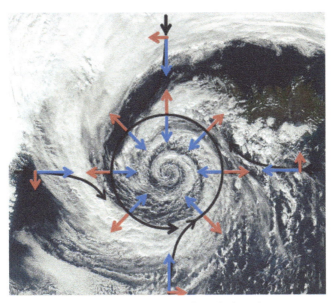

Figura 29 – Esquema do efeito de Coriolis
https://www3.unicentro.br/petfisica/2018/09/11/efeito-coriolis/

Um efeito similar ocorre no manto e no núcleo terrestre, especialmente no manto, esse efeito tem importância relevante sobre a tectônica de placas, pois movimentos adicionais aumentam o atrito e dissipam calor. O atrito promove a deriva e o calor acumulado precisa ser escoado em algum momento e isso acontece por intermédio do fenômeno do vulcanismo.

Um vulcão é, de forma simples, uma válvula de alívio, similar às válvulas de caldeiras e mesmo aquelas das panelas de pressão. Quando a pressão sobe além de um determinado limite, na panela de pressão por exemplo, uma válvula se abre e emite aquele som característico com o qual, quem perambula pelas cozinhas, está acostumado a ouvir. Na Terra ocorre algo similar, mas em níveis bem maiores, as válvulas de alívio de pressão da Terra são os vulcões que, quando "abertas" estão em erupção. Os vulcões se localizam, principalmente, ao longo das linhas de intersecção das placas tectônicas.

No núcleo ocorrem movimentos similares, entretanto, a viscosidade do magma do núcleo, essencialmente composto de ferro, é muito menor o que leva a movimentos mais rápidos e efeitos especiais. Evidentemente, há atrito nos limites com o manto mais frio e menos denso, contudo, o efeito mais importante, nessas profundidades, relacionado diretamente ao interesse deste livro é a geração do campo magnético da Terra.

Os movimentos de convecção associados ao efeito de Coriolis, faz do núcleo da Terra um grande dínamo, gerando corrente elétrica e o consequente campo magnético. A importância desse campo magnético para vida, veremos adiante, por ora basta destacá-lo como um efeito especialmente necessário.

A raridade da Terra está demonstrada, justamente, nesses aspectos sobre os quais estamos nos detendo.

Um planeta rochoso de tamanho especialmente incomum para a distância relativa à sua estrela de origem, que contou com uma colisão inusitada com um planetoide do tamanho de Marte, dando origem a um satélite especialmente grande quando comparado ao seu próprio tamanho e a um núcleo predominantemente constituído de ferro, que lhe deu, em última instância, o mecanismo da tectônica de placas, o vulcanismo e um campo magnético.

Tal planeta teve origem a partir de uma estrela média localizada fora de uma zona morta no universo, que tem em sua composição uma quantidade rara de elementos pesados e está localizada na zona mediana de uma galáxia espiralada do tipo certo para a manutenção da vida.

Até aqui já se tem o bastante para se concordar com a raridade da Terra.

Mas, podemos nos deter mais um pouco. O saber construído sobre o interior da Terra, ainda que tenha evidência na superfície, não tem como ser corroborado por investigações diretas, devido às limitações tecnológicas. Não há como, por enquanto, construir equipamentos capazes de suportar as imensas pressões e temperaturas do manto e do núcleo terrestre. Apenas para se ter uma ideia dessa fragilidade tecnológica, basta saber que a sonda mais profunda instalada até hoje, o foi a apenas 12Km de profundidade, lembremos que a litosfera tem em média 100Km de espessura e que o raio da Terra é da ordem de 6.000Km. Assim, os esforços concentram-se nas manifestações naturais ocorridas na superfície da crosta, especialmente, os vulcões.

O fenômeno do vulcanismo pode proporcionar eventos de grande magnitude, terremotos, maremotos e erupções de grandes proporções. Fragmentos de rochas ejetados em uma erupção podem atingir o tamanho de uma casa e serem arremessados a mais de 10Km de suas origens, o mesmo pode acontecer com as cinzas, após a erupção de Pinatubo (Filipinas), em 1991, satélites puderam detectar cinzas levadas pelos ventos por quase toda a atmosfera terrestre.

Figura 30 – Erupção vulcânica
https://segredosdomundo.r7.com/maiores-erupcoes-vulcanicas/

Figura 31 – Erupção com ejeção de poeira e cinza
https://www.iberdrola.com/sustentabilidade/historia-da-vulcoes-em-erupcao

O vulcanismo é, também, responsável pela configuração e modelagem da superfície da Terra, o Havaí é um exemplo de ilhas vulcânicas de formação recente, cerca de 120 mil anos, a Indonésia igualmente formada por ação de uma cadeia de vulcões, tem formação mais antiga. O Japão é um arquipélago de origem vulcânica, as ilhas de origem vulcânica são resultado da deposição de magma basáltico. Essa deposição, quando localizada no oceano, cresce e chega a aflorar formando ilhas, essas ilhas são a parte mais alta de um relevo submarino que vem se formando há milhões de anos. Abaixo podem ser observadas duas imagens de uma recente ilha se formando na área do Japão, cerca de 1000 Km de Tóquio.

Figura 32 – Formação de ilha japonesa – 2013

Figura 33 – A mesma formação em 2015 – 12 vezes maior
https://www.cp2.g12.br/blog/re2/files/2017/02/Geologia.pdf

A tectônica de placas, modela e remodela a crosta da Terra, propicia a formação de vulcões que, por sua vez, modelam e remodelam a crosta da Terra. Pode-se dizer que essa dinâmica faz da Terra um planeta vivo.

O vulcanismo está intimamente ligado com as alterações climáticas, como veremos adiante.

GROTZINGER et al (2006) citam o poema de George Gordon o Lord Byron (1788 – 1824) que fora inspirado no desastre vulcânico de 1815 na Indonésia, esse poema chama-se Escuridão (Trevas) e foi publicado em julho de 1816. Esse foi um ano sem estações, um período muito frio, um ano sem verão.

CAPÍTULO QUARTO

No poema estão registrados os sentimentos do poeta diante de tamanha destruição, o coloco em sua íntegra, triste e belo nesta tradução de Castro Alves:

> Eu tive um sonho que não era em todo um sonho
> O sol esplêndido extinguira-se, e as estrelas
> Vagueavam escuras pelo espaço eterno,
> Sem raios nem roteiro, e a enregelada terra
> Girava cega e negrejante no ar sem lua;
>
> Veio e foi-se a manhã – Veio e não trouxe o dia;
> E os homens esqueceram as paixões, no horror
> Dessa desolação; e os corações esfriaram
> Numa prece egoísta que implorava luz:
>
> E eles viviam ao redor do fogo; e os tronos,
> Os palácios dos reis coroados, as cabanas,
> As moradas, enfim, do gênero que fosse,
> Em chamas davam luz; As cidades consumiam-se
> E os homens juntavam-se junto às casas ígneas
> Para ainda uma vez olhar o rosto um do outro;
>
> Felizes enquanto residiam bem à vista
> Dos vulcões e de sua tocha montanhosa;
> Expectativa apavorada era a do mundo;
> Queimavam-se as florestas – mas de hora em hora
> Tombavam, desfaziam-se – e, estralando, os troncos
> Findavam num estrondo – e tudo era negror.
>
> À luz desesperante a fronte dos humanos
> Tinha um aspecto não terreno, se espasmódicos
> Neles batiam os clarões; alguns, por terra,
> Escondiam chorando os olhos; apoiavam
> Outros o queixo às mãos fechadas, e sorriam;
>
> Muitos corriam para cá e para lá,
> Alimentando a pira e, à vista, levantavam
> Com doida inquietação para o trevoso céu,
> A mortalha de um mundo extinto; e então de novo

Com maldições olhavam para a poeira, e uivavam,
Rangendo os dentes; e aves bravas davam gritos
E cheias de terror voejavam junto ao solo,
Batendo asas inúteis; as mais rudes feras
Chagavam mansas e a tremer; rojavam víboras,
E entrelaçavam-se por entre a multidão,
Silvando, mas sem presas – e eram devoradas.

E fartava-se a Guerra que cessara um tempo,
E qualquer refeição comprava-se com sangue;
E cada um sentava-se isolado e torvo,
Empanturrando-se no escuro; o amor findara;

A terra era uma ideia só – e era a de morte
Imediata e inglória; e se cevava o mal
Da fome em todas as entranhas; e morriam
Os homens, insepultos sua carne e ossos;

Os magros pelos magros eram devorados,
Os cães salteavam seus donos, exceto um,
Que se mantinha fiel a um corpo, e conservava
Em guarda as bestas e aves e famintos homens
Até a fome os levar, ou os que caíam mortos
Atraírem seus dentes; ele não comia,
Mas com um gemido comovente e longo, e um grito
Rápido e desolado, e relambendo a mão
Que já não o agradava em paga – ele morreu.

Finou-se a multidão de fome, aos poucos; dois,
Dois inimigos que vieram a encontrar-se
Junto às brasas agonizantes de um altar
Onde se haviam empilhado coisas santas
Para um uso profano; eles a resolveram
E trêmulos rasparam, com as mãos esqueléticas,
As débeis cinzas, e com um débil assoprar
E para viver um nada, ergueram uma chama
Que não passava de arremedo; então alçaram
Os olhos quando ela se fez mais viva, e espiaram
O rosto um do outro – ao ver gritaram e morreram
– Morreram de sua própria e mútua hediondez,

CAPÍTULO QUARTO

> – Sem um reconhecer o outro em cuja fronte
> Grafara o nome "Diabo". O mundo se esvaziara,
> O populoso e forte era uma informe massa,
> Sem estações nem árvore, erva, homem, vida,
> Massa informe de morte – um caos de argila dura.
>
> Pararam lagos, rios, oceanos: nada
> Mexia em suas profundezas silenciosas;
> Sem marujos, no mar as naus apodreciam,
> Caindo os mastros aos pedaços; e, ao caírem,
> Dormiam nos abismos sem fazer mareta,
> Mortas as ondas, e as marés na sepultura
> Que já findara sua lua senhoril.
>
> Os ventos feneceram no ar inerte, e as nuvens
> Tiveram fim; a escuridão não precisava
> De seu auxílio – as trevas eram o Universo.

O vulcanismo promove, também, atividade hidrotermal, nos lugares onde essas manifestações ocorrem, organizações públicas e privadas se valem disso para atraírem turistas, como ocorre em algumas cidades brasileiras conhecidas como circuito das águas e como acontece, de forma mais exuberante, no Parque Nacional de Yellowstone nos estados Unidos, onde gêiseres arremessam água quente a dezenas de metros de altura.

Atividades hidrotermais muito mais intensas ocorrem em algumas regiões do assoalho oceânico, mais frequentemente ao longo dos limites de convergência oceânica, mas também em outros locais. O processo de convecção do magma age como um aspirador nas rochas porosas ao redor, essa aspiração leva para o interior da rocha derretida a água gelada do fundo do oceano, ao vaporizar a água é expelida em cones vulcânicos submersos conhecidos como "chaminés". Esse ciclo é contínuo e já foi estimado que um volume igual a toda a água dos oceanos é circulado nesse processo a cada dez mil anos.

Um fenômeno dessa grandeza, interfere sobremaneira na composição química da Terra, já que, essa circulação de águas termais carrega consigo componentes químicos, que nesses trajetos se rearranjam em novas e diversas substâncias. Ainda que, a atividade vulcânica seja, na maioria das suas manifestações muito destrutivas, não poderíamos existir sem ela, como veremos.

Sem exaurir o assunto pretendemos nos deter o suficiente para estabelecer um alicerce, sobre o qual as respostas às questões iniciais possam ser construídas: de onde viemos? Quais são os nossos desígnios?

Para isso, desde o primeiro capítulo, estamos nos equipando para enfrentar o desafio que essas questões nos impõem. Mas, resta acrescentar um elemento de ligação entre este capítulo e o seguinte, trata-se de apresentar algumas informações sobre como a história de nossa Terra é dividida e estudada.

Vamos, então, retomar algumas informações agora organizadas em uma cronologia que nos será útil, emprestarei de Pérsio de Moraes Branco o subtítulo que segue.

Uma breve história da Terra

A história da Terra deve ter o tempo de sua existência, aproximadamente 4,5 bilhões de anos, desde sua formação. Esse tempo, para melhor estudar essa história, foi dividido em etapas e essas etapas ou intervalos de tempo foram batizadas com nomes específicos.

Não é agradável para a maioria dos leitores e, este trecho, pode até ser pulado, mas servirá de referência temporal quando alguns desses intervalos forem citados adiante, o leitor que decidir pulá-lo, poderá voltar a ele, oportunamente, quando desejar.

Assim, existem quatro intervalos maiores chamados de Éons: Hadeano, Arqueano, Proterozoico e Fanerozoico, estes por sua vez foram divididos em Eras e cada Era é dividida em Períodos, esses intervalos caracterizam o Tempo Geológico.

A figura abaixo ilustra a história da Terra através dos Éons, desde a sua formação e a grande colisão, até o momento presente. A escala está marcada em milhares de milhões de anos (4000 representa 4 mil milhões – 4 bilhões de anos atrás).

CAPÍTULO QUARTO

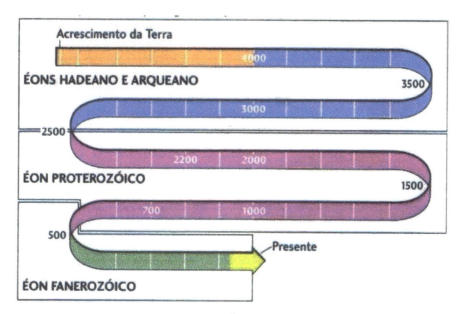

Figura 34 – Fita do tempo geológico – ÉONS (GROTZINGER, 2008, p. 258)

O intervalo Hadeano não tem subdivisões e corresponde ao intervalo entre a formação da Terra há 4,54 bilhões de anos e aproximadamente 3,85 bilhões de anos, quando as colisões mais violentas cessaram.

O Arqueano corresponde ao intervalo entre 3,85 e 2,5 bilhões de anos com as seguintes subdivisões: Eoarqueano (3,85 a 3,6 bilhões de anos); Paleoarqueano (3,6 a 3,2 bilhões de anos); Mesoarquano (3,2 a 2,8 bilhões de anos) e Neoarqueano (2,8 a 2,5 bilhões de anos).

O Proterozóico corresponde ao intervalo entre 2,5 bilhões de anos até aproximadamente 540 milhões de anos, que foi dividido em três Eras e cada uma dividida em Períodos, Era Paleoproterozoico (Sideriano, Rhyaciano, Orosiriano e Statheriano), Era Mesoproterozoico (Calymmiano, Ectasiano e Steniano) e Era Neoproterozoico (Toniano, Criogeniano e EDicarano).

O Fanerozoico corresponde ao Intervalo entre 540 milhões de anos até o presente e está dividido em três Eras que se subdividem em Períodos: Paleozoico (Cambriano, Ordoviciano, Siluriano, Devoniano, Carbonífero e Permiano); Mesozoico (Triássico, Jurássico e Cretáceo); Cenozoico (Paleogeno, Neogeno e Quaternário).

A história da Terra se junta à história da Vida na Terra, porque há uma interrelação profunda entre essas histórias, afinal é justamente para entender de onde viemos e, talvez respondermos a algumas perguntas relativas ao como viemos, que precisamos conhecer alguns detalhes dessa complexa relação da Vida com a Terra.

Quando estudamos a vida e suas origens, a pesquisa em busca desse passado é interrompida quando não existem mais fósseis para se analisar. Isso ocorre, porque em boa parte da história da Terra, suas rochas foram cozidas por cataclismas reincidentes, não há como obter registros para trás de determinada data geológica. O passado mais remoto que se pôde chegar é próximo de 3,5 bilhões de anos, rochas com essa idade apresentam marcas fósseis de microrganismos unicelulares conhecidos como estromatólitos (seres encontrados em rochas de carbonato de cálcio).

Relógios Geológicos

É bem interessante observar a classificação dos Éons, Eras e Períodos. Sabemos que essa classificação tem importância muito relevante, mas como essa classificação foi possível?

Inicialmente a escala geológica foi fundamentada nos estudos das estratificações, ou seja, como as faixas de sedimentos se apresentavam. A verificação de cortes naturais nos terrenos e a descoberta de fósseis nessas diversas camadas, deu aos pesquisadores uma forma de, ao menos, comparar os tais fósseis e poderem datar por comparação, terrenos e fósseis. Assim, fosseis iguais indicariam, aproximadamente, a mesma época, que por sua vez poderiam indicar que essas faixas de sedimentos, onde foram encontrados os tais fósseis, teriam a mesma idade de sedimentos semelhantes em outras localidades.

CAPÍTULO QUARTO

Figura 35 – Imagem de um corte natural em terreno sedimentário.

Dessa forma, faixas mais profundas de sedimentos corresponderiam a épocas mais antigas, possibilitando a categorização por idade relativa e a determinação de uma sucessão biótica. Essa maneira de proceder deu um importante avanço nos estudos geológicos e da correspondente sucessão biótica, mas não era capaz de uma datação absoluta, apenas correspondências relativas.

Os pesquisadores dedicaram muito esforço, fazendo avalições relativas ao acúmulo de determinadas substâncias nas diversas faixas estratificadas, com o objetivo de encontrar uma forma objetiva para a datação absoluta, essas tentativas falharam.

Isso só foi possível com a descoberta de elementos radioativos, com o pioneirismo de Marie Curie (polonesa nascida em Varsóvia, 1867-1934), ao descobrir e estudar o comportamento dos elementos Rádio e Polônio. Outros cientistas, mais ou menos na mesma época, puderam observar o mesmo fenômeno e descobrir outros elementos radioativos como o Urânio.

Essas descobertas deram ocasião ao desenvolvimento de um processo de datação geológica absoluto. Isso devido ao decaimento[38] radioativo, esses elementos ao decaírem se transformam em um isótopo[39] mais leve ou mesmo em outro elemento. Um exemplo de decaimento Beta (emissão de um nêutron) é o que ocorre com o Carbono.

O Carbono é encontrado na natureza nos isótopos $^{12}C_6$, $^{13}C_6$ e $^{14}C_6$, os carbonos 12 e 13 são estáveis, entretanto, o carbono 14 é instável (é radioativo) e emite partícula beta (um nêutron). O decaimento radioativo é determinado por um período chamado de meia vida, o tempo necessário para que a quantidade inicial transforme metade de sua massa, assim, se tivermos 100g de carbono 14, sua meia vida corresponde ao tempo, no qual, restará apenas 50g do elemento original.

Vários elementos são utilizados para se fazer a datação geológica, mas para a datação direta de fósseis, a datação é feita pelo carbono 14.

A meia vida do carbono 14 é de 5.730 anos, então, temos a seguinte escala:

$$100\% \xrightarrow[5730 \text{ anos}]{} 50\% \xrightarrow[5730 \text{ anos}]{} 25\% \xrightarrow[5730 \text{ anos}]{} 12,5\% \text{ ou}$$

$$10 \text{ ppb} \xrightarrow[5730 \text{ anos}]{} 5 \text{ ppb} \xrightarrow[5730 \text{ anos}]{} 2,5 \text{ ppb} \xrightarrow[5730 \text{ anos}]{} 1,25 \text{ ppb}$$

Onde ppb, significa partes por bilhão.

Digamos, então que um fóssil encontrado tenha, na sua composição, 25% ou 2,5ppb de carbono 14, isso significa que esse fóssil tem 11.460 anos.

Para a datação geológica é necessário contar com diversos elementos radioativos e ter a sorte de encontrá-los nos locais onde se quer fazer a datação. Para a datação direta de fósseis praticamente só contamos com o carbono 14, mas para nossa sorte o dióxido de carbono (gás carbônico – $^{14}CO_2$) é comum na natureza. O carbono 14 é formado nas regiões mais altas da atmosfera e se combina com o oxigênio, formando o dióxido de carbono, essa ligação é estável, então, não há decaimento.

---

38 **Decaimento** é o processo pelo qual um elemento radioativo emite uma partícula (no caso da datação uma partícula beta é emitida, um nêutron).

39 **Isótopos** são elementos que têm o mesmo número de prótons no seu núcleo, portanto mesmo número atômico, mas diferentes números de nêutrons.

CAPÍTULO QUARTO

Animais e plantas absorvem o dióxido de carbono (gás carbônico – $^{14}CO_2$ e $^{12}CO_2$), que permanecem estáveis durante toda a vida, ao morrer, contudo, ao se desfazer a molécula e a separação dos elementos inicia-se o decaimento. Há, contudo, uma dificuldade, essa datação só consegue atingir o limite de 70 mil anos, isso é devido às quantidades possíveis de se encontrar e de se medir.

Figura 36 – Curva decaimento do carbono 14.

Como, então, medir períodos maiores, até milhões de anos?

Para datações da ordem de milhões de anos, o processo usado é o indireto, ou seja, não se mede diretamente a idade do fóssil, mas a idade da rocha ou sedimento ao qual o fóssil estava junto ao ser encontrado. O processo é exatamente o mesmo, usa-se a meia vida de algum elemento radioativo, sendo que o potássio 40, com meia vida de 1,25 bilhão de anos, é o isótopo mais utilizado.

É assim que os relógios geológicos funcionam!

O que aconteceu de mais importante em cada Éon, Era e em cada Período será objeto dos próximos capítulos, neles poderemos viajar nesta aventura fantástica na busca pela resposta: De onde viemos?

SÍNTESE

Neste capítulo pudemos acompanhar a formação de nossa Terra desde a própria formação de nosso Sol, vimos que ela se situa no sistema solar na zona habitável e partimos para a aventura de sua formação propriamente dita, com colisões colossais, a constituição de um núcleo denso e muito quente capaz de promover a tectônica de placas e o vulcanismo, fenômenos que, como veremos, são indispensáveis à manutenção da vida. Vimos também, que o vulcanismo possibilita outro fenômeno muito importante que é a atividade hidrotermal.

Vulcões, terremotos e outros fenômenos naturais podem ser altamente destrutivos para o nosso cotidiano, mas também ensejam ocasião de reflexão e criatividade como o poema de Lord Byron.

Por fim nos foi apresentado como a história da Terra está dividida para que possa melhor ser estudada e como funcionam os relógios geológicos.

Anexo ao Capítulo 4

Terremoto

Impossível falar de Tectônica de Placas sem falar em Terremotos, assim como os vulcões, os terremotos são o resultado mais direto da Deriva Continental (Convergência, Divergência ou Falhas Transformantes), o movimento das placas produz, especialmente nas suas fronteiras, mas não só nelas, áreas de tensões que se acumulam até o limite de ruptura das rochas que as compõem. A ruptura se caracteriza por um movimento brusco e repentino que gera ondas sísmicas de grandes energias. Essas rupturas, se no oceano, podem produzir intensos tsunamis.

A intensidade de um terremoto é medida pela escala Richter, em homenagem ao sismólogo americano Charles Francis Richter (1900 – 1985), é uma escala logarítmica, o que significa que, cada unidade da escala corresponde, em magnitude, a 10 vezes o valor da unidade anterior, assim, um valor de 5 nesta escala corresponde a 10 vezes o efeito do valor 4 na mesma escala, o valor 6, corresponde a 10 vezes o efeito do valor 5 e assim sucessivamente.

Abaixo pode-se observar um gráfico (apresentado em escala linear e em escala logarítmica), que é resultado da simulação Richter para os seguintes parâmetros:

- **A** (Amplitude em mm, medida em um sismógrafo).

- Δ**t** (intervalo de tempo em segundos, entre a onda **S**uperficial e a onda de **P**ressão máxima).

- **M** é a magnitude Richter

$$M = \log_{10} A + 3.\log_{10}(8.\Delta t) - 2,92$$

Para a simulação escolhemos **A** = 20mm e variamos o valor de Δ*t* entre 1 e 210s.

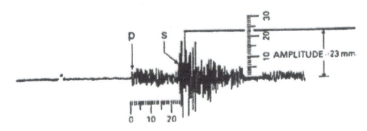

Figura 37 – Exemplo usado para a simulação

A figura acima foi obtida de um sismógrafo localizado em uma estação de sismologia no sul da Califórnia (GENTIL 2000, p. 108).

Pode-se verificar, diretamente no gráfico ou pela aplicação da fórmula, que a magnitude Richter correspondente ao nosso exemplo da figura acima é 5,23 (25 segundos como mostra a escala da figura acima).

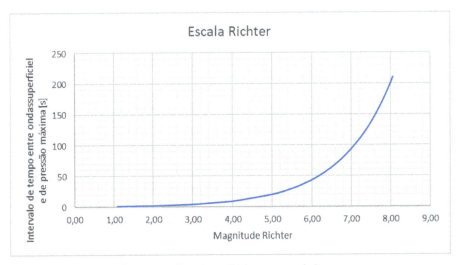

Figura 38 – Simulação Richter em escala linear

ANEXO AO CAPÍTULO 4

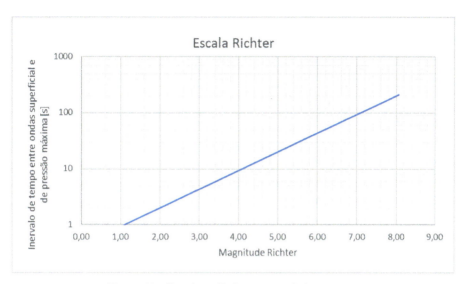

Figura 39 – Simulação Richter em escala logarítmica

O princípio de funcionamento de um sismógrafo ainda é o mesmo desde longo período, mas com a evolução tecnológica ele vem ganhando acessórios e roupagem da modernidade. Basicamente composto por uma massa suspensa por molas que pode mover-se quando sua base ficar sujeita a movimentos e acelerações.

Normalmente equipado com um eletroímã (para poder gerar um sinal elétrico) e um relógio de precisão. No início uma caneta era fixada diretamente na massa, que ao se mover produzia o registro em um papel, com a evolução foi introduzida uma bobina elétrica, a variação de tensão da bobina permite a visualização e registro numa tela de computador e/ou numa folha de papel especialmente elaborada para esse fim.

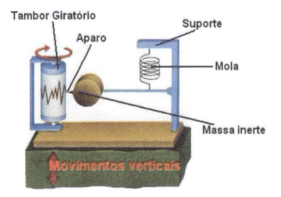

Figura 40 – Esquemático de sismógrafo antigo

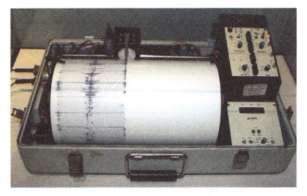

Figura 41 – Exemplo de sismógrafo moderno

Figura 42 – Sismógrafo de última geração

CAPÍTULO QUINTO

A grandiosa narrativa da ciência deve ser celebrada como um dos grandes feitos do intelecto humano, um testemunho da nossa habilidade coletiva de criar [construir] conhecimento [saberes]. A ciência responde à necessidade que temos de compreender quem somos, as nossas origens e o nosso destino, abordando questões tão antigas quanto a própria humanidade, questões que vêm inspirando o pensamento de artistas, filósofos, poetas e santos desde os primórdios da civilização. Precisamos saber quem somos; precisamos saber onde estamos e como chegamos aqui. A ciência ilumina nossa busca por sentido, expressando nossa humanidade mais profunda. Queremos luz, sempre mais luz.

Marcelo Gleiser

VIDA RARA

O ACABAMENTO DA TERRA

Vimos que a formação da Terra foi determinada, inicialmente, pela aglutinação de uma poeira cósmica originária, por sua vez, de uma explosão de alguma gigante vermelha e/ou de uma supernova, fragmentos dessa explosão deram origem ao nosso sistema solar e com ele nossa Terra. Essa jovem Terra teve um início bem turbulento, quando grandes colisões foram cruciais para sua formação e constituição.

Depois desse início cataclísmico, a tectônica de placas junto com o vulcanismo, deram os contornos finais ao nosso planeta, mas ainda faltava um acabamento, um ajuste fino. Esse ajuste foi dado pelas águas das chuvas, pelos ventos e pelo gelo (as glaciações e deglaciações), que em persistente sequência de eventos, foram erudindo, desgastando e acumulando nas partes mais baixas, um material arenoso que acabou dando formato aos continentes, às praias e ao fundo dos oceanos.

Parece que temos uma peça que não se encaixa, de onde veio a água? Até agora estávamos falando de um planeta rochoso com um núcleo líquido formado principalmente de ferro, o manto pastoso formado de rochas derretidas e uma fina e frágil crosta formada por material rochoso.

A água ou já existia presa nas entranhas da Terra, ou foi resultado de transferência de áreas exteriores (do sistema solar) para a Terra por meio de asteroides e principalmente cometas. Contudo, há um entendimento que a maior parte da água aqui existente tenha sido trazida por cometas, que aqui caíram.

Se estivera presa nas entranhas da Terra, foi o vulcanismo que, por fim, a liberou. Se vinda do espaço exterior, foi a partir do fim das grandes colisões que se acumulou, pois qualquer água que tenha permanecido na superfície antes desse período teria se vaporizado e o vapor lançado de volta para espaço sideral.

De toda sorte, esse é o entendimento que se tem sobre como a Terra chegou até o momento, uma construção rara, considerando-se todas as situações necessárias para o seu formato atual.

A VIDA NA TERRA

O que significa vida?

Para muitos vida é o bater do coração, é o respirar e, nesse contexto, nosso ideário é remetido à vida animal, para nossas próprias vidas, para a vida dos mamíferos, dos répteis, dos anfíbios, das aves e dos peixes.

Outros, ainda, lembrarão das plantas, a vida das florestas e há aqueles que lembrarão das vidas dos insetos, enfim, existem muitas ideias para a elaboração dessa resposta. Há quem possa ser levado a responder considerando aspectos místicos religiosos, pensando numa vida espiritual, a vida após a morte e coisas assim.

Fora explicações de ordem espirituais, psicológicas ou sociológicas, sobre as quais farei uma abordagem na segunda parte deste livro, queremos entender a vida, por ora, sob o ponto de vista biológico, afinal, estamos interessados na nossa origem bioquímica.

CAPÍTULO QUINTO

Saibamos, então, que a vida microbiana é de longe a mais abundante e constitui a maior parcela de vida na Terra, entre 80% e 90% de tudo que pode ser considerado vivo!

Ainda que nos orientemos, muitas vezes, por conjecturas metafísicas – sempre com a conotação dada por Popper – para responder a essa pergunta seguiremos o caminho que estamos pavimentando e que está lastreado pela ciência. Dessa forma, buscaremos compreender os aspectos que ensejaram a vida e que a fizeram evoluir para a forma como a conhecemos. Esse caminho tem diversos pontos onde há bifurcações, essas bifurcações existem sempre quando não há uma teoria dominante e grupos de cientistas se dividem entre as possibilidades que se apresentam. Para tecer e seguir um fio condutor, capaz de responder aos questionamentos que proponho, precisarei escolher uma entre aquelas apresentadas em cada bifurcação, minha pesquisa e meu julgamento serão os juízes das minhas escolhas. Todavia, sempre apontarei as demais alternativas para ajudar ao leitor a fazer a sua própria escolha.

No século XVII a ideia da geração espontânea era aceita pela maioria dos cientistas, de fato, já era assim desde a antiguidade. Somente por volta do final do século XIX é que se colocou um fim nessa "verdade a priori", essa forma de pensar, sobre a geração da vida. Esse ponto final foi determinado por Louis Pasteur, quando ficou estabelecido que a vida só poderia "vir de outra vida".

De início as coisas pareciam se encaixar, Charles Darwin contribuiu enormemente para que o conceito da vida a partir da vida fosse mais atraente do que as ideias anteriores, como fora o conceito de geração espontânea. Contudo, essa forma de pensar deixa escapar a origem primeira, de onde teria surgido a primeira vida?

A busca por essa resposta só começou a ter uma abordagem científica a partir do século XX, percebeu-se que, qualquer que fosse a resposta, seria necessária uma coordenação multidisciplinar, formulada com base na consideração de um amplo conjunto de saberes, devido à complexidade que essa resposta representava. Cientistas de diversas especialidades têm dado suas contribuições – Cosmologia, Astrofísica, Biologia Molecular, Matemática, Planetologia, Geologia, Química Orgânica entre outras.

Ainda hoje, enquanto escrevo essas linhas, não há uma definição precisa para o que seja a vida, entretanto, é possível afirmar que um organismo vivo é baseado numa célula e nela há uma informação genética codificada, o DNA, que é uma molécula gigante formada por moléculas menores de proteína.

Sobre a vida fora da Terra, há muita curiosidade, mas antes de aprofundarmos esse tema, cabe compreender, em primeiro lugar, a vida aqui na Terra para depois fazer eventuais conjecturas sobre como seria a vida fora daqui. Não temos outra referência, a não ser a vida que conhecemos aqui, é essa que pode ser estudada e os saberes construídos com base nessa vida é que serão o substrato para a germinação de conjecturas sobre como outras vidas fora daqui poderiam (puderam ou poderão) se desenvolver.

A busca por uma vida primordial não é tarefa fácil, como veremos. Depende de informações e dados indiretos conseguidos por meio de fósseis, por comparações entre espécies, pelo estudo de habitats, por datações de relógios geológicos e pela compreensão de tudo isso no cenário evolutivo de nosso Universo, do nosso Sistema Solar e de nosso Planeta.

Como definir um ser vivo?

Um micróbio unicelular, portanto, uma célula é um ser vivo, com certeza um átomo não é um ser vivo, sabemos, contudo, que uma célula é muitíssimo maior do que um átomo. Entre átomos e células encontramos os vírus, estruturas que parecem cristais e são menores do que as menores células. Os vírus não são capazes de se reproduzirem quando estão isolados, todavia, quando no interior de uma célula eles se multiplicam. O vírus nos coloca diante de um limite entre o que é vivo e o que não é.

CAPÍTULO QUINTO

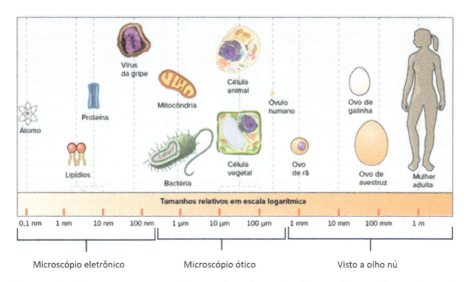

Figura 43 – Esquema comparativo de tamanhos – https://pt.khanacademy.org/science/6-ano/vida-e-evolucao-6-ano/celulas-procariontes-e-eucariontes/a/clulas-procariticas-e-eucariticas

Na Groelândia, num local conhecido como Isua, foi encontrada uma amostra de grafite, com datação geológica de aproximadamente 3,8 bilhões de anos, com teores variados dos isótopos de carbono 12 e 13, essa descoberta é um forte indício de que pode ter havido presença de vida, ainda que não exista exemplar fóssil, mas apenas uma marca de sua passagem.

Essa descoberta é muito importante, pois essa datação corresponde aproximadamente com o momento em que as grandes colisões diminuíram substancialmente as suas frequências. Ocasionalmente e aproximadamente, a cada 100 milhões de anos, uma grande colisão ainda tem persistido, sendo que o último registro de uma colisão dessa magnitude é datado de 65 milhões de anos atrás, ocorrência que exterminou os dinossauros e junto com eles cerca de 70% de todas as espécies, então, existentes.

A Terra tem aproximadamente 4,5 bilhões de anos, o bombardeio pesado de meteoros e cometas cessou por volta de 3,8 bilhões de anos. Entre sua formação inicial e o fim desse bombardeio, há um intervalo de 700 milhões de anos, no qual a vida não teria como se desenvolver.

A presença de grandes depósitos de óxido de ferro com datação de cerca de 3,7 bilhões de anos, também é indício da presença de vida fotossintetizante, uma vez que nessa época não havia oxigênio livre na atmosfera.

O registro fóssil mais antigo é de, aproximadamente, 3,5 bilhões de anos, a vida antes dessa data, se existiu, foi extinta pelas grandes colisões. Há apenas indícios de sua presença pouco antes dessa data. Isso deixa uma janela estreita entre a inexistência da vida e sua existência, algo em torno de 300 milhões de anos para a evolução do inorgânico para o vivo.

Há grande complexidade neste tema e seria necessário mergulharmos em diferentes disciplinas, por vários capítulos e mesmo por vários volumes, para poder compreender detalhadamente tudo que a envolve, mas não podemos deixar de tatear aqui e ali alguns caminhos para termos uma compreensão mínima da origem da vida, para podermos refletir sobre sua abundância e sobre sua raridade, uma especial raridade!

Para nossa régua temporal, pessoas que vivem até por volta de 100 anos, 300 milhões de anos parece muito tempo, difícil até mesmo de imaginar. Entretanto, para a idade da Terra e do Universo, isso é um piscar de olhos. Esse curto período em que se considera ter evoluído a vida, o orgânico a partir do inorgânico é considerado, dessa forma, por DAMINELI (2007, p.15)

> Quanto menor a escala de tempo, mais simples deve ter sido o processo de origem da vida. Na Terra, ela se instalou tão cedo e tão rapidamente que parece ser um mero subproduto da formação planetária. Isso abre enormes perspectivas de que ela também tenha surgido em outros planetas, que só na nossa galáxia devem ultrapassar a casa dos trilhões. No volume visível do Universo existem cerca de cem bilhões de galáxias como a nossa, elevando o número de planetas para mais de 10^{23}. O fato de que a origem da vida seja um assunto tão difícil de ser compreendido não nos deve induzir ao erro de assumir que também seja difícil de ser realizada pela natureza. A janela para a formação de vida na Terra é tão estreita, que alguns preferem acreditar que ela tenha aportado aqui já pronta (hipótese de panspermia).
>
> Bem, onde está a raridade, então?
>
> Logo mais poderemos enxergá-la!

COM MUITA ÁGUA OU SEM ÁGUA?

Cientistas se dividem ao sugerirem onde foi o local mais provável, considerando as condições necessárias para que as reações químicas pudessem se

CAPÍTULO QUINTO

desenvolver no caminho evolutivo do inorgânico para o orgânico, onde seria esse local mais adequado? Em terra firme ou no fundo de oceanos?

Reações químicas precisam, em geral, de uma solução para ocorrerem, isso nos leva a pensar que as reações químicas necessárias ao desenvolvimento de substâncias que pudessem chegar ao ponto da replicação, estivessem necessariamente na água, mais precisamente nos oceanos. Contudo, muita água causa dissolução dos componentes e não permite sua agregação, qualquer reação química num ambiente assim, levaria o seu resultado a ser diluído ou nem mesmo ocorreria.

Sem água nenhuma, tais reações nunca poderiam acontecer, o meio termo entre as duas condições seriam pequenas bacias naturais, onde, por exemplo as marés altas, da jovem Terra, pudessem enchê-las e as porções pequenas de água poderiam, então, propiciar um ambiente adequado para as reações ocorrerem, no entanto, os períodos necessários à evolução são, supostamente, maiores do que aqueles obtidos nessas bacias.

Invólucros naturais poderiam dar a proteção e suprimento de água necessários. O bioquímico Aleksandr Ivanovich Oparin, propôs que alguma membrana natural pudesse agir como invólucro protetor para que essas substâncias tivessem ali oportunidade para promoverem as reações necessárias, esse conjunto recebeu o nome de coacervado[40].

Essas proteções naturais podem se desenvolver espontaneamente na natureza a partir de polímeros, esses polímeros seriam os formadores de casulos onde as substâncias poderiam desenvolver reações químicas protegidas do meio. Assim, os oceanos passam a ser os candidatos para serem os berçários originais da vida na Terra, será? Entretanto, invólucros naturais à base de fosfatos, também foram sugeridos para o desenvolvimento em terra firme, mais precisamente no interior de certas formações rochosas.

Contudo, é maior o número dos que defendem o fundo de oceanos como o local mais promissor. A favor da evolução em meio aquoso está o fato de que todos os seres vivos têm uma alta proporção de água, como afirma DAMINELI (2007, p. 6), 70% no corpo humano, 95% na alface, 75% nas bactérias, por exemplo. Ao fixarmos esse desenvolvimento primordial no fundo

---

40 **Coacervados** são aglomerados de proteinoides, que se manteriam juntos, mergulhados no líquido circundante em forma de pequenas esferas protegidas por uma membrana natural. Já os proteinoides são moléculas de proteínas transformadas a partir de aminoácidos.

dos oceanos, não podemos deixar de considerar que as fontes hidrotermais foram um grande obstáculo, pois, como vimos, o vulcanismo funciona como um aspirador arrastando a água gelada do fundo dos oceanos para dentro de uma fornalha esterilizadora e lançando a água de volta nas fontes hidrotermais submarinas e terrestres a temperaturas extremas para a vida.

A água capturada pelo fenômeno do vulcanismo é devolvida acima dos 350°C, isso com certeza é um limitador importante. Ora, mas porque o desenvolvimento da vida precisa estar próximo de fontes hidrotermais? As águas do fundo dos oceanos são muito frias não oferecendo local adequado para reações químicas, que são mais bem sucedidas em temperaturas ao redor de 60°C, logo, há uma região próxima das fontes hidrotermais, entre a água fria do fundo do oceano e a tórrida saindo das fontes onde a temperatura parece ser adequada.

Há muitas considerações a serem feitas, antes de se escolher um local como o mais adequado para a transição do inorgânico para a vida. Avancemos um pouco mais e talvez alguma escolha nos seja vantajosa.

Na busca pela reação que supostamente teria transformado o inorgânico em vida, muitos cientistas elaboraram diversos experimentos nesse sentido, alguns, como Harold Clayton Urey, desenvolveram teorias bem interessantes sobre como deveria ter sido a atmosfera da Terra por volta de 3,8 bilhões de anos atrás. Para Urey a atmosfera primordial da Terra deveria ser rica em amônia, metano e hidrogênio, que misturados ao vapor d'água, produziriam uma mistura, que exposta à radiação ultravioleta e a descargas elétricas, poderia levar à formação de moléculas de aminoácidos.

Os aminoácidos, parecem ser o caminho obrigatório para a posterior formação de proteínas e, consequentemente, para a formação das gigantescas moléculas de RNA e DNA, essa foi a perspectiva de Miller ao desenvolver seu experimento.

Uma mistura de gases metano, amônia, vapor d'água e hidrogênio, acompanhado de descargas elétricas, esse foi, justamente, o experimento de Stanley Lloyd Miller e de seu mentor e ex-professor Harold Urey. O objetivo do experimento era simular a atmosfera primordial da Terra e verificar se uma tal conjunção pudesse ensejar a síntese de material orgânico a partir do inorgânico.

CAPÍTULO QUINTO

Figura 44 – Esta é uma foto de Stanley Miller em seu laboratório da UC San Diego em 1970. Crédito: Scripps Institution of Oceanography Archives

Abaixo o esquema utilizado por Miller:

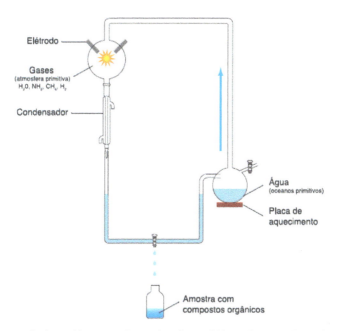

Figura 45 – https://sites.google.com/site/bioqufal/introducao-as-biomoleculas

O resultado, embora surpreendente, não foi conclusivo. Eles obtiveram moléculas de aminoácidos, que são os tijolos fundamentais para a produção de proteína, contudo, como sabemos hoje, a atmosfera da Terra nunca teve tal composição. Esse experimento foi de grande importância, pois suscitou o desenvolvimento científico da busca pela origem da vida e proporcionou novas investidas nesse mesmo sentido.

Reações químicas de oxirredução[41] (onde acontece a redução de uma substância e a oxidação da outra), seriam necessárias na produção de aminoácidos, conforme aconteceu nos experimentos de Miller, especialmente e predominantemente, a ocorrência do processo de redução. Isso explica por que a atmosfera da Terra, que nunca fora redutora, não teve a mesma combinação usada no experimento.

Então, como teriam surgidos os aminoácidos na Terra?

Em primeiro lugar, deve-se destacar que as atmosferas de planetas rochosos, são em geral neutras, logo, não são redutoras e são poucos os locais em nosso planeta, nos quais, um ambiente redutor poderia ter se formado, talvez, próximos de áreas vulcânicas. No entanto, as atmosferas de planetas gasosos são, sabidamente, redutoras. É muito provável que meteoritos e cometas que tenham atingido a Terra nos seus primórdios, tenham trazidos compostos orgânicos e aminoácidos. O calor provocado pelo atrito na entrada da atmosfera teria decomposto esses materiais, mas pequenas partículas poderiam atingir a superfície da Terra (e dos oceanos) sem grande aquecimento, permitindo a integridade química dessas substâncias.

Pela investigação espectral do Universo, já houve a detecção de aminoácidos de cadeia simples em nuvens interestelares, isso é indício de que a produção de compostos orgânicos no Universo é mais comum do que se poderia imaginar. Bem, há uma imensa distância entre compostos orgânicos e o desenvolvimento da vida, como veremos.

Uma pesquisa conduzida na Universidade de Kent, Inglaterra, por uma equipe de cientistas, demonstrou que a produção de aminoácidos pode ser feita

---

41 **Reações de oxidação e redução** acontecem simultaneamente, quando o agente redutor perde elétrons e o agente oxidante ganha elétrons. Por exemplo, a redução do óxido de ferro pelo monóxido de carbono na produção de aço, nessa reação de redução, um óxido de um elemento converte-se no elemento livre, o oposto da oxidação, este é o padrão comum a todas as reações de **redução**.

CAPÍTULO QUINTO

aqui na Terra, como resultado de colisões com o gelo, desde que ali, nesse gelo, exista alguns componentes básicos. Ainda que, os aminoácidos, tijolos fundamentais para a formação de proteínas, não tenham se formado na própria Terra, não é difícil aceitar que tenham caído por aqui, trazidos por alguns cometas, ou produzidos por eles em suas colisões. Sobre a pesquisa citada, segue a reportagem publicada pela Revista PESQUISA FAPESP (2013, p. 15):

> A queda de um cometa de gelo em um planeta rochoso como a Terra pode ter gerado, num ambiente primitivo, os primeiros aminoácidos, moléculas que compõem as proteínas. Do mesmo modo, o impacto de um cometa rochoso em uma superfície congelada como a de Encélado, uma das luas de Saturno, ou na lua Europa, de Júpiter, também seria capaz de produzir aminoácidos. Basta que a colisão libere muita energia em um ambiente com a composição adequada. Em testes de laboratório, pesquisadores da Inglaterra e dos Estados Unidos demonstraram que a energia liberada pelo choque de um corpo celeste é suficiente para transformar moléculas como as de água, gás carbônico e nitrogênio em outras mais complexas, como as dos aminoácidos. Na Universidade de Kent, Inglaterra, Zita Martins e Mark Price usaram equipamento especial para disparar um projétil de aço a mais de 25 mil quilômetros por hora contra um bloco de gelo de composição semelhante à dos cometas. Assim, eles obtiveram aminoácidos como a alanina (Nature Geoscience, 15 de setembro). Para eles, esse mecanismo pode ter gerado moléculas orgânicas complexas na Terra entre 4,5 bilhões e 3,8 bilhões de anos atrás. "O trabalho mostrou que os blocos básicos da vida podem aparecer em qualquer lugar do sistema solar ou além", disse Zita em um comunicado à imprensa. "Esse é o primeiro passo rumo à formação da vida", completou Price.

Não é difícil fazer a análise de verificação de amostras encontradas na Terra, para determinar se sua origem é endógena (da própria Terra) ou exógena (vinda do espaço sideral), isso é feito com relativa frequência. Interessante verificar a coincidência entre o fim das grandes colisões com o subsequente registro da vida na Terra, como aponta Martins:

> Moléculas orgânicas pré-bióticas detectadas em cometas, asteroides, meteoritos e partículas de poeira interplanetárias terão sido

> entregues por via exógena na Terra primitiva entre 4,6 e 3,8 mil milhões de anos atrás. Estas, juntamente com moléculas orgânicas sintetizadas de forma endógena no nosso planeta poderão ter desempenhado um papel fundamental na origem da vida na Terra. MARTINS (2014, p. 9) – *Por decisão pessoal, a autora do texto não escreve segundo o novo Acordo Ortográfico.*

Podemos supor, então, que moléculas de aminoácidos tenham se formado aqui ou trazidas do espaço sideral, ou ambos os mecanismos tenham ocorrido. Quais outros compostos seriam essenciais à evolução do inanimado para o vivo?

A partir de elementos simples encontrados na Terra é possível formar complexas cadeias moleculares. Combinando Carbono, Hidrogênio e Oxigênio, pode-se obter carboidratos (açúcares), acrescentando-se o Nitrogênio, já é possível obter aminoácidos. Com os aminoácidos pode-se formar as proteínas. Juntando mais um ingrediente, o Fósforo, já é possível a construção de ácidos nucleicos. A mesma lista de ingredientes com receita diferente, proporcionará a composição de lipídeos, essenciais na formação de membranas.

Podemos concordar que elementos simples, encontrados sem dificuldade na Terra, sejam os ingredientes necessários para a montagem de moléculas importantes para constituição de um *ser* autorreplicante, entretanto, dizer que os constituintes elementares estão à disposição não significa, em absoluto, que eles irão se unir de acordo com uma determinada receita. Como então isso deve ter acontecido?

Já vimos que a experiência de Miller, embora surpreendente e instigadora, não é a saída para o que buscamos. Já, o experimento conduzido por Zita Matins teve resultado muito revelador, ainda assim, para passar de aminoácidos a uma molécula autorreplicante há um longo trajeto.

Abordagem Sistêmica e Auto-organização

Na busca para encontrar esse trajeto possível, abriremos um parêntese e daremos uma olhada no que pode ser a saída para esse quebra cabeça. Nos deteremos a falar (escrever) sobre o que vem a ser uma "abordagem sistêmica" e o conceito de "auto-organização".

CAPÍTULO QUINTO

Uma ideia embrionária surgiu por volta do início do século XX, ela buscava a compreensão dos fenômenos naturais pela abordagem holística, ao contrário do pensamento até então estabelecido na ciência, que partia da abordagem focada nas partes. Há, portanto, nessa época uma tentativa de se inverter a forma dominante para estudar fenômenos da natureza (abordagem analítica), ou seja, dar um tratamento que partisse do todo para a parte em vez de, da parte para o todo.

Esse movimento ficou conhecido, mais tarde, como "pensamento sistêmico". Mesmo antes de ser adequadamente estruturado, sua manifestação já era percebida, especialmente, na recém-nascida Física Quântica, área do conhecimento, na qual a abordagem das partes isoladamente é simplesmente impossível, e o conjunto é avaliado por meio de funções de densidade de probabilidade.

A análise, isto é, a separação e avaliação das partes dava lugar e oportunidade para as avaliações sistêmicas em situações, nas quais, o entendimento das partes só pode ser efetivado quando o estudo do conjunto organizado é considerado. Um exemplo de abordagem sistêmica, fora das ciências exatas, foi o movimento da Gestalt no âmbito da Psicologia.

Mais recentemente, no campo da Biologia, a "Ecologia Profunda" foi desenvolvida, também, através de um ponto de vista holístico de mundo, ela considera a interdependência dos fenômenos e que indivíduos "vivos" não podem ser estudados fora dos contextos da natureza aos quais estão sujeitos.

A partir da década de 1950 essa ideia difundiu-se na área da Biologia e hoje sabemos que o funcionamento harmonioso de um complexo ecossistema não pode ser compreendido por meio da análise de cada componente separado do conjunto. Não se consegue compreender a vida de um formigueiro ou de uma colmeia, analisando-se uma formiga ou uma abelha de forma isolada. Da mesma forma, não se pode compreender a organização e funcionamento de uma coletividade analisando-se um habitante isoladamente. As simbioses são, particularmente, interessantes sob o ponto de vista sistêmico, cada um dos simbiontes não pode explicar, isoladamente, o funcionamento do conjunto.

No âmbito dos conceitos mecanicistas-positivistas as descrições elaboradas pela ciência são objetivas e independem do observador. Do ponto de vista sistêmico a compreensão de processos e descrição de fenômenos está ligada ao observador, por mais elaborada que seja a montagem experimental, sempre existirá uma subjetividade intrínseca no binômio experimento-observador. Nas palavras de Heisenberg[42], apud CAPRA (1997, p. 39) "O que observamos não é a natureza em si, mas a natureza exposta ao nosso método de questionamento" e eu acrescento, não somente ao método de questionar, mas mesmo às pequenas variações que esses questionamentos apresentam.

A abordagem sistêmica, em ciência, suscitou o desenvolvimento da busca por padrões, o que parece o caminho natural, se não se está focado no individual, necessita-se observar padrões do conjunto. Por exemplo, quando se estuda uma substância pretende-se entender sua estrutura (análise), por outro lado, o estudo de sua forma é a busca por padrões existentes (observação sistêmica). Quando se disseca um organismo vivo para estudar suas partes, destrói-se o padrão de funcionamento do seu conjunto. Não se trata, evidentemente, de substituir a abordagem analítica, mas de utilizar as duas formas de abordagem de maneira complementar.

De acordo com CAPRA (1997, p. 120):

> O padrão de organização de qualquer sistema vivo ou não-vivo, é a configuração de relações entre os componentes do sistema que determinam as características essenciais desse sistema. [...] Essa configuração de relações que confere a um sistema suas características essenciais é o que entendemos por seu padrão de organização.

No Capítulo Primeiro, quando estava expondo minha concepção de tempo, citei de passagem a Segunda Lei da Termodinâmica, que afirma que a desordem do Universo só pode aumentar, essa medida de desordem é chamada de Entropia (a entropia do Universo só pode crescer).

Essa lei é válida para sistemas fechados e, bem como consideramos, o Universo é um sistema fechado, ou seja, não troca energia com o meio (não dissipa energia, nem mesmo a recebe), de acordo com nosso conceito de Universo. Contudo, no interior desse Universo podemos ter subsistemas abertos e subsistemas fechados, os fechados respeitam a Segunda Lei da Termodinâmica, os abertos não. Todavia, se em um subsistema aberto, aquele que apresenta

---

42 Werner Karl **Heisenberg**, físico alemão, ganhador do prêmio Nobel de Física em 1932, profundo estudioso da Mecânica Quântica.

CAPÍTULO QUINTO

um fluxo positivo de energia (recebe energia do meio) a lei não é respeitada, há com certeza, uma compensação ao se alargar o limite em que esse subsistema está, para um no qual a Segunda lei seja respeitada. Em última análise, todos subsistemas abertos e fechados estão no interior do Universo e se em algum conjunto a Segunda lei não é respeitada há algum outro conjunto que a compense.

Ao final da década de 1970 e durante a década de 1980, surgiram modelos bem-sucedidos de sistemas biológicos auto-organizados, esses sistemas auto-organizados estão sob a visão que os considera sistemas abertos. A visão sistêmica em que os sistemas estudados são abertos é o palco para o estudo de estruturas com auto-organização.

Essas estruturas são chamadas de Estruturas Dissipativas, elas têm como característica mais importante a auto-organização com surgimento espontâneo de novas estruturas afastadas do equilíbrio, apresentando ainda, um fluxo positivo de energia e um processo de realimentação em círculo virtuoso.

Quem deu, pela primeira vez, essa descrição para uma Estrutura Dissipativa foi o ganhador do prêmio Nobel de Química de 1977, Ilya Prigogine, um russo naturalizado belga. A luz coerente do LASER é um exemplo de fenômeno de estrutura dissipativa que apresenta auto-organização.

Outro ganhador do prêmio Nobel, Manfred Eigen, postulou que o mesmo processo de auto-organização poderia ocorrer no domínio molecular, ele cunhou o termo "auto-organização molecular" ao estudar os processos evolutivos do inorgânico para a vida, chamou esses processos evolutivos de "ciclos catalíticos" que, supostamente, desempenharam papel importante e decisivo nas funções metabólicas germinativas da vida.

Esses ciclos catalíticos, segundo Eigen, são o cerne para o entendimento do processo evolutivo de um sistema inorgânico, realimentado em círculo virtuoso, crescendo em organização e complexidade. Manfred Eigen, refere-se ao trabalho de Ilya Prigogine, apud CAPRA (1997, p. 75), como segue: "A concorrência de uma mutação com vantagem seletiva [no processo de evolução da vida] corresponde a uma instabilidade [química, num processo inorgânico] que pode ser explicada com ajuda [...] de Prigogine e Glansdorff". Eigen faz uma comparação direta do processo evolutivo de sistemas auto-organizados inorgânicos com o processo evolutivo dos seres vivos.

As instabilidades às quais refere-se Eigen, são instabilidades observadas em processos dissipativos com auto-organização, similares àquelas observadas em sistemas bioquímicos, formados por enzimas e afastados do equilíbrio. Essas instabilidades alteram a organização, que pelo processo de realimentação positiva, faz o sistema incorporar a alteração e promover uma evolução ou uma involução. Quando há uma involução o processo se perde, mas quando há uma evolução o sistema se aprimora e cresce em complexidade.

Então, podemos explicar o surgimento de aminoácidos e compreender um mecanismo que tenha proporcionado sua evolução a partir de compostos químicos mais simples, falta ainda entender onde isso pode ter ocorrido, apresentamos duas possibilidades, em terra firme ou nos oceanos, escolhemos, inicialmente, o fundo do mar, mas já sabemos que mesmo o fundo do mar não seria um ambiente adequado considerando a quantidade de água, que dificulta a manutenção de processos relativamente controlados ou auto-organizados. Precisamos de um abrigo para que o processo evolutivo aconteça.

A candidata a fornecer esse abrigo é ou poderia ser a Micela?

MICELAS E LIPOSSOMAS

É necessário introduzir algumas informações para que nosso fio condutor não pareça interrompido, algumas vezes o texto pode ser um tanto monótono dado às características técnicas necessárias de serem apresentadas, mas sem essas informações corremos o risco de romper a continuidade que queremos dar às ideias aqui expostas. Contudo, a apresentação será breve. Para o leitor ávido por se aprofundar nesses detalhes, as referências são dadas no final do livro.

Monômero (um mero) é uma molécula formada por Carbono e Hidrogênio, os aminoácidos são formados por monômeros que ao se polimerizarem formam as proteínas que são polímeros (vários meros). A glicose, também, é um monômero natural e sua polimerização pode formar o amido, a celulose e o glicogênio.

Os lipídeos são moléculas formadas como resultado da junção de um álcool com ácidos graxos, compostos essencialmente por átomos de Carbono, Hidrogênio e Oxigênio. Algumas associações podem incluir o Fósforo, Enxofre e Nitrogênio.

CAPÍTULO QUINTO

Autopoiese é um termo cunhado pelo neurocientista chileno Humberto Maturana, ele o fez ao desenvolver seus estudos na busca do entendimento do funcionamento do cérebro e de suas relações internas, autopoiese significa autocriação.

Um processo autopoiético é aquele que cumpre os seguintes critérios, i) é auto limitado no sentido de apresentar um limite físico, uma fronteira, formada espontaneamente que separe o meio em que se encontra, de seu interior; ii) é autogerador, ou seja, os componentes internos, com ou sem associação com os componentes que formam sua fronteira física, entre o interior e o meio, são produzidos por processos internos e iii) é auto perpetuador, de tal forma, que os processos internos possam se manter no decorrer do tempo, por meio de ciclos catalíticos, podendo haver evolução do sistema interno.

Basicamente, esse critério pode bem ser utilizado para conceituar um organismo vivo, entretanto há organizações químicas espontâneas que apresentam características autopoiéticas.

Uma estrutura típica micelar (uma micela) pode apresentar essas características. Micelas são agrupamentos de moléculas denominadas anfifílicas[43], normalmente moléculas lipídicas, por exemplo, ácidos graxos. Essas moléculas têm uma estrutura física que lembra um girino – uma cabeça lipídica (hidrofóbica) e uma cauda hidrofílica. Num meio aquoso o agrupamento dessas moléculas é espontâneo, sempre que determinada faixa de concentração é atingida.

Figura 46 – Micela em meio aquoso
https://www.infoescola.com/quimica/compostos-tensoativos/

---

43 **Moléculas anfifílicas** são moléculas que apresentam a característica de possuírem uma região hidrofílica (solúvel em meio aquoso), e uma região hidrofóbica (insolúvel em água, porém solúvel em lipídios e solvente orgânicos).

Ao se agruparem, as partes hidrofóbicas voltam-se uma para as outras, sequestrando as caudas hidrofílicas no centro do agrupamento. Portanto, uma Micela "é basicamente, uma gota de água circundada por uma fina camada de moléculas [...] com "cabeças" que são atraídas pela água e "caudas" que são por ela repelidas" (CAPRA, 1997, p. 155).

Outro tipo de agrupamento semelhante pode se desenvolver, quando as condições de concentração, temperatura e estrutura química do meio forem favoráveis, é o agrupamento chamado de Micela Reversa, nele as cabeças ficam voltadas para o centro (interior do agrupamento) e as caudas ficam para fora.

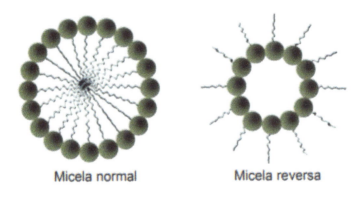

Figura 47 – Micela e Micela Reversa
https://xdaquestao.com/questoes/1476566

De acordo com Deamer e Monnard[44]:

> An important aspect of this argument is that the prebiotic availability of such amphiphiles has been established. Carbonaceous meteorites contain a rich mixture of organic compounds that were

---

44 **Tradução livre**: Um aspecto importante deste argumento é que a disponibilidade prebiótica de tais anfifílicos foi estabelecida. Os meteoritos carbonáceos contêm uma rica mistura de compostos orgânicos que foram sintetizados abioticamente no início do sistema solar, e essa mistura pode ser usada como um guia para os tipos de orgânicos que provavelmente estavam disponíveis na Terra primitiva, entregues durante a acreção tardia [colisões de cometas, por exemplo] ou sintetizados na superfície da Terra. Por exemplo, Miller (1953) demonstrou pela primeira vez que os aminoácidos são sintetizados em misturas de gases reduzidos que são quimicamente ativados pela colisão de fontes de energia livre, como descargas elétricas. A conjectura de que reações semelhantes poderiam ocorrer no início do sistema solar [em planetas gasosos e suas luas] foi confirmada pela descoberta de uma variedade de aminoácidos no meteorito Murchison (Kvenvolden et al.,1970).

synthesized abiotically in the early solar system, and this mixture can be used as a guide to the kinds of organics that likely were available on the early Earth, either delivered during late accretion or synthesized at the Earth's surface. For example, Miller (1953) first demonstrated that amino acids are synthesized in mixtures of reduced gases that are chemically activated by impinging sources of free energy such as electrical discharge. The conjecture that similar reactions could occur in the early solar system was confirmed by the discovery of a variety of amino acids in the Murchison meteorite (Kvenvolden et al., 1970).

(DEAMER e MONNARD, 2002, p. 197)

Está bem caracterizado que compostos anfifílicos tenham sido produzidos nos primórdios do Sistema Solar, na nebulosa pressolar ou mesmo na superfície planetária da Terra ou em algum outro planeta do Sistema Solar, a partir de compostos menos complexos. De qualquer forma, como já enfatizamos, o material orgânico necessário para o desenvolvimento da vida na Terra, pode ter tido origem exógena ou endógena como demonstraram os experimentos de Zita Martins. Nesse caminho que estamos pavimentando, avançamos mais um pouco, cabe agora encontrar o abrigo adequado para essa evolução.

Lipossomas são construções de bicamadas baseadas em lipídios[45] que se fecham sobre si mesmos criando um compartimento interior isolado do meio.

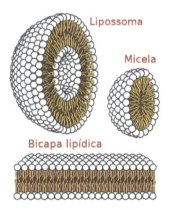

Figura 48 – Formações espontâneas a partir de uma concentração crítica em solução aquosa – https://pt.wikipedia.org/wiki/Lipossoma

---

45 **Lipídeos** são moléculas relativamente pequenas, que apresentam cabeça hidrofóbica e cauda hidrofílicas, ao se misturarem à água, formam espontaneamente os seguintes agregados: micelas, bicamadas e lipossomas.

SILVA (2010, 19) apresenta o termo lipossoma da seguinte forma:

> O termo lipossoma foi utilizado pela primeira vez nos anos 60 para definir agregados esféricos, que se formavam espontaneamente quando na adição de água a filmes lipídicos secos (BANGHAN et al., 1965). Estes filmes lipídicos conhecidos como anfifílicos quando em contato com excesso de água, por processos entrópicos, se unem formando vesículas fechadas provocando uma internalização da região lipofílica criando um compartimento interno aquoso (SEGOTA e TEZAK, 2006).

Já Foi dito, mas é sempre bom lembrar, que processos físicos, químicos e biológicos podem apresentar diminuição local de entropia, isso não significa que a auto-organização micelar esteja em desacordo com a Segunda Lei da Termodinâmica, evidentemente que uma diminuição local da entropia deve ser (e será) compensada por um aumento. Como diz ISRAELACHVILI (2011, p. 163) ao se referir à auto-organização de moléculas hidrofóbicas em solução aquosa: "Embora seja verdade que a junção das moléculas hidrofóbicas (soluto) está associada a uma diminuição em sua entropia de mistura, isso é mais do que compensado pelo aumento da entropia configuracional das moléculas de água (solvente)".

Esses lipossomas ao se formarem, bicamadas que se fecham sobre si mesmas, podem capturar parte da solução onde estão se formando, essa solução, por sua vez, pode conter os componentes adequados e em concentrações que venham a permitir que reações químicas se desenvolvam e produzam componentes cada vez mais complexos. Por exemplo, uma vesícula lipossômica poderá dar o abrigo necessário a uma mistura que contenha, entre outros, aminoácidos em suspensão. Vesículas formadas por ácidos graxos de cadeias curtas, poderiam ter existido em ambientes pré bióticos onde existisse concentração de anfifílicos, um conjunto considerado importante na formação de membranas rudimentares.

As estruturas "macias" que se formam a partir de agregados moleculares lipídicos, são da maior importância, uma vez que a sua flexibilidade permite alterações no seu interior que não seriam possíveis se suas estruturas fossem rígidas ou sólidas.

CAPÍTULO QUINTO

> [...] olharemos para as interações de agregados moleculares, como micelas, micro emulsões, bicamadas, vesículas, membranas biológicas e macromoléculas, como proteínas. A maioria dessas estruturas forma-se prontamente em solução aquosa através de *auto associação* espontânea ou *automontagem* de moléculas *anfifílicas*. (ISRAELACHVILI, 2011, p. 503)

> [...] Assim, se as condições da solução, como a concentração de eletrólitos ou o pH, de uma suspensão aquosa de micelas ou vesículas forem alteradas, isso não só afetará as interações entre os agregados, mas também afetará as forças intermoleculares dentro de cada agregado, modificando assim o tamanho e a forma das próprias estruturas [que são flexíveis]. (IDEM)

> [...] Estruturas anfifílicas podem ser duras e sólidas, mas são mais frequentemente macias ou fluidas, com as moléculas em constante movimento térmico dentro de cada agregado: torcendo, girando, difundindo e balançando para dentro e para fora da superfície. Assim, ao contrário das partículas coloidais, as estruturas anfifílicas macias não têm tamanho ou forma definidos, mas apenas uma distribuição sobre algum valor médio. (Op. Cit., p. 535) – tradução livre.

Essa flexibilidade estrutural apresentada por vesículas lipossômicas, é uma vantagem importante, pois permitem uma variedade de formas e tamanhos muito favoráveis para o sequestro de parte das soluções onde se encontram e para o desenvolvimento de ambientes que buscamos encontrar. Além de variedade de formas e tamanhos, a montagem dos lipossomas é, também, muito dinâmica o que sugere que o crescimento, a junção e a bipartição delas, sejam fenômenos comuns nas soluções onde a concentração crítica para suas formações ocorra.

> Observe que, esses tipos de transições de fase surgem de forças repulsivas *entre agregados,* onde os agregados estão tentando se afastar o mais possível dentro de um volume confinado de solução, as diferentes fases formadas preenchem todo o volume da solução. [...] veremos que transições estruturais semelhantes também ocorrem devido a mudanças nas forças entre as moléculas anfifílicas dentro dos agregados, decorrentes de mudanças em suas propriedades de embalagem molecular (formas geométricas preferidas) quando as

> condições da solução são alteradas. [...] Em contraste, quando as transições estruturais são causadas por forças de interação *atrativa*, as estruturas maiores podem agora separar ou coexistir com os agregados menores ou monômeros em solução. (Op. Cit, p. 529).

A forma, o tamanho e quantidade de alterações observadas nos lipossomas (vesículas lipossômicas) dependem fundamentalmente da variação dos parâmetros da solução aquosa à qual estão sujeitas. Tais parâmetros são a temperatura, o ambiente iônico, o tamanho da cadeia molecular, concentração de sal, tipo de molécula lipídica, presença de moléculas de Fósforo, o PH da solução, mas pode haver outras variáveis, como restrições geométricas e o próprio resultado das reações químicas interiores às vesículas.

As camadas lipossômicas têm ainda, a propriedade de serem permeáveis, mas seletivas, ou seja, permitem que alguns componentes externos da solução aquosa entrem, ao mesmo tempo que impedem a passagem de componentes internos para fora, mecanismo que, além de suprir o interior com elementos necessários ao desenvolvimento de estruturas mais complexas, permite o fluxo positivo de energia para que os ciclos catalíticos de crescimento virtuoso sejam abastecidos.

Vale destacar que essa mesma permeabilidade permite, ainda, que algumas moléculas de proteína tanto do meio externo quanto as formadas no interior vesicular, possam se agregar à camada da proto membrana lipídica e transformá-la, permitindo uma nova geração de vesículas com estrutura diferenciada e proteica.

Essas reações de ciclos catalíticos ocorrem em geral num curto intervalo de tempo, dezenas de anos a meses, dias e minutos há, portanto, um ingrediente estatístico/probabilístico, o que nos leva à abordagem sistêmica, ou seja, não é possível escolher alguns lipossomas e deles tirarmos nossas conclusões, precisamos fazer uma abordagem de caráter holístico, que leve em consideração o conjunto, no qual, milhões de lipossomas se formam em uma solução e que bilhões de reações acontecem nos seus interiores, num determinado intervalo de tempo. Esse tempo ao qual me refiro é aquele decorrido entre o cessar das grandes colisões e o aparecimento das primeiras organizações autorreplicantes, aproximadamente 300 milhões de anos.

CAPÍTULO QUINTO

Nesse intervalo, não só pode ter ocorrido milhões de reações levando à constituição um complexo organizado autorreplicante, como esse processo pode ter se repetido inúmeras vezes em locais distintos e não necessariamente simultâneos.

Agora, precisamos escolher entre um ambiente sem água ou com água, no qual estruturas auto-organizadas possam se desenvolver.

Em certas circunstâncias, alguns minerais, poderiam oferecer um ambiente razoavelmente favorável, contudo, a polimerização de aminoácidos produziria (produz) proteínas com grandes quantidades de aminoácidos do Grupo R, esse não é o caso das proteínas encontradas nos seres vivos, dessa forma, escolheremos o ambiente com água, mas quanto de água?

> Os minerais adsorvem[46] muito mais aminoácidos com grupos R carregados que não carregados, portanto, a subsequente polimerização destes aminoácidos poderia produzir peptídeos/proteínas com uma grande quantidade de aminoácidos com grupos R carregados. Porém, as proteínas dos seres vivos atuais são constituídas de 74% de aminoácidos com grupos R não carregados. (ZAIA e ZAIA, 2006, p. 787).

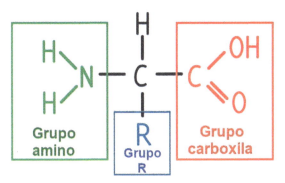

Figura 49 – Estrutura básica de um Aminoácido

O ambiente que parece ser adequado à formação de lipossomas e capaz de manter essa constituição pelo intervalo de tempo necessário, permitindo que no interior lipossômico ocorra o crescimento de complexidade e consequente formação de moléculas de proteína, de ácidos nucleicos e, por fim, a

---

46 **Adsorção** é a adesão de moléculas de um fluido a uma superfície sólida

produção de ácidos ribonucleicos (RNA) e desoxirribonucleicos (DNA), deve ter sido poças de água onde a evaporação ocasionou o aumento das concentrações dos elementos necessários a esse desenvolvimento. Essas poças, podem ter ocorrido em lagos e lagoas rasas ou em formações oriundas das marés em regiões próximas ao mar.

Alguns cientistas argumentam que nessas poças "salgadas" esse processo não poderia ocorrer devido à quantidade de elementos iônicos na solução (Na^+Cl^-, sal de cozinha, por exemplo), contudo, é importante ressaltar que na Terra pré biótica, os mares não eram tão salgados, considerando que foram as chuvas e as glaciações que acabaram por conduzir esse cristal – Cloreto de Sódio – para os oceanos. Não obstante, as águas das lagoas rasas parecem ser excelentes candidatas.

Encontramos os abrigos e os ambientes, sigamos em frente, precisamos entender a autorreplicação.

Já observamos que entre o inanimado e o vivo existe o vírus, sugiro que entendamos um pouco a respeito dessa personagem para compreendermos como ele se encaixa nessa história.

Vírus

Dissemos de passagem que o vírus está entre o inanimado e a vida autorreplicante, desde 2003 com a descoberta de vírus gigantes, conhecidos como mimivirus, muitos cientistas inclinaram-se a revisar esse ponto de vista, não obstante ele está no limiar entre o inanimado e o autorreplicante.

Vejamos inicialmente o que é um vírus. São organismos microscópicos considerados simples e de tamanho muito diminuto. Simplicidade é um conceito relativo, é simples quando comparado a uma organela que já tem a capacidade de se autorreplicar, mas é bem complexo quando comparado às nossas vesículas lipossômicas, que são ainda menores.

Eles não conseguem se reproduzirem quando estão isolados, para sua reprodução precisam parasitar uma célula, um microrganismo unicelular, como uma ameba, por exemplo. Fora desse ambiente celular eles são estruturas químicas estáticas.

A estrutura viral é, basicamente, composta de um conteúdo interno chamado de genoma que contém um RNA ou um DNA e um invólucro chamado

CAPÍTULO QUINTO 153

de capsídeo, geralmente uma estrutura simétrica (lembrem dos exemplos de simetria) e de constituição proteica. Entretanto, há uma enorme variedade de genomas e geometrias de capsídeos, bem como, variedade de tamanhos. Os menores, que compõem a maioria, tem tamanho entre 15 e 20nm (nanômetros[47]), os maiores podem atingir 450nm esses são os vírus gigantes, os mimivírus. O genoma é composto ou por um ácido ribonucleico (RNA) ou por um ácido desoxirribonucleico (DNA), portanto, temos vírus RNA e vírus DNA. Os menores vírus, que são a maioria, são vírus RNA, cuja molécula é de cadeia simples. Os vírus DNA possuem moléculas de cadeia dupla.

O capsídeo, formado principalmente por proteína, constitui a capsula que dá proteção ao genoma, contudo, alguns vírus apresentam um envelope que recobre o capsídeo, esse envelope é lipídico e há concordância de que esse envelope seja resultado de membranas celulares, adquiridas pelo vírus no processo chamado de brotamento, quando um vírus invasor sai da célula invadida.

O processo de replicação viral nem sempre tem sucesso e pode resultar em partes da estrutura viral, conhecidas como Partículas Víricas Anômalas, os processos de replicação são afetados pela variação dos parâmetros do meio em que se encontra, como temperatura e PH, entre outros.

Para se replicar, o vírus cumpre, as seguintes etapas: 1) adsorção, que é a ligação do vírus à membrana celular; 2) penetração, que é transposição do exterior para o interior da célula onde acontece o desnudamento, ou seja, o vírus perde o capsídeo e libera o genoma que invade o núcleo da célula; 3) replicação, há diversas formas de replicação, que dependerá não só da constituição nuclear da célula, mas principalmente do tipo de vírus, é nesse processo que o vírus replica e codifica suas próprias enzimas; 4) maturação, que pode ocorrer no citoplasma da célula ou no próprio núcleo celular e 5) o brotamento, que pode ou não carregar parte da membrana celular produzindo o envelope do novo vírus.

Mas, como surgiram os vírus?

Alguns autores sugerem que os vírus surgiram antes que algumas organelas primitivas autorreplicantes, outros defendem que eles surgiram depois, como um produto dessas mesmas organelas iniciais.

---

47   1 **nm** (corresponde à milionésima parte de um milímetro) = 0,000.001 mm

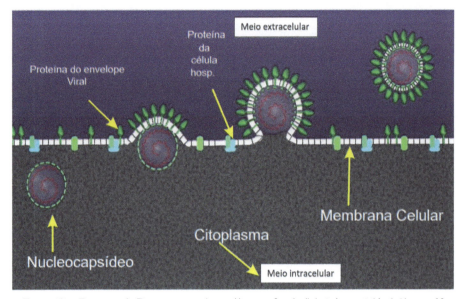

Figura 50 – Processo de Brotamento – https://www.ufrgs.br/labvir/material/aula2bvet.pdf

Seguindo nosso propósito, escolhemos o caminho no qual o vírus tenha surgido antes do primeiro ser autorreplicante.

Não sabemos exatamente como tudo possa ter ocorrido, o que podemos fazer é trilhar o caminho do verossímil, para o que possa ter ocorrido nas condições existentes na Terra primitiva e pré biótica. Há um longo caminho saindo de vesículas lipossômicas para chegar à construção de um vírus e daí à autorreplicação, contudo, muitos concordam que esse seja um caminho possível.

Membranas construídas por duas camadas lipídicas podem formar ambientes adequados para o desenvolvimento de nucleotídeos e ácidos nucleicos, entretanto, ao se formarem, essas estruturas químicas complexas, tendem a romper a parede lipossômica e isso pode ser um obstáculo, pois o material perdido para o exterior, deixaria de ter a proteção para as subsequentes e necessárias reações bioquímicas que, sem as quais, o processo de ciclo catalítico cessaria.

Penso que é, justamente, nesse ponto que se pode pensar no surgimento do vírus, lembremos sempre que o cenário deve ser observado pela visão sistêmica e, nesse cenário, milhões, talvez bilhões de reações estivessem acontecendo, dessa forma, pode-se pensar que antes de romper as paredes de uma vesícula lipossômica, algum ácido nucleico possa ter tido ocasião para sintetizar

CAPÍTULO QUINTO

alguma proteína. Uma vez sintetizada uma proteína ela pôde ter se instalado na parede lipossômica e essa nova construção pode ter sido robusta o suficiente para manter a integridade da proteção, agora lipoproteica.

> Uma membrana biológica é uma estrutura dinâmica. Tanto os lipídios, quanto as proteínas se movem rapidamente no plano da membrana [...], também, ocorrem domínios heterogêneos e agrupamentos locais de lipídios e proteínas [...] (ISRAELACHVILI, 2011, p. 560).

Não obstante, presumo, o mesmo mecanismo pode ter se desenvolvido nas membranas lipossômicas a partir da síntese de proteínas e levado a formação de componentes virais e em seguida os próprios vírus.

Há um conceito que ajuda a compreender esse processo evolutivo abiótico, é o Modelo Quase-espécie, ele explica a evolução de entidades abióticas dentro da estrutura da físico-química, são conjuntos autorreplicantes, porém sem código de replicação, ou seja, os conjuntos gerados não são necessariamente iguais aos geradores, sua característica marcante é a alta taxa de mutação. Esse processo se parece com o crescimento em complexidade que se espera de um ciclo catalítico.

Desde 2003, quando os primeiros mimivirus ganharam destaque na pesquisa científica, muito se descobriu sobre os mecanismos que envolvem os mimivirus e os demais vírus. Uma descoberta importante é o fato de que vírus gigantes podem ser infectados por vírus DNA menores, conhecidos por virófagos.

Já se descobriu muito sobre a química da Terra pré biótica e, com certeza, muito ainda será descoberto, entretanto, não creio que seja possível uma descrição completa e definitiva. Estamos afastados por um intervalo de tempo de 3,8 bilhões de anos e, talvez, nunca conheceremos os detalhes de tal ambiente, justamente detalhes que podem ter sido decisivos na evolução do inanimado para o vivo.

O que se pode fazer são avalições e conjecturas, considerando-se o que se tem hoje na Terra e o que se poderá descobrir em outros planetas que estejam em estágios similares ao de nossa Terra primitiva, contudo, não há como garantir que o que temos hoje tenha as mesmas propriedades do que existiu há

3,8 bilhões de anos, nem mesmo que outro planeta passe ou tenha passado por etapas iguais às da nossa Terra.

O que se pretende é sempre chegar o mais perto possível daquilo que possa ter ocorrido, um conjunto de conjecturas que demonstre verossimilhança, um caminho que não rompa o fio condutor de nossa história. Nesse contexto, as vesículas lipossômicas são excelentes candidatas, bem como as lagoas rasas onde elas possam ter se desenvolvido, aliás, já se verificou em laboratório que a desidratação e subsequente reidratação de vesículas lipossômicas, são mecanismos potencializadores dos ciclos catalíticos, isso parece ser um evento relativamente normal em lagoas rasas.

No processo evolutivo, como veremos, espécies se perderam no caminho dessa evolução e outras mais especializadas permaneceram, quando há registro fóssil o trabalho de avaliação científica é facilitado, mas quando esse registro não existe essa avaliação é quase impossível de ser efetivada. Então, é provável que elementos originais não existam mais, nem mesmo seus fósseis.

É importante compreendermos as dificuldades que existem para preencher as lacunas dessa história, mas não podemos deixar de reconhecer, ao mesmo tempo, o imenso progresso científico.

Ao nos voltarmos para o mundo das vesículas lipossômicas e as possíveis evoluções que podem ter apresentado em suas bicamadas, com as sínteses de ácidos nucleicos e consequente síntese de proteínas e essas, por sua vez, incluídas nas bicamadas lisossômicas, poderemos vislumbrar um cenário verossímil, onde algumas dessas estruturas puderam evoluir para algum tipo de vírus que hoje não encontramos mais.

Alguns tipos de vírus, que devido à concentração de elementos bioquímicos, estando em uma lagoa rasa, talvez, com os mecanismos oferecidos pela desidratação e reidratação de vesículas lipossômicas e/ou lipoproteicas, que possam ter servido de abrigo para esses vírus, tenham combinado seus genomas e finalmente gerado um ácido desoxirribonucleico permitindo pela primeira vez a replicação de um conjunto de eventos, até então aleatório.

Sabemos que existiu o inanimado e sabemos que existe o vivo, então, de alguma forma houve a passagem de um para o outro e, o caminho apresentado, é um caminho possível. Milhões de vesículas, bilhões de reações bioquímicas, durante, pelo menos 100 milhões de anos (considerando uma grande colisão

CAPÍTULO QUINTO

devastadora a cada 100 milhões de anos), pode ter gerado centenas, ou talvez milhares, de bilhões de possibilidades que a visão sistêmica nos permite avaliar, nada que possa ser reproduzido em um laboratório.

Finalmente a vida!

SÍNTESE

Iniciamos esse capítulo falando sobre o acabamento da Terra, como ela recebeu seus contornos finais e como a água chegou até aqui. Seguimos com o questionamento "o que significa vida?" e refletimos sobre o que é e o que não é vivo.

Retomamos a importância das grandes colisões e como a diminuição de suas frequências abriu oportunidade para o desenvolvimento das condições básicas para o surgimento da vida. Entre o seco e o molhado, escolhemos o molhado, a vida precisa da água.

Acompanhamos o experimento de Miller e pudemos observar, que o experimento de Zita Martins e colegas obteve resultado mais promissor que o de Miller na produção de aminoácidos.

Vimos que a abordagem sistêmica é uma importante ferramenta para a avaliação de processos para os quais a análise não é eficiente e, ao mesmo tempo, apresentamos o conceito de ciclo catalítico de auto organização. Nesse cenário, foi introduzido o conceito e a formação de micelas, bem como de lipossomas e concluímos que as vesículas lipossômicas podem ter oferecido o abrigo ideal para o desenvolvimento do inanimado para o vivo, passando pela etapa viral, que eventualmente tenha sido enriquecido pelo processo da "quase espécie".

Concluímos que, por ora, não é possível saber tudo a respeito de como cada etapa entre o inanimado para o vivo se deu, mas encontramos uma visão capaz de manter a integridade do nosso fio condutor.

CAPÍTULO SEXTO

Simbiose Filosófica

Um suor gelado envolve meu corpo,
uma ardência no estômago de saber tão pouco.
E a vida? Vide a bula da Filosofia:
É a junção da tristeza e da alegria.
É um misto de dor e de prazer,
é um querer e não querer,
é o jogo do ser e do não ser,
no clarão da noite, na escuridão do dia.
A vida, sem mais filosofia
é a fusão do poema com a poesia.

Marcos Cavalcanti

AGORA A VIDA

ENDOSIMBIOSE E SIMBIOGÉNESE

[...] micróbios pertencentes a grupos biológicos muito divergentes (incluindo, talvez, diferentes *domínios*) parecem ter sido capazes de trocar blocos inteiros de genes – um processo denominado permuta de genes – muito cedo. À permuta de genes, ou transferência lateral de genes, deve ter sido uma forma radical e comum de intercâmbio genético.

Brownlee e Ward

Precisamos retomar um detalhe para não perdermos a ponta do fio condutor que estamos tecendo e, ao mesmo tempo, seguindo.

Este é o penúltimo parágrafo do capítulo anterior:

Alguns tipos de vírus, que devido à concentração de elementos bioquímicos, estando em uma lagoa rasa, talvez, com os mecanismos oferecidos pela desidratação e reidratação de vesículas lipossômicas e/ou lipoproteicas, que possam ter servido de abrigo para esses vírus, tenham combinado seus genomas e finalmente gerado um ácido desoxirribonucleico permitindo pela primeira vez a replicação de um conjunto de eventos, até então aleatório.

Esse ponto de vista está sendo profundamente estudado desde quando recebeu um novo impulso dado pela bióloga estadunidense Lynn Margulis, esse novo horizonte foi descortinado pelo trabalho desenvolvido por ela no campo da endosimbiose, especificamente, a teoria que relaciona o surgimento das mitocôndrias e cloroplastos[48], considerando-os como resultado de uma endosimbiose, uma simbiose interior a um dos simbiontes.

Simbiogénese é um conceito que serve de base para a teoria evolucionária que considera que a evolução das espécies, da vida de um modo geral, não se dá somente pela forma concebida por Charles Darwin – competição e alteração devido a pressões ambientais, mas fundamentalmente, e em maior intensidade, pela simbiose ou endosimbiose.

Existem muitos cientistas, atualmente, que defendem a Teoria da Simbiogénese, entre eles podemos citar Nathalie Gontier e Francisco Carrapiço, ambos da Universidade de Lisboa e Jan Sapp da Universidade de York no Canadá.

Simbiose significa vida em comum ou viver juntos, portanto, um conceito referente à vida que já está estabelecida, há um alargamento desse ponto de vista conceitual que, carrega esse conceito para além dessa significação e o coloca em novo patamar, no âmbito da Teoria da Simbiogénese. Nesse sentido mais amplo a "simbiose" passa a ser compreendida como compartilhamento de funções, não necessariamente entre "seres viventes", mas também, entre processos catalíticos e hiper catalíticos. Como afirma CORNING (1995) apug PEREIRA et al. (2012, p. 731): "The majority of autocatalytic and self-organized phenomena are also open to natural selection, with functional synergy being the bridge connecting self-organization and natural selection (Corning, 1995)"[49].

---

48 **Mitocôndrias** são os processadores de energia da célula animal, responsáveis pela respiração celular. **Cloroplastos** são encontrados em plantas e algas, são responsáveis produção energia (açúcares) através da fotossíntese.

49 **Tradução livre:** A maioria dos fenômenos auto catalíticos e auto-organizados também estão abertos à seleção natural, sendo a sinergia funcional a ponte que conecta auto-organização e seleção natural (Corning, 1995).

PEREIRA (2012, p. 731), ainda conclui, "Como já propusemos, um cenário simbiogênico poderia ter sido responsável pelo desenvolvimento de processos pré bióticos em direção às células primitivas".

Não tenho a pretensão de exaurir o tema, mas como já disse, é preciso tatear aqui e ali de forma a continuar a tecer o fio condutor que propus construir, por isso mesmo, alguns detalhes precisam ser acrescentados. São muitos os pesquisadores que nas últimas décadas têm dedicado esforço para compreender a natureza da transformação do inanimado para o vivo, muitos deles estão considerando a inclusão da Teoria da Simbiogénese como necessária para essa compreensão. Também, já disse, que no meu entendimento, desvendar esse processo em sua íntegra, seja uma missão quase impossível, devido ao longo intervalo decorrido, cerca de 3,8 bilhões de anos, contudo há diversas ideias convergentes com a minha, no sentido de buscar um caminho do verossímil, então, usarei mais algumas linhas para clarificar essa possibilidade.

Apud PEREIRA (2012, p. 732): "Dyson (1985) sintetiza as visões metabólicas e genéticas da origem da vida, suportada pela simbiose, e propõe uma evolução prebiótica realizada pela formação independente de sistemas metabólicos e moléculas autorreplicantes, que evoluíram juntas".

Apud PEREIRA (2012, p. 732-733): "King (1977) Partículas químicas autorreplicantes, de qualquer complexidade, em um ambiente adequado, têm propriedades autorreguladoras, permitindo a sobrevivência a longo prazo".

Esses pesquisadores acreditam que peptídeos (união de dois ou mais aminoácidos) tenham compartilhado funções com ácidos nucleicos, em ciclos catalíticos, convergindo para um conjunto de "tradução" primitivo, um precursor do RNA. Isso pode ter ocorrido em vesículas lipossômicas precursoras das células modernas. Ainda, de acordo com PEREIRA et al (2012, p. 736), "devemos considerar que a vida é um complexo sistema, longe do equilíbrio, [...], com capacidades de automontagem, autocatálise, auto-organização, autorreprodução e evolução".

Todos esses pesquisadores e suas ideias são convergentes com a visão sistêmica, com os conceitos de auto-organização e de ciclos catalíticos em sistemas abertos afastados do equilíbrio, não termodinâmicos (no sentido do aumento local da entropia) e de crescimento de complexidade com fluxo positivo de energia.

Por fim, nessas últimas linhas, ficam registradas as ideias de pesquisadores sobre a importância do vírus e das *quase espécies*, PEREIRA et al (2012, p. 738) apontam que:

> O papel dos vírus também deve ser considerado na origem e na evolução inicial da vida, conforme proposto em 2010 por Villarreal e Witzany. Os autores consideram que os vírus tiveram um papel evolutivo e são os antecessores das células do tipo polifiléticas. Seguindo as ideias de Woese (2004), eles propõem a coexistência de vários LUCAs [Last Universal Common Ancestor[50]], como quasispécies baseadas e reticuladas. Esta é uma forte argumentação a favor de nossa visão simbiogênica, uma vez que postulamos a existência de vários LUCAs, várias linhagens no caminho da vida, através de interações simbióticas. A Terra primitiva era um laboratório natural onde essas linhagens efêmeras emergiram, e onde os genomas do RNA existiam, provavelmente, antes dos do DNA. Dessa forma, as variadas contribuições do Mundo Lipídico e do Mundo RNA devem ser consideradas juntas no estabelecimento das raízes iniciais da árvore da vida e com um padrão reticulado [em forma de rede] de evolução[51].

Quem foi o LUCA?

O progenota (sinônimo de LUCA) é nosso último ancestral universal comum, suas características devem ser compartilhadas com todos os seres vivos já existentes, sendo a principal delas, a reprodução por meio do DNA, além de possuírem codificadores de proteínas, os RNAs, conseguirem produzir e guardar energia. Tudo ainda muito primitivo, mas de forma geral, essas são as condições básicas para caracterizar um ser vivo desde seu início.

---

50 Último Ancestral Universal Comum (**LUCA**).

51 Tradução livre de: The role of viruses should also be considered in the origin and initial evolution of life as proposed in 2010 by Villarreal and Witzany. The authors consider that viruses had an evolutionary role and are the predecessors of cells as polyphyletic. Following the ideas of Woese (2004), they propose the coexistence of several LUCAs, as quasispecies based and reticulated. This is a strong argument in favor of our symbiogenic envision since we postulate the existence of several LUCAs, several lineages in the way to life, via symbiotic interactions. The primitive Earth was a natural laboratory where those ephemeral lineages emerged, and where RNA genomes existed, probably, before the DNA ones. This way, varied contributions of the Lipid World and of the RNA World should be considered together in the establishment of the initial roots of the tree of life and with a reticulated pattern of evolution.

CAPÍTULO SEXTO

A árvore da vida abaixo, representa esquematicamente a evolução da vida a partir de um ancestral comum, na sua base está o *procarionte*, uma "bactéria" primitiva, o primeiro ser vivo, às vezes chamado Monera.

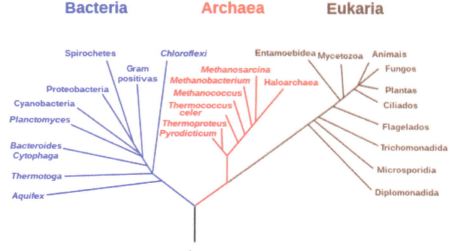

Figura 51 – Árvore Filogenética Universal
https://www.infoescola.com/biologia/ancestral-comum/

Procariontes são seres unicelulares, capazes de autorreplicação codificada, isto é, um código genético que promove, no indivíduo reproduzido, as características do indivíduo reprodutor, esses seres são anucleados, sem núcleos, ou seja, o material do genoma está no citoplasma que é simplesmente o interior de uma membrana.

Os três grandes grupos que compõem a árvore filogenética são: i) Bactéria, ii) Archaea e iii) Eukaria, de fato, atualmente, há outras subdivisões e divisões propostas, mas para o fim a que nos propusemos essas três divisões são suficientes. As bactérias que compõem o grupo Bactéria e as archaeas continuam com características morfológicas e funcionais muito próximas às do procarionte primordial, ainda que apresentem composições bioquímicas bem distintas entre si, enquanto os eucariontes já apresentam modificações morfológicas, estruturais, funcionais e bioquímicas muito diferentes.

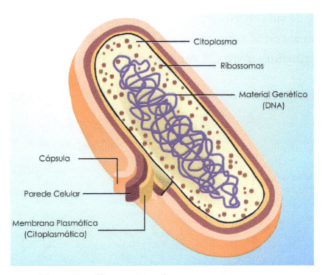

Figura 52 – Esquemático de um procarionte monera

Os registros fósseis mais antigos, são filamentos bacterianos procariontes, encontrados na Austrália e no sul da África, eles têm cerca de 3,5 bilhões de anos e referem-se a estromatólitos – O nome deriva do grego, *stroma* (colchão) e *lithos* (pedra) – literalmente rocha em camadas. Contudo, acredita-se que indivíduos procariontes archaea, também, tenham habitado a Terra primitiva de forma simultânea às bactérias.

Estavam lá as lagoas rasas e seus novos habitantes, os procariontes moneras e, talvez, uma grande tempestade tenha feito a lagoa transbordar e parte de seus habitantes foi parar nos oceanos. Munidos de aparelhamento básico para a replicação, contando com as grandes perspectivas da simbiogénese, novas e eficientes membranas, esses indivíduos unicelulares sofreram alterações que permitiram sua adaptação em locais inimagináveis.

CAPÍTULO SEXTO

165

Figura 53 – Estromatólitos – Shark Bay Austrália Ocidental
https://www.bbc.com/portuguese/vert-tra-55905807

Enquanto as bactérias populam quase todos os recantos do planeta, as archaeas se desenvolveram para ocupar nichos onde nenhum outro habitante escolhera, esses unicelulares vivem em locais extremos e, por isso, são conhecidos como extremófilos, como explica LOPES (2014, p. 79)

> Antes consideradas como bactérias restritas a ambientes extremos e, por isso, chamadas extremófilas, hoje se sabe que há bactérias extremófilas e arqueas em condições ambientais não extremas. Há muito a ser descoberto sobre esses micro-organismos, mas claramente a arquea é um grupo notoriamente diverso e de grande sucesso evolutivo.

Ainda que alguns grupos de archaeas sejam encontradas em locais "não muito" extremos, como salinas, locais com temperaturas ao redor de 60ºC e pH[52] entre 1 e 2, a maioria se encontra em ambientes realmente extremos de

---

52 O **pH** é uma escala de 0 a 14 utilizada para determinar o grau de acidez/alcalinidade de uma solução, sendo possível classificá-la como ácida (**pH < 7**), alcalina (**pH > 7**) ou neutra (**pH = 7**). Por exemplo, a saliva tem pH neutro (7). A escala é logarítmica, o que significa que a variação de uma unidade, implica um fator de 10 vezes. Logo, por exemplo, o pH 3 indica acidez 10 vezes maior do que o pH 4.

elevadas temperaturas, pressões enormes, ambientes muito ácidos ou muito alcalinos, ausência de luz ou de frio intenso.

Podem ser citados alguns dos locais onde foram encontrados extremófilos: Parque Yellowstone (nos Estados Unidos) – zonas de vulcanismo hidrotermais terrestres com temperaturas ao redor de 90°C; Rio Tinto na Espanha com pH entre 1,5 e 2 com altas concentrações de sulfatos e metais pesados; Lago Vostok, na Antártida, onde foram encontrados extremófilos há 4.000 metros de profundidade com ausência de luz e a uma temperatura de 89°C negativos na superfície; Regiões vulcânicas, como a praia da Ilha do Vulcão na Itália, com temperatura de 115°C e em Chaminés hidrotermais vulcânicas submarinas onde extremófilos foram encontrados em ambientes de alta pressão, ausência de luz, temperaturas acima de 100°C e com pH extremo.

Entre o surgimento dos primeiros procariontes (monera), há 3,5 bilhões de anos, e o surgimento do primeiro eucarionte, por volta de 2 bilhões de anos, há um intervalo de 1,5 bilhões de anos, nos quais, as bactérias e, supostamente, as archaeas reinaram absolutas, era um mundo procarionte. Isso nos deve pôr a pensar, não concordam?

Para ir do inanimado para o vivo, o processo que consideramos até o capítulo quinto, a Terra suportou momentos de grandes devastações e, com possibilidade da interrupção do crescimento de complexidade bioquímica por mais de uma vez. Isso pode ter deixado uma janela de apenas 100 milhões de anos, contudo, suficiente para atingir o grau de complexidade da autorreplicação codificada, a vida.

Entretanto, para o desenvolvimento do primeiro eucariota, um ser unicelular de maior complexidade, foi necessário um intervalo de 2 bilhões de anos.

Procariotas são organismos unicelulares microscópicos de relativa simplicidade organizacional e morfológica, não possuem organelas internas, são anucleados, sua reprodução é assexuada e são geralmente anaeróbicos. Nos **eucariotas** há uma complexidade estrutural e bioquímica relevante, apresentam organelas em um citoplasma e possuem um núcleo, também, envolto em membrana, na sua maioria são aeróbicos e não suportam ambientes extremos. Os eucariotas desenvolveram a reprodução sexuada há, aproximadamente, 1 bilhão de anos.

CAPÍTULO SEXTO

Uma boa razão para um intervalo tão longo foi a ausência de oxigênio livre na atmosfera da Terra, que deve sua presença principalmente às cianobactérias, um tipo de bactéria, que desenvolveu a capacidade de processar energia pela presença da luz, a fotossíntese, à medida que, o oxigênio produzido por bactérias, foi acumulando-se na atmosfera grandes transformações tiveram ocasião, por exemplo, alguns procariontes anaeróbicos experimentaram a extinção, outros tiveram que se adaptar e, nesse cenário, surgiu o eucarionte.

A passagem de procarionte para eucarionte, pode tanto ter se dado pela via da evolução darwiniana, pela pressão ambiental, quanto pela simbiogénese ou por ambas! Seja como for, esse desenvolvimento demonstra como a evolução da vida pode enfrentar mais dificuldades do que o seu surgimento.

Antes que alterações, de unicelulares para multicelulares, ocorressem, muitas diferenciações preliminares tiveram que acontecer. Pode-se destacar a diferenciação celular eucariota entre célula animal e célula vegetal, para essa modificação espetacular há consenso, todos concordam com Lynn Margulis, tanto mitocôndrias quanto cloroplastos, tiveram uma relação de endosimbiose com células eucariontes, resultando em células animais e em células vegetais, respectivamente.

Embora, a cronologia apresentada acima pareça ser a mais lógica para o desenvolvimento que acompanhamos, não encontrei informação que a garanta. E, como em matéria de vida, há sempre surpresas aparecendo, não creio que seja essa a cronologia definitiva, ou pelo menos, a única possível. Em matéria de surpresas, vejamos um bom exemplo, a foto que segue é de um ser vivo surpreendente, o Physarum Polycephalum.

Figura 54 – Foto https://prismacientifico.files.wordpress.com/2014/04/physarum_polycephalum2.jpg

> O *Physarum polycephalum* é um protista [um eucarionte que não é nem planta, nem animal, nem fungo] com diversas formas celulares e ampla distribuição geográfica. [...] Durante estágio plasmodial do seu ciclo de vida esse organismo vivo é um sincício multinucleado macroscópico amarelo brilhante. Esta fase do ciclo de vida, juntamente com a sua preferência por habitats sombrios úmidos, provavelmente contribuiu para a descaracterização original do organismo como um fungo. *P. polycephalum* é usado como um organismo modelo para pesquisas em motilidade, diferenciação celular, quimiotaxia, compatibilidade celular e ciclo celular.
>
> https://pt.wikipedia.org/wiki/Blob_(ser_vivo), acessado em 01/09/2022

Esse protista (um eucarionte) tem retomado o interesse dos pesquisadores, especialmente após a publicação feita pelo pesquisador japonês, Toshiyuki Nakagaki, em 2000, que no seu experimento demonstrou que esse indivíduo gigante e viscoso (um tipo de bolor amarelo brilhante), multinucleado e unicelular, é capaz de resolver problemas, como o problema do caminho mínimo[53], mesmo não tendo um sistema nervoso central. Isso despertou o interesse para o entendimento da origem da inteligência e da cognição. Nakagaki colocou o limo amarelo num labirinto, o limo escolheu o menor caminho entre o ponto onde estava e sua comida (ele não tem membros de locomoção, mas se move lentamente).

De acordo com BRIX e OETTMEIR (2017),

> Os mecanismos básicos com os quais os organismos percebem seu ambiente, integram essas informações e tomam decisões com base nessa entrada são investigados. O objetivo é encontrar mecanismos universais subjacentes de tomada de decisão e conscientização. Se esses mecanismos puderem ser encontrados em um organismo tão primordial quanto um molde de limo, isso poderia

---

53   O problema do **caminho mínimo**, o mais curto, consiste em encontrar o menor caminho entre dois pontos dados. Para saber mais consulte: https://pt.wikipedia.org/wiki/Problema_do_caminho_m%C3%ADnimo

CAPÍTULO SEXTO

mudar fundamentalmente nossa percepção da natureza e evolução da cognição[54].

ORGANIZAÇÃO MULTICELULAR

Aceita-se que o desenvolvimento dos eucariontes unicelulares para multicelulares aquáticos (os primeiros seres com mais de uma célula), tenha sido quase imediata, notadamente, não há registro fóssil para esse evento de transição, essa estimativa é devida ao sequenciamento genético e de proteínas encontradas em animais atuais. Os primeiros fósseis multicelulares, não microscópicos, desses animais só foram encontrados em estratificações que estão próximas do início do Eon Farenozóico, datados de, aproximadamente, 590 milhões de anos atrás. Uma proliferação maior teve oportunidade entre 550 e 540 milhões de anos atrás, mas na transição para o Período Cambriano (entre 541 e 485 milhões de anos atrás), muitos não sobreviveram.

De toda forma, acredita-se que o desenvolvimento de um eucariota unicelular para um multicelular, ainda microscópico, tenha se dado por três processos a saber, pelo processo de agrupamento em **colônias**, pelo processo de **celularização** e pela **simbiose/endosimbiose.**

---

54 **Texto original:** The basic mechanisms by which organisms perceive their environment, integrate this information, and make decisions based on that input are investigated. The aim is to find underlying universal mechanisms of decision-making and awareness. If these mechanisms can be found in an organism as primordial as a slime mold, it could fundamentally change our perception of the nature and evolution of cognition.

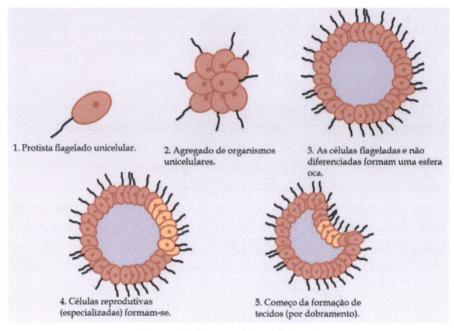

Figura 55 – Esquema Teoria Colonial
https://pt.m.wikipedia.org/wiki/Ficheiro:Teoria_colonial.png

Alguns indivíduos, aos poucos, foram recebendo diferenciações que permitiam a superação de dificuldades da colônia, e essas especializações não permitiam mais a dissolução do grupo.

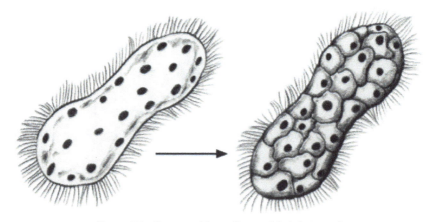

Figura 56 – Esquema Teoria Sincicial (celularização)

CAPÍTULO SEXTO

Contudo, há outras teorias que defendem essa evolução do protozoário (unicelular) para o metazoário (multicelular), dentre elas destacam-se a Teoria Sincicial ou da Celularização, nela uma célula original ganharia divisões internas e crescimento em direção a um novo indivíduo multicelular com diferenciações celulares; e a Teoria Simbiótica, que estaria sintonizada com a Simbiogénese.

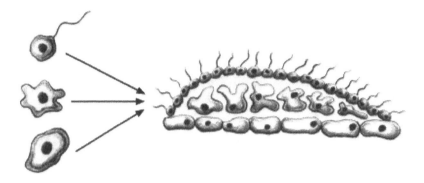

Figura 57 – Esquema Teoria da Simbiose

Cada uma delas explica alguns aspectos, mas deixa outros escaparem, não há consenso. Talvez, tenha existido mais de um processo ou mesmo a combinação de mais de um. Considerando a visão sistêmica em um ambiente com milhares de milhões de indivíduos e uma relativa estabilidade de centenas de milhões de anos, muitas associações podem ter ocorrido.

Desde o Big Bang, até aqui, já seguimos um longo, maravilhoso e incrível caminho, desde os primeiros instantes de formação do Universo, já ficaram para trás aproximadamente 12,5 bilhões de anos, mas nossa aventura continua e à medida que mais perto chegamos dos nossos dias, mais informações surgem e novas aventuras irão se juntar às já vividas.

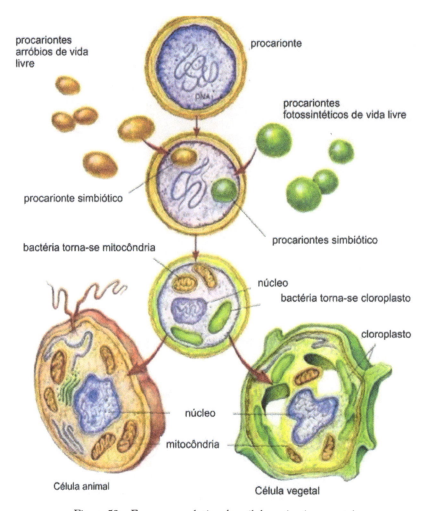

Figura 58 – Esquema evolutivo das células animais e vegetais

Como já disse, este não é um livro de História, de Astrofísica ou de Biologia, é antes de tudo um livro que pretende suscitar a reflexão e fazer a busca pela verdade no sentido filosófico que a palavra Filosofia carrega (filosofia: do grego amor pela sabedoria e pela verdade). Nesse sentido, deixei sempre bem claro que as conjecturas são essenciais e que são presenças necessárias no estofo científico, uma conjectura nos moldes do filósofo Karl Popper. Não obstante, dada à minha formação, permaneço fiel na trilha da ciência. Haverá oportunidade de colocar a palavra "verdade" no banco dos réus, por ora, deixo

CAPÍTULO SEXTO

essa instigante provocação para aumentar, ainda mais, as possibilidades reflexivas e reflexionantes.

Neste caminho construído, passo a passo, que determina uma possibilidade verossímil, chegamos ao mundo dos eucariotas e aos possíveis mecanismos que deram oportunidade aos eucariotas unicelulares evoluírem para eucariotas multicelulares. O mundo das bactérias e archaeas sofreram poucas alterações desde seus surgimentos, uma estabilidade impressionante, permanecem organismos de morfologia muito simples, unicelulares, sem núcleos e muitas vezes organizados em colônias que não evoluíram para formar indivíduos multicelulares, como ocorreu com os eucariontes.

O mundo que exploraremos, daqui para diante, será justamente o mundo dos eucariontes, ao qual pertencemos. Um mundo de grandes complexidades, variações, especificidades e surpresas de todo tipo.

Eucariontes Multicelulares e a explosão da vida

Agora, TERRA, nos diga
O que tens para nos mostrar
Por que tanto se gabou
Entre nós nove, se destacou
E agora estás a chorar?

Tenho água, tenho solo
Tenho praia, tenho mar
Borboletas multicores
Entre as flores a voejar

Tenho serras e montanhas
Abismos em minhas entranhas
Tamanhas planícies e vales
Rios, bosques, virgens matas
Cachoeiras e cascatas
Arroios a murmurar

Tenho cobra e passarinhos
E, também, bichos estranhos
De toda forma e tamanho
Uns são bem pequenininhos
Outros grandes e gordinhos
Uns se destacam pela cor
Outros tantos pela forma
Mas estão dentro da norma
Regidos por meu amor

**Trecho do Poema: Assunto Interplanetário de
Violeiro Mineiro Capiau**

Ainda hoje encontramos eucariontes unicelulares, todavia, uma grande maioria evoluiu para seres com mais de uma célula, entre os unicelulares estão os protozoários, os fungos e as algas. Para servir de referência, alguns exemplos de eucariontes unicelulares podem ajudar nossa compreensão, a Ameba é um protozoário, a Levedura é um fungo e a Volvocales que forma o Volvox (colônia de algas dessa ordem) é uma alga verde e foto-sintetizadora.

A figura abaixo, nos resume uma história a partir de eventos considerados "divisores de água", façamos um breve acompanhamento desses eventos.

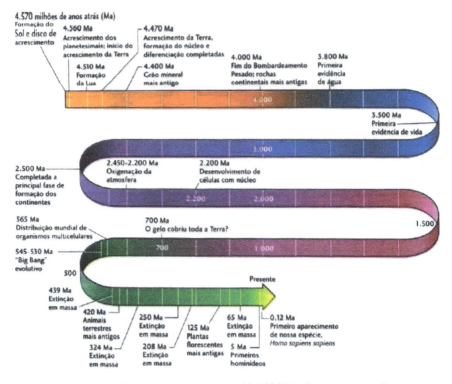

Figura 59 – Fita do tempo geológico (GROTZINGER, 2008, p. 40)

A "fita do tempo" começa com a formação do planeta, na primeira curva azul, está o ponto em que temos a primeira evidência de vida na Terra. No trecho em que a fita muda do azul para o violeta, encontramos a formação dos primeiros eucariontes, deste ponto até a curva verde, um intervalo de quase 2 bilhões de anos, até cerca de 565 milhões de anos atrás, poucos registros fósseis de eucariontes pluricelulares foram encontrados, o que nos leva a pensar sobre

CAPÍTULO SEXTO

175

a escassez de exemplares desses indivíduos associados ao fato da pouca possibilidade de conservação de corpos "moles" e de pequeno tamanho.

A figura 58 (esquema evolutivo de células animais e vegetais) que nos apresenta um esquema para o surgimento de células de plantas e de animais, através da Simbiogénese (mitocôndrias e cloroplastos), esconde, ou pelo menos não revela, algumas informações importantes, esse processo não foi simultâneo. As plantas, células vegetais, surgiram muito antes dos que as células animais, estima-se que as células vegetais tenham surgido aproximadamente 500 milhões de anos antes do que as células animais.

Isso não significa que as células vegetais sejam ancestrais das células animais, mas demonstra que a natureza precisou de mais tempo para que células mais elaboradas pudessem evoluir.

Entre 545 e 530 milhões de anos atrás, houve uma profusão da vida na Terra, entende-se profusão devido a esse curto período, considerando os grandes intervalos de tempo que temos avaliado, 15 milhões de anos pode ser considerado um intervalo curto. Nesse intervalo houve uma explosão no surgimento e diversificação de espécies animais pluricelulares e visíveis a olho nú.

Entre 700 e 540 milhões de anos atrás, houve uma glaciação[55] na Terra, a causa não é certa, mas há indícios que nesse mesmo período houve, também, muita atividade sísmica com alterações na dinâmica da tectônica de placas. Curiosamente a "explosão Cambriana" ocorreu justamente após essa glaciação. Alguns cientistas dizem que a explosão do Cambriano é consequência dessa glaciação, mas a opinião não é unânime, os que defendem essa ideia, argumentam que o degelo pode ter proporcionado uma diversidade de habitats, antes não existentes, e propiciado essa profusão de espécies. O aumento de concentração de oxigênio na atmosfera pode ter sido fator determinante para que animais maiores surgissem a partir desses eventos.

Glaciações parecem estar, estranhamente, ligadas à vida. A glaciação de registro mais antigo ocorreu por volta de 2,45 bilhões de anos, isso é, relativamente, próximo à primeira aparição de células eucariotas em 2,0 bilhões de anos atrás. Seja como for, glaciações provocam alterações físico-químicas de toda ordem e isso pode, como muito bem já avaliamos, ter dado oportunidade

---

55 **Glaciação** é o nome dado ao período em que a Terra tenha ficado com a maior parte de sua superfície coberta por espessas camadas de gelo. Existiram diversas glaciações na história da Terra.

às evoluções bioquímicas, pré bióticas, por processos de ciclos catalíticos, após a primeira glaciação. Essas alterações podem ter reincidido, de maneira a ter contribuído para a formação de novos habitats, para os recentes seres, novos habitantes da Terra, numa outra ocorrência similar.

Como Eric Hobsbawm costumava escrever, "olhando em retrospectiva" podemos fazer uma breve análise do que foi apresentado. Percebe-se que as condições básicas para o surgimento da vida, de acordo com as possibilidades e alternativas avaliadas, podem ter se conformado a partir de grandes colisões que, ainda que devastadoras, criaram ambientes com uma composição química necessária para a evolução no mundo pré biótico.

Grandes colisões, terremotos e derivas continentais, glaciações, teriam sido pontos de inflexões na dinâmica criadora da vida, desde a formação de ambientes micelares, até a simbiogénese celular. Veremos, sob esse olhar em retrospectiva, que há uma relação próxima entre a devastação catastrófica, com a profusão da vida. Se por um lado a vida surge e se desenvolve por processos afins com a simbiogénese, por outro, a pressão do meio ambiente junto com a competição entre as espécies são potencializadores desses processos. Estou convencido de que a evolução darwiniana e a teoria da simbiogénese estão necessariamente juntas no processo evolucionário da vida.

Contudo, não parece surpreender que a profusão da vida ocorra, justamente, após a ocorrências de grandes impactos sobre a existência, são eventos que forçam o desequilíbrio. Ora, os ciclos e hiper ciclos catalíticos ocorrem afastados do equilíbrio, então, é necessário um desequilíbrio para que processos auto-organizados aconteçam com diminuição local da entropia. Isso parece familiar.

Colisões, alterações importantes de temperatura, devastação e extinção de espécies, levam o sistema para longe do equilíbrio criando as condições necessárias e suficientes para uma nova organização, criando oportunidades e aumentando as variações possíveis para a vida.

Não há registro fóssil de animais pluricelulares, como já foi apontado, anterior a 545 milhões de anos, mas estudos de sequenciamentos genéticos indicam que esses seres, animais, vegetais e fungos pluricelulares já existiam, talvez, em pequenas variações de espécies e com morfologia de corpo "mole", sem esqueleto e ainda em tamanhos muito pequenos, não tenham deixado

CAPÍTULO SEXTO

registros fósseis. O surgimento de esqueleto, partes duras, com certeza propiciou a perpetuação de registro fóssil de seres mais evoluídos que, então, puderam deixar suas marcas.

Entre 545 e 530 milhões de anos atrás o cenário do registro fóssil na Terra apresenta uma inflexão nunca observada, nem antes e nem depois, no sentido de apresentar uma diversificação extraordinária da vida, marcada pelo surgimento de seres maiores, de uma forma geral, mas especialmente de grandes animais.

A Terra por volta de 550 milhões de anos atrás era muito diferente do que nossa imaginação pode alcançar, BROWNLEE e WARD (2000, p. 153) fazem uma descrição de como seria esse cenário:

> [...] a aparência do litoral próximo e das vistas do interior seria notável, não se veria nenhuma planta (ou animal). [...]. Não apenas a terra firme era estéril: se pudéssemos vadear pelo mar raso e morno, não encontraríamos nenhum peixe brilhante ou caranguejo correndo, nenhuma estrela-do-mar ou ouriço-do-mar. Não haveria mariscos escondidos na areia e quase nenhum dos outros animais que costumamos ver nos litorais de nosso mundo. Poderia haver alguns vermes ou medusas, mas nada com um esqueleto prontamente visível. Concluiríamos que esse mundo abrigava pouca vida, ou pelo menos pouca que reconheceríamos como animais ou plantas terrestres.

Tão importante quanto o surgimento de animais pluricelulares, os metazoários, foi o surgimento de vegetais pluricelulares, que acabaram por se fixar em terra firme; esse evento está registrado como tendo ocorrido por volta de 470 milhões de anos atrás. Como aponta RUBINSTEIN (2010, p. 368): "The cryptospores described here are c. 470 million yr old. Their occurrence may be considered a reliable estimate of the latest possible date for the origin of embryophytes[56].

Nada em matéria de evolução é simples e, no período do Cambriano e da "explosão do Cambriano", não foi diferente. Há uma série de eventos

---

56 **Tradução livre**: Os criptosporos (esporos de plantas primitivas) descritos aqui são de 470 milhões de anos atrás. Sua ocorrência pode ser considerada uma estimativa da última data possível para a origem dos embriófitos (plantas terrestres).

complexos, desenvolvimentos surpreendentes e teorias diversas que tentam explicar esse período tão diferente e inusitado da evolução da vida. Creio que a análise do que ocorreu nesse período, não cabe neste livro e não está em nosso propósito, mas podemos sempre fazer um esforço para obter uma visão holística e sistêmica do conjunto. Já sabemos que a visão sistêmica considera o funcionamento do conjunto e não das partes e, nessa abordagem conseguimos evoluir nosso raciocínio e nossa reflexão.

Os cientistas que tentam analisar esse período, mergulham no detalhe e, assim, surgem, explicações para as causas do evento do cambriano, que são diversas, como exemplos, as causas ambientais (citando o aumento da disponibilidade de oxigênio como determinante; aumento de disponibilidade de nutrientes; temperaturas mais moderadas; e o intercâmbio inercial, que está diretamente relacionado com um intensa deriva continental); as causas biológicas (o surgimento de esqueletos, o surgimento de corpos maiores e a ação predatória). De minha parte, considero que todo esse conjunto de coisas, mais ou menos simultâneas, tenha criado um ambiente propício ao desenvolvimento observado nesse período. Talvez, o gatilho possa ter sido o fim do período glacial, dando oportunidade, como já dissemos, ao afastamento do equilíbrio anterior, observado.

Resta-nos um último detalhe, para não perdermos o fio da meada, assim, RIDLEY (2007, p. 561-562) nos ajuda com essa explicação complementar:

> Os vertebrados fósseis mais antigos são os peixes, que datam das épocas do Cambriano ou mesmo (alguns fósseis da China, recentemente descritos) do Pré-cambriano superior. Os peixes proliferaram no documentário fóssil do Ordoviciano, mas podemos escolher a mesma história que deu início às plantas: o avanço para a terra. As evidências fósseis indicam o Devoniano superior, há cerca de 360 milhões de anos, como a época de origem dos vertebrados terrestres. Provavelmente, as plantas terrestres prepararam o caminho. Durante o Devoniano elas proliferaram às margens das águas. A presença de plantas com suas raízes crescendo para dentro d´água e a fauna de artrópodes associada a elas combinaram-se para criar um novo habitat à beira da água. Os peixes teriam evoluído para explorar aqueles recursos. O documentário fóssil revela, com excelentes detalhes, a transição evolutiva dos peixes para os anfíbios terrestres. Os anfíbios foram o primeiro grupo de tetrápodes a evoluir.

CAPÍTULO SEXTO

Tetrápodes são os animais vertebrados de quatro patas: os anfíbios, os répteis, as aves e os mamíferos. Grosso modo, "tetrápodes" e "vertebrados terrestres" referem-se ao mesmo grupo de animais.

O capítulo terceiro tem como segundo subtítulo "Universo Raro", o capítulo quarto tem, por sua vez, o primeiro subtítulo "Terra Rara", no capítulo quinto o primeiro subtítulo é "Vida Rara", isso tem um propósito, que é compreender a raridade da vida. Quem conhece um pouco de probabilidade, sabe que para eventos sucessivos as probabilidades se multiplicam, não precisamos aprofundar esse tema, mesmo para quem não entende probabilidade, basta saber que a probabilidade de um evento é sempre ≤ 1 (menor ou igual a 1), sendo que 1 representa 100% de chance de que o evento ocorra.

Em se tratando de Universo, Terra e Vida, obviamente a probabilidade é < 1 (menor do que 1). Números menores do que 1 quando multiplicados são menores do que os fatores multiplicadores, por exemplo, se multiplico 0,2 por 0,8 o resultado deve ser menor do 0,2 e é: 0,16. Portanto, se as probabilidades são multiplicadas o resultado é menor do que as probabilidades de ocorrência de cada evento separado.

Evidentemente, queremos encaminhar esse raciocínio para a convergência de ideia sobre a raridade da vida, nesse contexto de Universo Raro, Terra Rara e Vida Rara, temos eventos sucessivos que nos levam a pensar sobre quão baixa pode ser probabilidade da evolução do inanimado para a vida e da própria evolução da vida. Considerando todos os possíveis eventos sucessivos e suas respectivas probabilidades, não faremos esse cálculo, mas deve ser um número bem diminuto. Tão pequeno que alguns cientistas, diante de seus resultados, chegam a atribuir a evolução da vida a um processo inteligente e dirigido, portanto, por interferência de um criador (incriado). Superamos essa ideia no capítulo primeiro e não pretendo retomar essa discussão, mas o momento é adequado para ampliar o conceito de raridade da vida, considerando cálculos probabilísticos, que por um lado apresentam resultados por demais pequenos, induzindo o pensamento da impossibilidade, por outro lado e, evidentemente, não conseguindo incluir em suas avaliações todas as possíveis variáveis e os respectivos pesos dessas variáveis.

Pode-se dizer que a discussão é acalorada e há defensores que sabem fazer os cálculos em ambos os lados, mas um detalhe me chamou atenção, a discussão, entre os que defendem a improvável evolução natural do inanimado para o vivo, em nenhum momento inclui as condições relevantes, para mim necessárias, dos processos da simbiogénese, o que, poderia, eventualmente, reposicionar o resultado, ainda que mantendo valores muito pequenos, no campo do possível.

Uma dessas discussões calorosas se deu entre John Lennox e Richard Dawkins, como citado por SOUZA:

> Os matemáticos foram unânimes em julgar que a vida e as espécies de seres viventes não surgiram por meio de processos aleatórios. Os darwinistas reconheceram a impossibilidade de o acaso gerar a vida, mas defenderam que a seleção natural envolvia outros aspectos como a necessidade e a mutação. No entanto, o consenso comum dos matemáticos apontou uma considerável fragilidade na tese da seleção natural, de forma que ela fosse insuficiente para explicar a evolução e completamente incapaz de elucidar a origem da vida. (SOUZA, 2016, p. 69).

> A única saída do impasse probabilístico formulado por Lennox é tentar aumentar drasticamente as probabilidades. Dawkins sugere que o processo para produzir informação biológica e a origem da vida ocorreu como uma peneiração cumulativa, em que os resultados de um processo de peneiração são levados em conta no seguinte, dirigido por algo semelhante a uma lei combinando acaso e necessidade. Mas os simuladores desses processos são constituídos de mecanismos que comparam os resultados das peneirações com um alvo a ser atingido, o que é natural visto que a ideia das simulações é mostrar que a complexidade especificada nos genes pode ser produzida por processos evolutivos. Lennox então argumentou que essas simulações não mostram o que os neodarwinistas afirmam demonstrar, ou seja, que um processo cego, desprovido de inteligência e não dirigido tem o poder de produzir informação biológica. (IDEM, p. 68)

A raridade da vida está demonstrada, mas sua possibilidade de progressão natural não está excluída, isso parece incontornável, evidentemente, muitos fincarão suas posições e dificilmente concordarão com essa ideia do raro, mas possível. Há questões de foro íntimo, que criam obstáculos a pensamentos emancipatórios. Nada disso nos impede de continuar nessa jornada e procurar

CAPÍTULO SEXTO

181

a resposta para a pergunta "de onde viemos?". O caminho segue e nós, aqui do "futuro", olhando em retrospectiva para esse passado, agora menos distante, faremos o possível para continuar iluminando esse caminho com a luz da ciência, mesmo que vez por outra, façamos uma pausa para avaliar uma construtiva conjetura (metafísica).

Evolução e Extinções em Massa

Muitas vezes precisarei, como tenho feito, tocar em algum tema mais árido, seja por conta de alguns cálculos, seja por conta de nomenclaturas incomuns, entretanto, nessas ocasiões manterei meus esforços para tornar, senão agradável, o menos desagradável possível. Para continuar, não podemos contornar algumas nomenclaturas que serão necessárias para o entendimento do que se seguirá, peço que o leitor me dê a chance de apresentar esses termos ao mesmo tempo que peço sua atenção. Alguns desses termos já foram introduzidos de passagem e serão retomados com o acréscimo de outros, serei contido e moderado, no limite do possível, para não ser vazio e para que não se perca o núcleo do que se precisa saber para a compreensão do todo.

EGEFOCFIR, esse era o acrônimo que eu utilizava no curso ginasial (atual Ensino Fundamental II), para gravar a sequência das divisões hierárquicas da vida. Hoje essa escala hierárquica já sofreu alterações de complexidade (por exemplo, superior ao Reino, hoje existe o Domínio que está dividido em Bactéria, Archaea e Eucaria). O acrônimo EGEFOCFIR lido de trás para frente temos **R** de Reino, **FI** de Filo, **C** de Classe, **O** de Ordem, **F** de Família, **GE** de Gênero e **E** de Espécie. Grosso modo, lá no meu ginásio, tínhamos os Reinos animal e vegetal (hoje temos: animal, vegetal, fungi, protista e monera);

Os Filos (animais) são divididos em: poríferos, cnidários, platelmintos, nematódeos ou nematelmintos, anelídeos, equinodermos, moluscos, artrópodes e cordados; Classes (animais): dos mamíferos, das aves, dos répteis, dos anfíbios, dos peixes, dos insetos etc.; Classes (vegetais): briófitas, pteridófitas, gimnospermas e angiospermas. Observa-se que à medida em que descemos na hierarquia cresce sensivelmente o número de designações, para Ordem citarei apenas duas, para dar exemplos: Ordem Coleóptera (besouros e joaninhas) e a ordem Arecales (ordem onde se incluem as palmeiras). A Família agrupa conjunto de Gêneros e os Gêneros agrupam conjuntos de Espécies.

O que é importante compreender, disso tudo, basicamente alguns detalhes **úteis** ao nosso propósito. Primeiro detalhe importante é o fato de que a maioria dos filos surgiram no período do Cambriano. É fácil perceber que os filos são diferenciações logo abaixo dos reinos e que, evidentemente, aparecem antes das demais hierarquizações. Talvez mais surpreendente seja o fato de que outros filos não surgiram depois desse período. Segundo detalhe de destaque é que, após o Cambriano, as maiores alterações hierárquicas ocorreram no nível das espécies, que nos dá como resultado, um menor número de filos e um maior número de espécies, considerando especialmente, os subsequentes eventos de extinção em massa encontrados na história. Assim, temos uma árvore cujo número de galhos tem diminuído e o número de folhas tem aumentado. São dados que nos levam a pensar, mas não altera nossa visão sobre os fatos ocorridos.

Ocorrências de grande destruição podem, também, ensejar o desabrochar da vida, já apontamos que, por volta de 700 milhões de anos atrás, uma era glacial pode ter ocasionado a primeira extinção em massa, cujo degelo subsequente pode ter dado oportunidade à explosão do Cambriano. Vejamos, então, quais foram os eventos destrutivos mais importantes e como se desenrolaram as histórias subsequentes.

Uma extinção em massa é caracterizada por grandes perdas da biodiversidade num intervalo curto de tempo, mas não é tão simples essa classificação, pois muitas outras variáveis precisam ser consideradas nos processos de extinção, que são avaliados a partir da estratificação de rochas e de evidências fósseis. Uma perda de 75% das espécies num intervalo de tempo típico de 2 milhões de anos, configura uma extinção típica. Devemos perceber que o intervalo de tempo curto de 2 milhões de anos é um tempo imenso para quem vive por volta de cem anos, por isso, esses momentos são avaliados em retrospectiva, em sua maioria. Essa caracterização geral, não implica, contudo, que uma extinção em massa não possa ocorrer em um intervalo menor.

De forma geral, aceita-se que houve seis momentos de extinção em massa mais significativos, o primeiro tendo ocorrido entre 700 e 600 milhões de anos, antes do Cambriano e talvez tenha sido a causa da explosão de vida nele observado. Não há muitas informações sobre esse período.

CAPÍTULO SEXTO

Figura 60 – Imagem ilustrativa de um evento de glaciação

Sabe-se da explosão de vida do Cambriano, justamente, pela verificação da enorme quantidade de fósseis desse período, o que sugere que no Cambriano, também, deve ter ocorrido uma extinção em massa, o segundo evento, entre 560 e 500 milhões de anos atrás. Esse evento é cheio de incertezas dada à quantidade enorme de fósseis encontrados e ao tempo longo que nos separa desse evento, condições que juntas apresentam uma série de enigmas, para as quais os cientistas ainda não chegaram a uma conclusão, por exemplo a sua causa.

A terceira extinção em massa ocorreu entre 440 e 390 milhões de anos, no final do período Ordoviciano. É notório que nesse intervalo ocorreram outros dois momentos de extinção, com cerca de 20% de perda biótica, contudo, alguns pesquisadores as consideram num mesmo evento. De acordo com DARROCH, Simon A. F. e HULL, Pincelli a extinção desse período teria sido causada por grandes flutuações no nível do mar, que geraram imensas glaciações. O gelo se espalhou em todas as direções, o que causou grande alteração no nível dos mares, acompanhado de estresse térmico e perda de habitats, seguidas por um período de anoxia (falta de oxigênio), eximia (falta de oxigênio acompanhada de alto teor de toxidade) e aquecimento global. Esse mecanismo pode ter gerado a perda de 25% das Famílias, 60% dos Gêneros e mais de 80% das espécies.

O quarto evento destrutivo ocorreu no final do período Permiano, por volta de 250 milhões de anos atrás. Neste evento entre 80% e 90% das espécies podem ter se perdido, obviamente, a vida animal e vegetal tiveram perdas de quase totalidade. Não se conhece exatamente a causa, mas parece ter sido a liberação de enormes quantidades de CO_2 a partir de depósitos isolados do assoalho oceânico, talvez resultado do fenômeno do vulcanismo oceânico, processo que pode ter persistido por aproximadamente 100 mil anos.

A quinta extinção ocorreu por volta de 202 milhões de anos atrás, no final do período Triássico e extinguiu 50% dos Gêneros de então. A sua causa é documentada como sendo devida à uma colisão de um grande corpo, asteroide ou cometa. Uma cratera na região de Quebec com 100 Km de diâmetro, parece ser a cicatriz dessa colisão.

O sexto evento se deu no final do período do Cretáceo, há 65 milhões de anos, é a mais bem estudada, por ser a mais recente. Foi este evento que produziu a extinção dos dinossauros e mais de 85% das demais espécies. A causa desse desastre foi a colisão, a 40.000 Km/h, de um grande meteoro com aproximadamente 10 Km de diâmetro, no Golfo do México, na região de Yucatán, abrindo uma cratera de quase 300 Km de diâmetro. Esse choque promoveu, num primeiro momento, uma explosão não nuclear, de intensidade equivalente a 96 *trilhões* de toneladas de TNT, quase dois milhões de vezes mais potente do que a bomba Tsar[57], escavando a cratera em segundos. Detritos incandescentes, resultado do impacto, foram arremessados para a atmosfera, retornando ao solo milhares de quilômetros distantes do local do impacto, ainda incandescentes produzindo incêndios nas florestas, o choque provocou terremotos, maremotos e erupções vulcânicas, que se sucederam como resultado das ondas de choque; poeira de rocha e dióxido de carbono espalhados pela atmosfera, escureceram a Terra por meses a fio. Sem luz a flora definhou, e deu início às sucessivas e subsequentes extinções na cadeia alimentar, em terra firme e nos oceanos.

---

57   Para servir de comparação, a bomba nuclear **Tsar**, produzida pela União Soviética, o mais potente artefato detonado pelo homem (1961), tinha (tem) potência de 58 megatons (equivalente a 58 milhões de toneladas de TNT).

CAPÍTULO SEXTO   185

Figura 61 – Imagem ilustrativa do meteoro em rota de colisão com a Terra

BROWNLEE e WARD (2000, p. 185-186) fazem uma descrição, quase poética, desse evento após a colisão, como se ele pudesse ter sido observado de fora da Terra.

> Alguns escombros entraram em órbita ao redor da Terra, enquanto o material mais pesado reentra na atmosfera após voo sub orbital e atinge a Terra como uma barragem de meteoros. Logo o céu inteiro brilha com cor vermelha fosca devido a esses pequenos meteoros cintilantes. Milhões deles caem de volta na Terra como bolas de fogo e, no processo, incendeiam verdejantes florestas do Cretáceo superior; mais da metade da vegetação da Terra se queima nas semanas após o impacto. Uma gigantesca bola de fogo também se expande para cima e lateralmente do local do impacto, carregando consigo material rochoso adicional que coalha a atmosfera, à medida que a poeira fina é transportada globalmente por ventos estratosféricos. Essa enorme quantidade de rocha e poeira começa a cair de volta na Terra por um período de dias e meses. Grandes nuvens de poeira e fumaça agitada das florestas ardentes também se elevam à atmosfera, cobrindo a Terra com uma mortalha de escuridão. Do espaço, começamos a perder de vista a superfície do planeta

e conseguimos ver somente um manto escuro ocultando a superfície outrora verde e azul da Terra. É uma visão do *Inferno* de Dante, um pesadelo de fogos rubros e fuligem negra. [...] Uma prodigiosa e concentrada chuva ácida começa a cair sobre a terra e o mar e, antes que termine, os noventa metros superiores dos oceanos do mundo estão ácidos o suficiente para dissolverem material de concha calcário. [...] A Terra ressoa como um sino e sofre terremotos de magnitudes sem precedentes. [...] litorais, deixando, ao retrocederem, uma trilha de destruição e um depósito monstruoso de carcaças inchadas de dinossauros, arrastadas para as praias e entrelaçadas às árvores arrancadas. [...] Após o aumento inicial da temperatura provocado pela própria explosão, a escuridão faz as temperaturas caírem drasticamente em grande parte do planeta, criando um inverno em um mundo anteriormente tropical. [...] Após meses de trevas, o céu começa a clarear, mas a extinção – a morte de um sem-número de espécies – ainda não terminou.

Figura 62 – Imagem ilustrativa da cratera Chicxulub em Yucatán

Podemos dizer que, excetuando-se a transformação da estrela mãe, no nosso caso o Sol, em uma gigante vermelha e alguns outros eventos de pouca probabilidade como, por exemplo, um aumento importante na emissão de

CAPÍTULO SEXTO

energia dessa estrela, ou a mudança no tempo de rotação do planeta de forma relativamente rápida, as possibilidades de extinção em massa resumem-se a três causas principais, o impacto com um cometa ou asteroide, ação vulcânica de grande intensidade produzindo glaciações e aquecimento de efeito estufa e a emergência de organismos inteligentes, portanto, um grande impacto e alterações globais do clima.

A frequência desses eventos não é simples de se determinar, mas o pale-ontólogo David Raup se esforçou para encontrar uma resposta e sua tese é a seguinte, para eventos com extinção entre 5% e 10% das espécies, a frequência seria de um evento a cada milhão de anos; a frequência diminui para cada dez milhões de anos para extinções em torno de 30% das espécies, ele encontrou uma frequência de cem milhões de anos para uma extinção de 70% da vida. Considerando que a última grande extinção ocorreu há 65 milhões de anos, devemos confiar nos cálculos dele (ou torcer que tenha errado para menos), pois já estamos na faixa da insegurança.

A vida regozija-se com uma extinção em massa, sempre reaparecendo com mais força e energia, com variações de espécies mais preparadas para o período seguinte. Não se pode dizer o mesmo a respeito das espécies dizima-das. Como é importante a visão sistêmica, o que parece uma grande tragédia quando do ponto de vista analítico, e é, do ponto de vista sistêmico é o processo da própria evolução, é o sistema saindo do equilíbrio para poder evoluir!

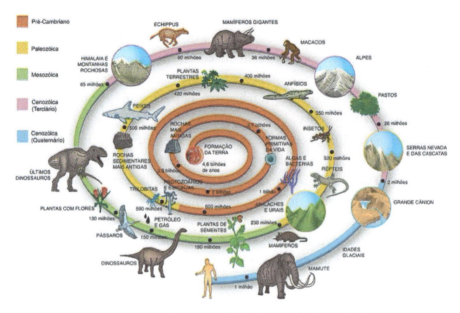

Figura 63 – Espiral Geológica – (POLON, 2022) – Eras Geológicas – Etapas e características (estudopratico.com.br)

A diversidade da vida na Terra só existe graças às extinções ocorridas, nós mesmos só existimos em decorrência da grande colisão ocorrida há de 65 milhões de anos. A história da vida na Terra nos mostra que o objetivo da evolução não é necessariamente a evolução do indivíduo, mas a evolução da complexidade do sistema, ou seja, a evolução não implica necessariamente uma espécie mais evoluída, mas sim uma complexidade maior do ecossistema. As bactérias atuais são muito parecidas com as primeiras e primitivas bactérias de 3,5 bilhões de anos, um sucesso adaptativo impressionante, num ecossistema atual e completamente diversificado. Os dinossauros, também, representam um sucesso adaptativo, considerando que as primeiras espécies surgiram há cerca de 245 milhões de anos e que sua extinção completa ocorreu há 65 milhões de anos, isso dá um intervalo de impressionantes 180 milhões de anos para o seu reinado.

Homem moderno

Os primeiros mamíferos surgiram por volta de 125 milhões de anos, mas sua evolução só foi possível a partir da extinção dos dinossauros, isso deve ter origem no fato de os dinossauros terem sido grandes e vorazes predadores, impondo pressão sobre espécies de pequeno porte, impedindo suas evoluções. Nessa sequência, vamos destacar os primatas, Ordem à qual pertence o homem, os macacos, os símios e os lêmures. O primeiro primata que se tem registro viveu aproximadamente há 56 milhões de anos, nós humanos, do Gênero Homo somos descendentes diretos dos Australopithecus afarensis, com fósseis datados entre 2,9 e 3,9 milhões de anos, um estreito intervalo da era geológica.

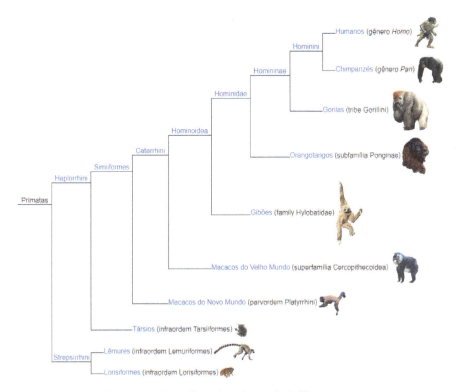

Figura 64 – https://pt.wikipedia.org/wiki/Primatas

O Homo erectus é considerada a espécie de maior duração entre os hominídeos, tendo existido durante um intervalo de quase dois milhões de anos, sua extinção se deve, muito provavelmente, a uma alteração climática, para a qual não conseguiu adaptação. O nicho ecológico deixado pelo Homo erectus foi ocupado pelo Homem de Neandertal, aproximadamente há 200 mil anos, desaparecendo sem deixar explicações, por volta de 30 mil anos atrás. O

Homo sapiens, também, descendente do Homo erectus e contemporâneo do Homem de Neandertal, surgiu aproximadamente entre 100 mil anos (estimativa mais otimista) e 50 mil anos (estimativa mais conservadora), um instante na linha do tempo geológica. Sobre a contemporaneidade do Homo sapiens e o Homem de Neandertal, MARCIANI (2013, p. 190) diz o seguinte:

> O estudo das relações entre H. sapiens e H. neanderthalensis, observando os dados fósseis do leste israelense nos sítios arqueológicos Kebara, Amud, Tabun, Zuttiyeh, Skhul e Qafzeh, indicam que precisamente nessa área do Oriente Próximo teria sido o primeiro encontro entre as espécies. Esse contato, à luz de novos estudos da antropologia molecular, reconhece um cruzamento (troca de genética) ocorrido entre as duas populações no Oriente Médio, entre 100.000 e 50.000 anos AP, acontecimento advindo antes do povoamento do H. sapiens para os demais continentes.

As origens do Homem Moderno ainda sofrem algumas variações, seguramente o Homo sapiens surgiu na África e seguramente o Homem de Neandertal surgiu na Europa, ocorre que esses dois ramos evolutivos se encontraram no Oriente Médio. Existem atualmente, descrições robustas que comprovam homens modernos com mtDNA[58] neandertal, que estão ausentes nos africanos modernos

O Homem moderno, assim considerado, quando a capacidade craniana atinge o volume atual, cerca de 1400 cm^3, tem seu registro mais antigo há 40 mil anos, notadamente, alguns estudiosos consideram que o homem moderno tenha surgido há 30 mil anos. Essa distinção existe devido aos diversos registros fósseis em diferentes localizações da Terra. Sem entrar em detalhes, o que nos importa é que, há cerca de 40 mil anos, o Homem moderno, aquele com crânio com a mesma capacidade que temos hoje, se estabeleceu e se expandiu para dominar o planeta. Esse homem já tinha sua consciência desenvolvida, ou seja, conseguia se perceber como indivíduo e como membro de um grupo, era excelente caçador, fabricava instrumentos e utensílios, era nômade, usava cavernas como abrigo e moradia, mantinha uma linguagem rudimentar, tinha

---

58 **mtDNA** é o DNA mitocondrial que só é transmito pela mãe. Sua análise permite compreender a evolução das espécies.

CAPÍTULO SEXTO

laços familiares e ritos funerários. O controle do fogo deve ter sido preponderante para manutenção da vida desses grupamentos humanos.

SÍNTESE

Iniciamos este capítulo abordando a Teoria da Simbiogénese, associada à Teria da Evolução de Darvin, ela nos dá um certo requinte no entendimento de como toda a evolução biológica e, mesmo antes dela, a evolução bioquímica aconteceram. Destacamos a importante participação do vírus nesse processo e chegamos ao LUCA (Monera).

Pudemos acompanhar a história dos procariotas e suas evoluções para a archaea e eucaria, nesse contexto foram apresentadas as condições de uma Terra primitiva que propiciaram o desenvolvimento de um ambiente adequado para o surgimento de organizações multicelulares, com três processos que podem ter ocorrido distintamente ou concorrentemente e simultaneamente.

Uma vez tendo sido possível o surgimento do primeiro eucarionte, então, estava criada a condição para a diversificação celular, pelo processo da simbiogénese, em células vegetais, inicialmente, e animais, posteriormente. A vida cria vida e dos seres unicelulares anaeróbicos, nasce o potencial criador para o mundo aeróbico, a evolução a partir do desequilíbrio.

O tempo segue e depois de 3,0 bilhões de anos do surgimento da primeira célula autorreplicante com código genético e muitas combinações, o final de uma glaciação oferece oportunidade para a explosão da vida, chegamos ao Cambriano. Daí para diante, a vida pulula e em 500 milhões de anos produz uma exuberância sem precedentes, contudo, paradoxalmente essa exuberância é resultado de alguns momentos de grandes desastres, as extinções em massa.

Destacamos o pano de fundo que nos move no sentido de responder à pergunta: "de onde viemos?" que é o fato da raridade da vida, não obstante sua profusão!

Chegamos, enfim, ao Homem moderno, nós mesmos! Descendentes de um indivíduo arbóreo, que ereto sobre dois pés, libertou suas mãos para outras atividades, ganhou competitividade e dominação e, alguns milhares anos depois disso, dominou o planeta.

Conclusão da Primeira Parte

Agora podemos responder à pergunta: "de onde viemos?"

Somos o resultado, assim como outras espécies, de um processo que teve origem, graças a um Universo que teve o tamanho justo para crescer na velocidade certa, a partir de um Big Bang que foi resultado de um desequilíbrio quântico da ECP, que no seu desenvolvimento, justamente, por causa do tempo justo e certo de sua evolução, formou elementos químicos, especialmente, Hidrogênio e Hélio, que cozinharam e concentraram-se, durante 2 bilhões de anos, até que as primeiras gigantes vermelhas e super novas pudessem explodir para darem à luz os primeiros sistemas estelares e à formação dos elementos mais pesados da tabela periódica.

Galáxias se formaram, mas era preciso uma galáxia do tipo espiralada, para que o processo enérgico interno não fosse tão intenso e permitisse a conformação de zonas habitáveis. Essas galáxias surgiram e com elas bilhões de sistemas estelares. Na Via Láctea, uma galáxia em espiral, um sistema estelar, o nosso dentre milhões, está localizado nem muito afastado nem muito próximo do seu centro, uma perfeita região habitável de uma galáxia, mais para o centro haveria turbulência energética, mais para a sua periferia, haveria escassez de elementos pesados.

Um sistema estelar, o nosso sistema solar, cuja estrela, o Sol, é rara considerando-se sua composição química. Nosso Sol tem muito ferro, bem mais do que as demais estrelas similares a ele, o que explica a quantidade de ferro dos seus planetas, inclusive o nosso planeta Terra.

A Terra está quase no centro da zona habitável de nosso sistema solar, o que a torna rara não é o fato de estar onde está, mas sim de estar onde está e conter todas as demais condições necessárias para a manutenção da vida: Tamanho e densidade que gera uma gravidade não muito pequena para manter uma atmosfera, nem muito grande para permitir a existência seres vivos, que não sejam apenas rastejantes; controle termostático que condicione a temperatura, da maioria de sua superfície, entre zero e 100ºC (na maior parte de sua história geológica), ou seja, a manutenção da água no estado líquido, condição essencial para a vida; núcleo predominantemente de ferro em altas temperaturas (mantidas pela presença de elementos pesados radioativos), cujo movimento produzido, resultado da rotação da Terra em conjunto com o

CAPÍTULO SEXTO

movimento de convecção, produz um campo magnético intenso, que protege sua superfície do bombardeio de partículas solares (ventos solares) e a manutenção, para além da atmosfera, de condições bioquímicas estáveis; o mesmo núcleo de ferro líquido, que provoca e está sujeito ao movimento de convecção, tem como resultado a manutenção da deriva continental e a tectônica de placas, absolutamente, necessárias para o processo de vulcanismo e, sem o qual, a vida não teria oportunidade.

A Terra que experimentou um primeiro momento de grandes e devastadoras colisões, teve uma colisão, especialmente importante, da qual surgiu a nossa Lua, um satélite natural absolutamente incomum, dado o seu tamanho relativo com a Terra. A Lua, esse grande satélite, é resultado de uma colisão entre o que era a Terra primordial com um planetoide do tamanho de Marte. Esse fato inusitado e raro permitiu e ensejou, ao menos, dois fatores da maior importância: i) deu à Terra uma inclinação estável no ângulo do seu eixo de rotação e isso é definidor para termos estações climáticas distintas e regulares e ii) deu estabilidade e regularidade **às** marés e **à** velocidade de rotação da Terra.

Depois de tudo isso, contamos com o bombardeio de cometas, transportadores de aminoácidos, que encontraram aqui, uma panela preparada para o cozimento, inicialmente, de processos bioquímicos abióticos e depois da própria vida.

Estamos quase lá.

A vida evoluiu, mas às custas de grandes devastações e consequentes extinções em massa. Como vimos, bactérias muito parecidas com as primordiais existem atualmente, isso tem algo a nos dizer, precisamente que a evolução da vida é um processo de pouca probabilidade, como muitos cientistas atestaram. Não obstante, processos de Simbiog**énese** associados à evolução pela pressão ambiental, concorrência e especiação levaram o processo evolucionário aos primatas e, desses, aos hominídeos.

É de um conjunto de coisas dessa grandeza, de um processo longo e cheio de alternativas, que viemos!

ANEXO AO CAPÍTULO 6

Vou dedicar algumas linhas ao tema "vida extraterrestre", mas serei breve.

VIDA FORA DA TERRA

> Se civilizações alienígenas existirem [...] estão tão afastadas de nós que, na prática (e descontando especulações um tanto fantasiosas), é como se não existissem.
> [...]
> Embora a possibilidade de que o cosmo esteja repleto de seres extraterrestres inteligentes (e de que tenham já nos visitado) seja extremamente instigante, a ciência atual nos diz que, ao menos por enquanto, somos os únicos. É muito pouco provável que a situação mude no futuro próximo. Embora seja possível que radio astrônomos que trabalham no projeto SETI (Busca por Vida Extraterrestre Inteligente, do inglês "Search for Extraterrestrial Intelligence") encontrem provas convincentes de vida inteligente em outro planeta, a possibilidade é muito remota. Dado o que sabemos, devemos aceitar que, na prática, estamos sozinhos. Exploramos já alguns dos argumentos que mostram o quanto a vida – em particular a vida complexa e inteligente – é rara.
>
> **Marcelo Gleiser**

Marcelo Gleiser resume de forma muita clara a ideia da vida extraterrestre, ideia com a qual compartilho. Mas, para aqueles que pensam diferente e acreditam nessa possibilidade, essas linhas devem servir para um contraponto.

O livro "Sós no Universo?" de Peter Ward e Donald Brownlee inicia assim: "Em qualquer dada noite, um monte de organismos extraterrestres frequenta os aparelhos de televisão e as telas de cinema do mundo. De *Guerra nas Estrelas* e *Jornada nas Estrelas* a *Arquivo X*, a mensagem é clara: O Universo está repleto de formas de vida extraterrestres [...]". O fascínio sobre o tema é marcante em nossa sociedade, não somente pela ideia de vida simplesmente, mas de vida inteligente.

Carl Sagan acreditava na ideia de vida fora da Terra e, junto com Frank Drake, calculou uma estimativa, a partir da Equação de Drake, para o número de mundos e vidas avançadas pela Via Láctea.

$$N = R^* . f_p . n_e . f_l . f_i . f_c . L$$

Onde:

N: número de civilizações extraterrestres em nossa galáxia com as quais poderíamos ter chances de estabelecer comunicação.

R^*: número médio de planetas que potencialmente permitem o desenvolvimento de vida por estrela que tem planetas.

f_p: fração de tais estrelas que possuem planetas em órbita.

n_e: número médio de planetas que potencialmente permitem o desenvolvimento de vida por estrela que tem planetas.

f_l: fração dos planetas com potencial para vida que realmente desenvolvem vida.

f_i: fração dos planetas que desenvolvem vida inteligente.

f_c: fração dos planetas que desenvolvem vida inteligente e que têm o desejo e os meios necessários para estabelecer comunicação.

L: tempo esperado de vida de tal civilização.

Com essa formulação eles chegaram a resultados entre 1.000 e 100.000.000 de civilizações, conforme as variáveis foram escolhidas. Mas, com a mesma equação eu calculei apenas 20. Que não é zero, obviamente, mas que indica, junto com o largo espectro de respostas encontrado por eles, a fragilidade da formulação e da subjetividade da escolha das variáveis.

É bom deixar bem claro que a vida fora da Terra não está excluída, aliás, um planeta rochoso, com núcleo metálico líquido (com algum elemento radioativo para mantê-lo aquecido), com densidade na medida certa para não

ANEXO AO CAPÍTULO 6

permitir que sua atmosfera se esvaia e que não seja e ao mesmo tempo não muito intensa, que esteja na zona habitável de uma estrela de tamanho médio com densidade bem acima da média de suas similares, que tenha tido a proteção de planetas gigantes externos, que tenha uma campo magnético intenso, que tenha colidido com um planetoide durante a sua formação, que tenha um satélite natural desproporcionalmente grande, para estabilizar sua velocidade de rotação, bem como a inclinação do seu eixo de rotação, que tenha marés, vulcanismo e tectônica de placas e que tenha desenvolvido o fenômeno termostático capaz de acumular e manter a água no estado líquido, que esteja em um sistema estelar localizado numa região mediana de uma galáxia em espiral, pode sim oferecer condições para o desabrochar da vida. Esse mesmo planeta, deverá, contudo, ter cumprido etapas evolutivas com longos intervalos de estabilidade entre eventos destrutivos, de forma a chegar à vida superior, no sentido de pluricelular, ainda microscópica. Carl Sagan e Frank Drake não consideraram esse conjunto de variáveis na sua formulação.

Há uma lista bastante grande de planetas encontrados em outros sistemas estelares, sabemos que aminoácidos são comuns em diversos pontos do universo, sabemos, ainda, que os cometas e meteoros podem ser os transportadores/entregadores dessas substâncias, mas isso é pouquíssimo para o mínimo que se necessita para ir do inanimado à bioquímica pré biótica de dela para a vida do tipo bacteriana.

Contudo, proponho um breve exercício mental, vamos supor que a raridade não tenha sido obstáculo e que, em algum lugar, a vida tenha florescido e mais, tenha evoluído para seres inteligentes.

Não que ela seja candidata, mas a estrela mais próxima da Terra (excetuando-se o Sol) é Alpha Centauri, na verdade um conjunto de quatro estrelas, girando em torno de um ponto em comum, sendo uma delas muito eruptiva, isso faz desse conjunto e seus arredores um local que não é, definitivamente, uma zona habitável, mas sigamos com essa linha de raciocínio, Alpha Centauri está a 4,28 anos luz de distância da Terra, (Sabendo que 1 ano luz é distância percorrida pela luz no intervalo de 1 ano e lembrando que a velocidade da luz é de 300.000 Km/s), isso é significativamente distante. A tabela abaixo apresenta um resultado em anos para o tempo, decorrido e necessário por modalidades diversas de locomoção:

Forma de transporte	Velocidade	Tempo
A pé	0,0013	1.000.000.000
Carro	0,026	50.000.000
Boeing 747	0,26	5.000.000
Voyager 1	17	76.000
Fissão Nuclear	10.000	120
Fusão Nuclear	30.000	40
Velas Solares	150.000	9
Antimatéria	160.000	8
Luz	300.000	4,28

Figura 65 – Tempo aproximado, comparativo, em anos para atingir
Alpha Centauri – BIGNAMI e SOMMARIVA, 2013.

As enormes distâncias impõem algumas condições obstaculizadoras, seria necessária uma nave grande o suficiente para a manutenção da vida durante a viagem, mas uma nave grande o suficiente só poderia ser construída fora da Terra (em um hangar orbital), pois não conseguiria vencer a atração gravitacional, além disso, necessitaria de combustível para propulsão durante boa parte da viagem (especialmente a aceleração para atingir uma fração da velocidade da luz e depois desacelerar quando atingir o destino). De forma muito simplificada, ainda que sejam obstáculos tecnológicos, são obstáculos importantes que qualquer civilização teria que superar.

Não se pode descartar o fato de que os momentos evolutivos sejam distintos, ou seja, uma civilização que já tenha existido e sucumbido, como nossos dinossauros, ou uma civilização que ainda não tenha florescido. Isso acrescenta um ingrediente ainda mais desanimador. Nós manifestamos um grande interesse em encontrar civilizações extraterrestres, isso não quer dizer que, caso existam, essas civilizações mantenham esse mesmo interesse, o que poderia fazer com que não nos encontrassem.

A busca pela vida inteligente extraterrestre tem sido um processo recorrente desde há muito tempo, ainda hoje radio astrônomos continuam vasculhando e varrendo os céus em busca de algum sinal. Em dezembro de 1900,

foi anunciado pela Academia Francesa de Ciências (Académie des Sciences) o Prêmio Guzman, financiado por Anne Emilie Clara

Gouget Guzman. Esse prêmio, no valor de 100 mil francos, seria dado à primeira pessoa, de qualquer nacionalidade, que conseguisse estabelecer comunicação com habitantes de outros planetas. O prêmio, entretanto, previa uma exceção: foi excluída da premiação a comunicação com Marte, considerada à época um feito muito fácil para merecer o prêmio, uma vez que acreditavam ser óbvia a existência de vida nesse planeta. (AVELLAR, 2016, p. 220).

O programa da NASA – SETI (Search for Extra Terrestrial Intelligence), iniciado em 1990, tem tido seu orçamento diminuído.

Para além das catástrofes aniquiladoras que temos registros fósseis, há outras com igual poder destrutivo, com causas, talvez, diferentes. Há a aproximadamente 41 anos atrás, uma estrela de nêutrons localizada na constelação de Áquila, a 16,73 anos luz de distância da Terra, expeliu violentamente uma quantidade imensa de energia, essa energia se propagou em ondas esféricas por todo o universo e acabou atingindo a Terra em agosto de 1998, no dia 27, quando a face da Terra voltada para essa constelação mostrava o Oceano Pacífico.

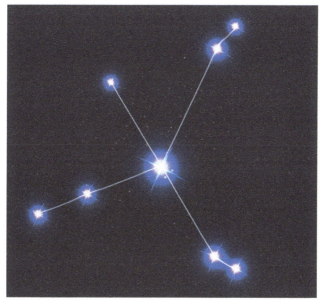

Figura 66 – Constelação de Áquila

Nesse dia a Terra foi bombardeada por raios gama e raios X (sabemos que a potência de ondas esféricas diminui na proporção do aumento da sua área de propagação), mesmo tão distantes essas anomalias foram sentidas por diversos instrumentos, inclusive por satélites. "Dois desses satélites foram desligados para seus instrumentos não queimarem" (BROWNLEE e WARD, 2000, p. 313), esse evento pode ter esterilizado mundos num raio de até 1 ano luz, civilizações ou planetas com a vida em construção teriam sido esterilizados, se situados nessa redondeza.

Finalmente, podemos perguntar, mas existem civilizações extraterrestres? Os mais otimistas têm que responder: Não sabemos. Os demais podem responder que não!

SEGUNDA PARTE

II

NOSSOS DESÍGNIOS

Quede água

A seca avança em Minas, Rio, São Paulo
O Nordeste é aqui, agora
No tráfego parado onde me enjaulo
Vejo o tempo que evapora
Meu automóvel novo mal se move
Enquanto no duro barro
No chão rachado da represa onde não chove
Surgem carcaças de carro
Os rios voadores da Hileia
Mal desaguam por aqui
E seca pouco a pouco em cada veia
O Aquífero Guarani
Assim do São Francisco a San Francisco
Um quadro aterra a Terra Por água, por um córrego,
um chuvisco
Nações entrarão em guerra
Quede água?
Quede água?
Quede água?
Quede água?
Agora o clima muda tão depressa
Que cada ação é tardia
Que dá paralisia na cabeça
Que é mais do que se previa
Algo que parecia tão distante
Periga, agora tá perto
Flora que verdejava radiante
Desata a virar deserto
O lucro a curto prazo, o corte raso
O agrotóxico, o negócio
A grana a qualquer preço, petro-gaso Carbo-
combustível fóssil
O esgoto de carbono a céu aberto
Na atmosfera, no alto
O rio enterrado e encoberto
Por cimento e por asfalto
Quede água?
Quede água?
Quede água?
Quede água?
Quando em razão de toda a ação humana
E de tanta desrazão
A selva não for salva, e se tornar savana
E o mangue, um lixão
Quando minguar o Pantanal e entrar em pane
A Mata Atlântica tão rara
E o mar tomar toda cidade litorânea
E o sertão virar Saara
E todo grande rio virar areia
Sem verão, virar outono

E a água for comoditie alheia
Com seu ônus e seu dono
E a tragédia da seca, da escassez
Cair sobre todos nós
Mas sobretudo sobre os pobres outra vez
Sem-terra, teto, nem voz
Quede água?
Quede água?
Quede água?
Quede água?
Agora é encararmos o destino
E salvarmos o que resta
É aprendermos com o nordestino
Que pra seca se adestra
E termos como guias os indígenas
E determos o desmate
E não agirmos que nem alienígenas
No nosso próprio habitat
Que bem maior que o homem é a Terra
A Terra e seu arredor
Que encerra a vida aqui na Terra, não se encerra
A vida, coisa maior
Que não existe onde não existe água
E que há onde há arte
Que nos alaga e nos alegra quando a mágoa
A alma nos parte
Para criarmos alegria pra viver
O que houver para vivermos
Sem esperanças, mas sem desespero
O futuro que tivermos
Quede água?
Quede água?
Quede água?
Quede água?
Quede água

**Carlos Aparecido Renno e
Oswaldo Lenine Macedo Pimentel**

INTRODUÇÃO

Paciência

Mesmo quando tudo pede um pouco mais de calma
Até quando o corpo pede um pouco mais de alma
A vida não para
Enquanto o tempo acelera e pede pressa
Eu me recuso faço hora vou na valsa
A vida tão rara
Enquanto todo mundo espera a cura do mal
E a loucura finge que isso tudo é normal
Eu finjo ter paciência
E o mundo vai girando cada vez mais veloz
A gente espera do mundo e o mundo espera de nós
Um pouco mais de paciência
Será que é o tempo que lhe falta pra perceber
Será que temos esse tempo pra perder
E quem quer saber
A vida é tão rara, tão rara
Mesmo quando tudo pede um pouco mais de calma
Até quando o corpo pede um pouco mais de alma
Eu sei, a vida não para
A vida não para não
A vida não para não

**Carlos Eduardo Carneiro De Albuquerque Falcão e
Oswaldo Lenine Macedo Pimentel**

A primeira parte deste livro foi dedicada à compreensão da impossibilidade da existência de um incriado, bem como da compreensão do surgimento e evolução da vida. Dedicamos razoável esforço no desenvolvimento de um fio condutor coerente, sustentado por teorias e comprovações científicas e um pouco de conjectura metafísica popperiana. Conseguimos entender de onde viemos e agora proponho que façamos uma reflexão, sobre qual é, ou quais são os nossos desígnios, para isso, creio que seja necessário fazer uma ligação entre o Homem moderno de 30 mil anos atrás com o Homem moderno contemporâneo atual, faço questão dessa aparente redundância.

Daqui para diante, chamarei o Homem moderno aquele de 30 mil anos atrás e os Homens dos intervalos de tempo subsequentes, de Homem antigo. E o Homem moderno contemporâneo chamarei, simplesmente, de contemporâneo por simplicidade.

O Homem antigo tinha um cérebro fisicamente conformado com a mesma capacidade do cérebro do Homem contemporâneo, cerca de 1400 cm^3, mesma capacidade cognitiva e mesma possibilidade de construir conhecimento.

> Todo sujeito aprende! Por pior que sejam as condições, ele aprenderá. Se não fosse assim o Homem não teria construído os saberes desde sua ancestralidade. O cérebro humano tem hoje o mesmo tamanho que tinham os cérebros dos homens de trinta mil anos atrás, isso é um indicador importante da potencialidade intelectual, ou seja, o Homem de trinta mil anos atrás (ou mais) tinha a mesma capacidade de formular conjecturas e as defendê-las, que os homens modernos [contemporâneo] têm. (MARINI, 2018, p. 84-85).

Pouca coisa ou quase nada mudou no DNA desses dois homens, o antigo e o contemporâneo, um intervalo absolutamente curto para o tempo geológico, apenas 30 mil anos, entretanto, o conjunto social, as sociedades, os agrupamentos sociais, sofreram intensas e grandes alterações. Aproximadamente há 10.000 anos, o Homem antigo deixou de ser nômade ao domesticar espécies de plantas, inaugurando assim, talvez, o evento transformador mais importante na evolução social humana, a agricultura, ampliando sua estimativa de vida, possibilitando a construção de abrigos e garantindo uma sobrevivência segura antes inexistente, foi no chamado período neolítico que isso aconteceu. Essa transformação de caráter tão definitivo na pré-história da humanidade, foi assim registrada por MAZOYER e ROUDART (2010, p. 70)

> Entre 10.000 e 5.000 anos antes de nossa Era, algumas dessas sociedades neolíticas tinham, com efeito, começado a semear plantas e manter animais em cativeiro, com vistas a multiplicá-los e utilizar-se de seus produtos. Nessa mesma época, após algum tempo, essas plantas e esses animais especialmente escolhidos e explorados foram domesticados e, dessa forma, essas sociedades de predadores se transformaram por si mesmas, paulatinamente, em sociedades de cultivadores.

INTRODUÇÃO

Os registros dessa época são fósseis, produtos cerâmicos, artefatos de caça, pesca e de coleta e agrupamentos ósseos indicativos da presença de um grupo social que ali habitava, em geral, regiões próximas de um curso d'água.

A Idade do Bronze, período entre 8.000 e 4.000 a.C., foi seguida pela Idade do Ferro, aproximadamente 1.000 anos a.C. Há alguma variação desses períodos conforme as regiões estudadas, por exemplo, na África subsaariana a fase da idade do bronze não existiu e as sociedades passaram diretamente do neolítico para a Idade do Ferro. Mais ou menos entre o fim do neolítico e entre a idade do bronze e idade do ferro, surgiu a escrita.

Entre as diversas regiões que abrigaram grupamentos humanos, então agricultores e pastores, a Mesopotâmia, vales dos rios Eufrates e Tigre e a região do vale do Nilo, foram as mais bem sucedidas do Ocidente, esse sucesso, provocou aglutinação de outros grupos que imigraram para essas regiões. Na Mesopotâmia o povo que primeiro se estabeleceu foi o sumério, por volta de 3.500 a.C. (há 5.500 anos), essa região está contida no Crescente Fértil.

À medida em que foram se desenvolvendo, aumentando a população, produzindo, eventualmente, excedentes agrícolas, esse agrupamento social, desenvolveu suas regras e estabeleceu instituições, definidas como um conjunto organizado de regras baseadas nas crenças e nas atividades desse grupo social. Nesse contexto surgiram os conceitos rudimentares de família, de religião e de estado.

Figura 67 – Esquemático do Crescente Fértil (de Tebas a UR, passando por Alepo) – https://www.todoestudo.com.br/historia/crescente-fertil

Então, surgiu a escrita, por volta de 4.000 a.C., ainda bastante rudimentar, uma coleção de símbolos utilizados como rótulos, esses símbolos eram marcados em argilas e tinham entre seus objetivos anotar quantidades. Há nesse nascedouro uma mistura entre o registro da escrita com o surgimento dos números de contagem. Por volta de 3.500 a.C. já havia uma evolução e por volta de 3.000 a.C., surgiu, então, a escrita silábica com o objetivo de reproduzir a língua falada. Não se tem certeza de que os registros escritos tenham surgido de forma independente em outras regiões ou se tenham sofrido difusão cultural (embora, não haja registro de contato, por exemplo, entre a cultura suméria e chinesa), contudo na região da Mesoamérica o surgimento da escrita se deu de forma independente e tardia, por volta de 600 a.C. Não obstante, símbolos precursores da escrita foram datados de até 7.000 a.C., o que demonstra um processo criador longo e elaborado.

Os povos, como podemos chamar esses agrupamentos que se organizaram socialmente com instituições, evoluíram, trocaram informações, construíram questionamentos, criaram hipóteses, tentaram responder suas perguntas, registraram tudo isso nos seus tabletes de cerâmica e a organização social criou

INTRODUÇÃO

hierarquias, nascia de forma institucional, o que talvez tenha sido inicialmente uma prática desorganizada, a dominação do homem pelo homem.

Grupos mais organizados e mais populosos se defendiam ao mesmo tempo que atacavam, o desenvolvimento tecnológico logo se fez presente na produção de artefatos de destruição, o embate entre esses grupos foi inevitável.

Melhores condições de vida, mais alimento, maior longevidade, resultaram em populações maiores. A disputa por um local mais propício, mais fértil ou mais seguro provocou disputas de vida e morte. O Homem antigo era muito parecido com o contemporâneo.

Em determinada época, ainda na Idade do Ferro, o medo pode ter sido o propulsor para levar a humanidade a buscar respostas onde elas não estavam, evidentemente, como tudo, isso foi um processo, mas necessitava de uma organização social básica para se estruturar de forma institucional. Nesse contexto, as religiões rudimentares ganharam status de grande importância, poderes além do homem tinham que existir e foram necessários para explicar o relâmpago, o trovão, o nascimento do mundo, a tempestade, a estiagem, a perda prematura de um filho, a mortalidade de um rebanho, o dia e a noite. Os mitos e seus heróis, bem como seus vilões, foram-se criando e, com a escrita, foram registrados.

O homem antigo atingiu um ponto, na evolução da espécie, do qual não havia retorno nem alternativa, estavam criadas as condições em direção ao Homem contemporâneo. Nesse caminho do Homem antigo ao contemporâneo, o Homo sapiens, pode ter entrado em um beco sem saída evolutiva, tal qual aconteceu com o Homo erectus, espécie hominídea que teve, entre todos os hominídeos, a maior duração, tendo existido durante um intervalo de quase 2 milhões de anos, mas que desapareceu sem deixar descendentes.

CAPÍTULO SÉTIMO

> Marco Polo saiu daquela aula com a impressão de que há um preço a pagar para os que querem pensar. Era mais confortável silenciar-se, seguir o roteiro da grade curricular e ser mais um aluno na multidão. Todavia, o conforto de calar-se geraria uma dívida impagável com sua própria consciência... Tinha de fazer uma escolha.
>
> **Augusto Cury**

O QUE SOMOS

> Começamos com uma palavra cujo significado pensamos que compreendemos... e começamos a investigar as coisas que essa palavra designa. Acabamos sempre por descobrir que a palavra muda de significado no decorrer da investigação e, muitas vezes, temos de inventar novas palavras para as coisas que vamos descobrindo.
>
> **J.S.B. Haldane**

Para podermos refletir sobre esse tema, *Nossos Desígnios*, precisamos girar uma chave e fazer uma abordagem mais filosófica do que cientifica, isso é necessário, pois quero que a ênfase seja a discussão reflexiva, muito mais do que a exposição histórica. Por isso, a ligação feita na introdução da segunda parte, entre o que está posto nos capítulos, do primeiro ao sexto, e o que está por vir, é fundamental. Daqui para frente não importa tanto a constituição biológica do Homem e dos animais, importa mais as suas atitudes, o fator biológico, o deixamos há quase 40.000 anos. Há, portanto, uma ruptura que, obviamente, não se deu de forma repentina, mas de fato aconteceu, o Homem que constrói meios de superar suas necessidades não é o mesmo que antes os coletava como a natureza lhos oferecia.

Comecemos então por compreender a conotação que quero dar à palavra "desígnio".

Dicionário Priberam – https://dicionario.priberam.org/des%C3%ADgnio

Substantivo masculino: Aquilo que se pretende fazer ou conseguir (ex.: o presidente defende um novo desígnio nacional; o rei cumpriu os desígnios do falecido pai). Intenção, projeto, plano, propósito, vontade, determinação.

Dicionário online português – https://www.dicio.com.br/designio/

Vontade ou intenção de desenvolver, de realizar alguma coisa: os desígnios do presidente. [Por Extensão] Aquilo que se quer realizar, desenvolver; sonho, desenho, intenção: vivia seguindo os desígnios dos outros. [Figurado] Expressão de um desejo, intenção ou vontade: nunca consegui realizar meus próprios desígnios. Etimologia (origem da palavra *desígnio*). Do latim designium, do verbo designare, "indicar".

Quero, portanto, acrescentar algo ao sentido do termo "desígnio", uma conotação a mais, entendo desígnio, especialmente, o da humanidade, o do Homem contemporâneo, não como um desejo ou uma vontade quase inocente ou ingênua, não um livre arbítrio de escolha quase irresponsável, não simplesmente o exercício da liberdade de escolher o que lhe aprouver, não o prazer de ir em busca de um sonho, mas como uma missão a ser escolhida, mesmo que não goste, mesmo que tenha, muitas vezes um gosto amargo, mesmo que seja uma escolha difícil e mesmo que seja desprovida de prazer. Que neste livro a conotação de *desígnio* seja a da escolha necessária, difícil talvez, mas necessária. A diferença entre as conotações contidas nos dicionários e esta que proponho, é sutil, mas existe. Carrega mais o sentido de dever do que o de um projeto ou de um plano.

Portanto, em vez de *o que somos*, é preciso refletir *o que devemos ser*, o que somos está posto, escrito e registrado, o que devemos ser é o que será escrito. Tenho uma certeza, a que nem eu nem você, caro leitor/leitora, seremos testemunhas desse futuro, quer seja ele consequência de uma escolha fútil, quer seja ele resultado de uma escolha difícil, contudo, carrego comigo outra certeza, como não houve alternativa para o Homo erectus, talvez, também não exista para nós se não fizermos a escolha difícil, para tanto, essa alternativa precisa ser construída.

CAPÍTULO SÉTIMO

Temos que admitir, o Homem contemporâneo em maior medida, bem como o antigo, são seres altamente destrutíveis. Algumas outras espécies também o são, mas nenhuma foi ou é tão destrutiva quanto o Homem.

Os leões, por exemplo, têm a prática do confronto entre líderes de grupos rivais, os encontros, geralmente, acabam com o destronamento de um e, consequentemente, o banimento ou morte do perdedor, mas o vencedor mata os rebentos do destronado, todos os filhotes são mortos, somente seus descendentes poderão fazer parte do novo reinado.

A maioria dos artigos, dissertações e teses que pesquisei, tratam o assunto da competição interespécies de forma lateral ou abordam apenas a competição entre duas espécies distintas. Não encontrei nada denso discorrido sobre alguma espécie, cujos indivíduos se destruíssem na disputa por uma ocupação ecologicamente privilegiada. Os leões são capazes dessa destruição, mas mais do que os leões somos nós, os Homens.

Desde que se tem algum registro, esses registros nos trazem histórias de conflitos e guerras, são tantos os confrontos que é difícil encontrar um intervalo sem eles. Como disse CLAUSEVITZ (1996, p. 75) "A guerra é, portanto, um ato de força para obrigar o nosso inimigo a fazer a nossa vontade", e parece que desde muito cedo muitos Homens quiseram que outros homens e mulheres fizessem suas vontades à força.

Há ao menos três características comuns e marcantes aos indivíduos da espécie humana e de suas sociedades ao longo da história, a religião[59], a beligerância e o desejo do poder, dessas, a religião sempre foi usada como forma de manipulação, a beligerância como meio para se obter o poder. Claro, existem outras complexidades, mas essa é uma marca reincidente.

Particularmente, tenho dificuldade para compreender como um Ser religioso pode ser ao mesmo tempo beligerante, mas o Homem, enquanto espécie, é assim. Do medo à religião, da religião ao confronto mortal e do confronto ao poder.

Meu objetivo é, como já explicitado, promover uma reflexão sobre o que o Homem, enquanto espécie, espécie Homo sapiens, precisa fazer para evitar um beco sem saída; farei algumas abordagens que não têm intenção de

---

59 **Religião** do latim *religare*, o prefixo *re* indica um reforço à palavra que o sucede, *ligare* significa ligar, portanto, religar é ligar novamente. E, no sentido sócio-histórico, essa religação se dá com o divino. Assim, religião é o voltar a unir homem e deus.

aprofundamento, serão apenas motivações para termos como e por onde começar a refletir. Assim, apresentarei algumas rápidas inserções sobre a beligerância humana, sobre sua natureza mística/religiosa e, por fim, sobre as relações de poder e do dinheiro no sentido mais amplo, não analítico, porém sistêmico.

NOSSA BELIGERÂNCIA

Dos primeiros assentamentos de grupos humanos não há registro escrito, primeiro pela ausência obvia da escrita, segundo porque, mesmo com o surgimento da escrita há, ao menos, dois fatores que ofereceram obstáculos para que esses registros pudessem chegar até o presente em condições de serem compreendidos. Primeiro obstáculo: o material utilizado para esses registros, pode não ter sido adequado para suportar um longo tempo. O segundo obstáculo: esses registros estavam muito fragmentados ou não foi possível uma efetiva tradução.

Por exemplo, para se conseguir a construção de um modelo de tradução dos hieróglifos egípcios, a Pedra de Roseta[60] foi determinante. Essa pedra foi encontrada numa localidade conhecida como Rachid, chamada pelos europeus de Roseta, próxima ao delta do Nilo, por uma expedição militar francesa, em 1799. A pedra encontrada, a Pedra de Roseta, como ficou conhecida, continha inscrições em três diferentes formas de registros, uma dessas formas era o grego, sua importância foi percebida de imediato, pois consideraram corretamente que os três textos tinham o mesmo conteúdo e, portanto, a parte escrita em hieróglifos poderia ser interpretada por comparação. Mesmo assim, não foi tarefa fácil, havia inconsistências quase intransponíveis, mas a descoberta de um segundo artefato (o obelisco Banks) em 1816, permitiu ao inglês Thomas Young (1773-1829) decifrar parcialmente o texto. O trabalho de Yong foi aprimorado por Jean-François Champollion (1790-1832), que utilizando uma sequência engenhosa de comparações chegou ao intento final e completou um método de tradução e a tradução, propriamente dita do texto hieroglífico, da Pedra de Roseta.

---

60 **A Pedra de Roseta** é um fragmento de granito, encontrado em 1799, é do período do Egito Ptolemaico, cujo texto foi crucial para a compreensão moderna dos hieróglifos egípcios e deu início a um novo ramo do conhecimento, a egiptologia.

CAPÍTULO SÉTIMO   215

Figura 68 – Pedra de Roseta com as três inscrições
https://pt.wikipedia.org/wiki/Pedra_de_Roseta

Essa pedra, guardada no Museu Britânico, é um fragmento de um granito maior e tem, atualmente, as seguintes dimensões, 112,3 centímetros de altura em seu ponto mais alto, 75,7 centímetros de largura, 28,4 centímetros de espessura e pesa aproximadamente 760 Kg. Sua superfície frontal traz três inscrições sucessivas, de cima para baixo seguem um registro em hieróglifos egípcios, outro em egípcio demótico e, embaixo, um registro em grego antigo.

Figura 69 – As três inscrições (hieróglifos, demótico e grego)

Já a tradução da forma ecrita suméria não foi um feito de um só ou dois homens, vários estudiosos colaboraram. O enfrentamento foi Iniciado por Niebuuhr em 1780, com o objetivo de decifrar o persa antigo, as traduções foram-se aos poucos sendo completadas por Georges Grotelend em 1802, sucedido por Rasmus Rask, Burnouf, Lassen, Oppert e Henry Rawlinson considerado o maior contribuidor, concluindo a empreitada em 1847.

O deciframento do persa antigo, possibilitou uma segunda empreitada, a de decifrar e traduzir as inscrições sumérias que, "[...] em 1851, teve o deciframento concluído" (POZZER, 1999, p. 67).

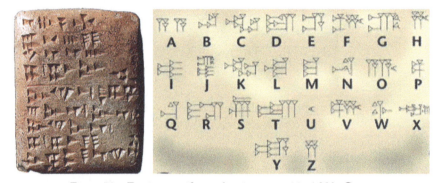

Figura 70 – Escrita cuneiforme de origem suméria 4.000 aC e as respectivas correspondências para o alfabeto latino

Sabe-se que existiram conflitos desde o primeiro assentamento no vale do Tigre e do Eufrates, contudo, não se tem registros suficientes para construir um contínuo até, pelo menos, quando testemunhas oculares pudessem registrar os fatos. A ausência da evidência não é evidência da ausência, há certeza da existência de conflitos e guerras, apenas não temos registros organizados, somente fragmentos.

De acordo com CARVALHO (2020, p. 02), a respeito de uma inscrição encontrada, supostamente, sobre um conflito ocorrido na Mesopotâmia, "Essa inscrição, datada do período Dinástico Antigo, mostra que o rei de Uruk, Enshakushana [por volta de 2500 a.C.], supostamente, teria empreendido uma batalha contra Kish, contudo, o ato não foi realizado por sua vontade, mas sim pelas ordens divinas de Enlil, deus do ar e das tempestades". Faço dois destaques, um, o registro refere-se a um confronto que ocorreu por volta de 2500 a.C. e, dois, o confronto teve origem religiosa.

CAPÍTULO SÉTIMO

O rei Sargão (2.334-2.279 a.C.), logo após ter assumido o seu trono, iniciou uma fase de expansão, apud LEÃO (2010, p. 96), "A primeira fase de sua expansão seria marcada pelo confronto com Lugalzagesi", um reinado marcado pelo embate; a dinastia de Sargão, a Akkad, teve continuidade nas mãos de outros reis não menos beligerantes. Ainda apud LEÃO (2010, p. 99):

> A centralidade de Akkad e a sua capacidade de dominar militarmente uma vasta amplitude geográfica reflete-se nas inscrições reais de Sargão, através das quais este afirma manter em permanência uma força bélica que o limitado horizonte das cidades-estados sumérias parecia nunca ter sido capaz de sustentar: o rei de Akkad afirma manter «5400 homens [combatentes] comendo a sua refeição diante dele todos os dias.»

São diversos os fragmentos cuneiformes que registram eventos violentos de reis, considerados representantes divinos, durante seus reinados. Os ciclos de ascensão ao poder, representação divina e uma sequência de confrontos se sucedem nessa história, recuperada a partir de tabletes de argila cozidos no fogo.

A lista abaixo refere-se ao período entre 2.200 a.C. e 63 a.C.

Envolvidos			
Conflito / Guerra	Época / período	Iniciador	Replicantes
Conquista da Suméria	2.200 aC	Império Acádio	Suméria
Guerra de Tróia	1300 - 1200 aC	Civilização Micênica	Tróia
Guerras Médicas	499 - 479 aC	Cidades Gregas	Império Aquemênida
Primeira Guerra Latina	498 - 493 aC	República Romana	Latinos
Guerra d Peloponeso	431 - 404 aC	Atenas	Esparta
Guerra de Corinto	395 - 387 aC	Esparta	Atenas/Corinto
Guerras Samnitas	343 -290 aC	República Romana	Samnitas
Segunda Guerra Latina	340 - 338 aC	República Romana	Latinos
Campanhas de Alexandre	334 - 323 aC	Macedônia Antiga	Cidades Gregas
Guerras Pírricas	280 - 275 aC	República Romana	Reini do Epiro
Primeira Guerra Púnica	264 - 241 aC	República Romana	Império Cartaginês
Guerra de Kalinga	262 - 261 aC	Império Máuria	Kalinga
Primeira Guerra Ilírica	229 - 228 aC	República Romana	Ilírios

Segunda Guerra Ilírica	220 - 219 aC	República Romana	Ilírios
Segunda Guerra Púnica	218 - 202 aC	República Romana	Império Cartaginês
Primeira Guerra Macedônica	214 - 205 aC	República Romana	Macedônia Antiga
Guerra Roma-Síria	200 - 197 aC	República Romana	Macedônia Antiga
Segunda Guerra Macedônica	192 - 188 aC	República Romana/ Macedônia Antiga	Império Selêucida
Terceira Guerra Macedônica	171 - 168 aC	República Romana	Macedônia Antiga
Guerra Lusitana	172 - 168 aC	República Romana	Lusitanos
Terceira Guerra Púnica	149 - 146 aC	República Romana	Cartago
Guerra de Jugurta	112 - 106 aC	República Romana	Numídia
Primeira Guerra Mitridática	89 - 85 aC	República Romana	Reino da Armênia
Segunda Guerra Mitridática	83 - 81 aC	República Romana	Reino do Ponto
Terceira Guerra Mitridática	73 - 71 aC	República Romana	Reino do Ponto
Guerras Galáticas	58 - 51 aC	República Romana	Gauleses
Invasões da Britânia	55 - 54 aC	República Romana	Britanos
Guerra Civil Cesariana	49 - 45 aC	República Romana	Populares
Revolta Siciliana	44 - 36 aC	República Romana	Segundo Triufiato
Guerra Parta de Antônio	40 - 33 aC	República Romana	Império Parta
Guerra Civil de Antônio	32 - 30 aC	República Romana / Otaviano	República Romana/ Marco Antônio
Guerras Cantábricas	29 - 19 aC	República Romana / Império Romano	Cântabros Ástures
Conquista da Britânia	43 - 96 dC	Império Romano	Britanos
Guerra Roma-Parta	58 - 63	Império Romano	Império Parta

Figura 71 – Principais Conflitos e Guerras entre 2500aC e 63aC

GUERRA DO PELOPONESO

Uma testemunha ocular que tenha registrado pela primeira vez um embate militar teve ocasião na Grécia antiga, na Guerra do Peloponeso, o confronto entre Atenas e Esparta, que se desenvolveu entre 431 a.C. e 404 a.C., com duração de 27 anos. A Grécia dessa época era um conjunto de cidades, a maioria constituída por pequenas ilhas, independentes e rivais, entre as quais, a guerra era uma atividade recorrente, quase normal. O confronto era tão comum

CAPÍTULO SÉTIMO

que quase fazia parte da educação dos garotos gregos e com certeza fazia parte da formação da subjetividade individual e coletiva.

As causas desse conflito giram em torno de interesses econômicos e políticos, disputas de territórios, acessos a determinadas regiões e a fontes de abastecimento. É necessário destacar que Esparta e Atenas estavam unidas na luta contra os persas até 479 a.C. Sabe-se que um confronto inicial entre essas cidades já havia ocorrido entre 460 a.C. e 455 a.C., vejam como não conseguiam viver sem conflitos, após apenas 19 anos em paz e unidas pelo mesmo objetivo, foram para o embate.

GUERRAS PÚNICAS

As três guerras púnicas[61], entre Roma e o Império Cartaginês tiveram início no século III a.C., a primeira entre 264 a.C. e 241 a.C., a segunda entre 218 a.C. e 201 a.C. e a terceira entre 149 a.C. e 146 a.C. A razão principal do primeiro confronto foi o medo recíproco que cada uma das cidades tinha, de ser sobrepujada pela outra em termos de crescimento e consequente ameaça de dominação. Com certeza, deve ter havido outros ingredientes deflagradores, a despeito disso, esse primeiro conflito trouxe perdas humanas enormes para ambos os lados, mas segundo MAGNOLI (2006, p. 62) "Embora a guerra tenha trazido muitos gastos aos romanos, a captura de escravos e novos territórios anexados foram importantes conquistas para a aquisição de novas riquezas". Da forma como se deu e da forma como está relatado, parece que os fins justificaram plenamente os meios.

O segundo conflito teve como causa a disputa pelo domínio da região da Hispânia, talvez as perdas romanas tenham sido ainda maiores que as ocorridas no conflito anterior, entretanto, ao seu final Roma havia dominado territórios que continuaram sob seu controle por vários séculos.

O terceiro embate foi mais curto e sua relevância está no fato de Roma ter consolidado seu domínio no Mediterrâneo. Alguns romanos influentes defendiam a ideia de que Cartago deveria ser destruída para não voltar a ser uma ameaça, como diziam – "delenda est Carthago" – Cartago deve ser destruída.

---

61 Navios fenícios atravessavam o Mediterrâneo, nessas passagens, os fenícios fundaram, ao longo do litoral Mediterrâneo, vários entrepostos comerciais, o mais importante foi chamado pelos romanos de **Cartago** e pelos descendentes dos fenícios de **Punis** (atualmente, **Túnis**, capital da Tunísia), daí o nome de guerras púnicas, ou seja, guerras contra os púnicos.

A condição de Cartago, ter sido submetida à Roma após o segundo confronto, era a de não voltar a se armar. Os defensores de sua destruição, então, criaram uma situação para que Cartago se defendesse e fosse obrigada a se armar, uma vez criada essa situação, essa armadilha foi usada como pretexto para uma nova e derradeira invasão romana. Ao final, Cartago estava de fato destruída como alguns romanos desejavam.

Depois das três guerras púnicas o território romano havia agregado a Sicília, a Sardenha, a Córsega, a Hispânia e o norte da África, além dos territórios cartagineses da Macedônia, Áreas da Ásia no Oriente Próximo e parte da Gália. Essas guerras proporcionaram grande "riqueza, luxo e escravos à elite romana" (MAGNOLI, 2006, p. 73) e aumentou a pobreza no campesinato.

Invasões Bárbaras[62]

Na mesma medida em que o controle romano passou a diminuir por toda a Europa, especialmente entre os séculos IV e VI d.C., os chamados povos bárbaros foram tomando e ocupando territórios, antes sob o domínio de Roma. Esses povos eram conhecidos como germânicos e divididos em três grandes grupos, os escandinavos (anglos, saxões e jutos), os germanos ocidentais (suevos, turíngios, burgúndios, alamanos e francos) e germanos orientais (godos, alanos, vândalos e lombardos) a esses costuma-se acrescentar os hunos vindos do leste e Oriente Próximo.

Há "um traço quase milenar que caracterizou os comportamentos daqueles homens talhados desde a mais tenra infância para o combate, [...], numa sociedade em que o ideal a ser seguido era o do santo ou do guerreiro" (MAGNOLI, 2006, p. 77).

Em outras regiões não era diferente, na Ásia Central desde 3.000 a.C. povos nômades ameaçavam as civilizações da Índia, China e Pérsia. Foram vários séculos de guerras e confrontos, até que os nômades foram, na sua maioria, absorvidos por essas civilizações. Os hunos, talvez, tenham sido o último e mais importante povo nômade a ameaçar regiões da Europa oriental, por volta e partir de 425 d.C., especialmente, a região da atual Polônia. Antes deles, porém, destacou-se, num curto intervalo, Alexandre Magno no século IV a.C.

---

62 Para saber mais sobre o declínio do Império Romano: "Declínio e Queda do Império Romano" de Edward Gibbon, editado pela Companhia das Letras.

CAPÍTULO SÉTIMO

As sociedades evoluíram, mas a inclinação para o confronto permaneceu, "A guerra não era apenas um meio de afirmação social e política: proporcionava um gênero de vida" (MAGNOLI, 2006, p. 89). Esse contexto acabou por estabelecer uma nova condição hierárquica, possibilitando que guerreiros obtivessem ascensão numa nova sociedade, transformando-se em aristocratas e grandes proprietários de terras, verdadeiros senhores das terras. Esse fato social colaborou para o início do que viria a ser o sistema feudal.

Entretanto, em uma sociedade marcada por conflitos e guerras, poucos foram os que se beneficiaram, a maioria da população convivia com a fome e com a pobreza e tinham como principal objetivo a sobrevivência.

A EXPANSÃO ÁRABE[63]

Outra expansão de caráter religioso e correlato às Cruzadas, foram os intentos mulçumanos iniciados a partir de 622 d.C., inicialmente no interior Península Arábica, e a partir de 632 d.C., para fora dela, nunca de forma amigável, mas sempre pela coerção. Havia, entre 540 e 629 d.C., uma situação ímpar na região do Oriente Próximo. Um enfraquecimento dos grandes impérios que se digladiavam por anos a fio, ao mesmo tempo que estavam sendo assolados por epidemias e pragas, especialmente na região do atual Iraque e na Síria. O povo árabe, formado principalmente de nômades e mercadores de oásis, recebiam influências diversas, militares, religiosas e organizacionais, aos poucos foram assimilando boa parte de tudo com que tinham contato, o crescimento organizacional e militar, associado ao contexto social das regiões circundantes, permitiu o surgimento de uma oportunidade. Aquela região de estepes e desertos não estava na lista dos grandes conquistadores, não naquela época, esse afastamento pode ter sido o catalizador para uma nova e profunda reviravolta na história da humanidade.

---

63   O livro "Uma história dos Povos árabes" de Albert Hourani, editado por Companhia das Letras, é uma boa referência para quem deseja conhecer mais dessa história

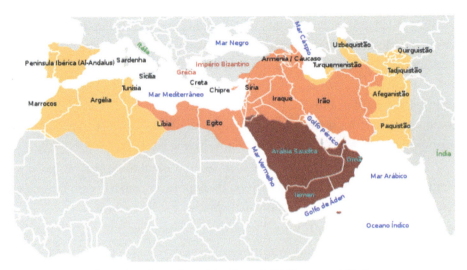

Figura 72 – https://pt.wikipedia.org/wiki/Expansão_islâmica

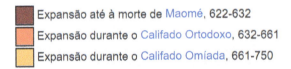

Em certo momento surgiu um aglutinador, para um povo que não tinha quase nenhuma identidade religiosa ou mesmo cultural, que fosse dominante, a maioria dos habitantes dessa região eram beduínos nômades e politeístas. Esse aglutinador foi Maomé, com conceitos originados no cristianismo e no judaísmo, ele apresentou, em forma de revelação, uma nova ordem baseada num livro que foi chamado de Corão, nascia assim, uma nova religião, o Islã. Apesar de conceitualmente originada do cristianismo e do judaísmo tinha suas características bem marcantes e distintas. Maomé ganhou notoriedade e o número de seus seguidores cresceu, bem como o número de seus antipáticos, de tal forma que foi necessário sair de Meca, quase uma fuga, para um oásis há 300 Km dali onde teve origem à cidade de Medina, precisamente em 622 d.C. Não tardou a se ver atraído pela luta armada e pelo controle das rotas comerciais. De certa forma, isso começou a forjar seus seguidores, a maioria manipulados política e assistencialmente.

Em pouco tempo toda península arábica estava sob seu controle, após sua morte emergiu um sucessor, Abu Bark, que afirmou sua autoridade pela força,

CAPÍTULO SÉTIMO

criando um exército e estendendo seus domínios para dentro das fronteiras de antigos impérios. Em 710 o domínio Árabe chegou ao sul da Espanha, Córdoba, que teve sua fundação nessa época, depois Toledo e Saragoça, os árabes permaneceram na região da península ibérica por quase 300 anos. Dominaram todo o norte da África e as regiões dos atuais Iraque e Irã, além de toda a península arábica.

AS CRUZADAS

As Cruzadas foram os confrontos que tiveram origem na argumentação de uma suposta intolerância religiosa, novamente a religião, e ocorreram em duas frentes, na região da Síria e Palestina entre os séculos XI e XIII conhecidas como Cruzadas do Oriente e na região da Península Ibérica entre os séculos VIII e XV, conhecidas como Cruzadas da Reconquista Cristã. Portanto 200 anos de confrontos numa e 700 anos noutra. Os humanos gostam mesmo de uma guerra!

A expansão beligerante da cristandade, teve influência direta e decisória dos Papas, a motivação desse confronto e sua manutenção por tanto tempo está na argumentação do resgate da Terra Santa, mas um olhar mais detalhado evidencia a ganância e o desejo do poder, outra coisa não justificaria um tão longo confronto sangrento.

Conflito / Guerra	Época / período	Envolvidos	
		Iniciador	Replicantes
Invasão árabe na península ibérica	710 - 718	Califado Omíada	Reino Visigótico
Cruzada de Reconquista Critã	718 - 1492	Os reinos da Europa Ocidental	Califados
Rebelião de Na Lushuan	755 - 763	Dinastia Tang	Dinastia Yan
Conquista Normanda	1066	Normandos	Reino da Inglaterra
Primeira Cruzada Oriental	1096 - 1099	Sacro Império e outros	Império Seijucida
Segunda Cruzada Oriental	1147 - 1149	Estados Pontifícios	Levante
Terceira Cruzada Oriental	1187 - 1191	Sacro Império e outros	Jerusalem Mulçumana
Quarta Cruzada Oriental	1202 - 1204	Veneza	Império Latino/Reino da Croácia
Quinta Cruzada Orirntal	1217 - 1221	Estados Pontifícios	França
Sexta Cruzada Oriental	1228	Estados Pontifícios	Sacro Império Romano Germânico
Sétima Cruzada Oriental	1248 - 1254	Estados Pontifícios	Jerusalem Turco-Mulçumana
Oitava Cruzada Oriental	1270	França	Egito/Oriente Médio
Nona Cruzada Orirntal	1271 - 1291	Estados Pontifícios	Egito
Invasão Mongol da Bulgária	1236	Império Mongol	Búlgaria do Volga
Invasão Mongol da Rússia	1223 - 1240	Império Mongol	Rússia de Kiev
Invasão Mongol na Europa	1241	Império Mongol	Rússia de Kiev e outros
Guerra Civil Inglesa	1139 - 1153	Inglaterra	Anarquia Inglesa
Gurra da Independência Escocesa	1296 - 1333	Escócia	Inglaterra
Guerra dos Cem Anos	1337 - 1453	França e outros	Inglaterra e outros
Conquistas de Tamerlão	1380 - 1402	Império Timúrida	Império Otomano
Guerra Toquetamis-Tamerlão	1385 - 1399	Império Timúrida	Canato da Hrda Dourada
Guerras Hussitas	1420 - 1436	Boémia	Boémia
Guerra dos Treze Anos	1454 - 1466	Transilvânia e outros	Império Otomano
Guerra das Rosas	1455 - 1485	Casa de Lencastre	Casa de Iorque

Figura 73 – Principais conflitos e Guerras na Idade Média

Há um aspecto novo nesse conflito, que é o patrocínio direto da Igreja institucional, foram criados grupos de saqueadores e assassinos que usavam o manto da igreja e se definiam como cavaleiros de cristo, tudo financiado pela Igreja Católica. Conforme suas inclinações, eles recebiam denominações específicas, assim foram constituídas as Ordens Militares Religiosas da Idade Média.

A mais famosa foi a Ordem dos Templários, mas existiram outras, a Ordem dos Hospitalários, Ordem de São Lázaro, Ordem de Alcântara, a Ordem dos Teutônicos, a Ordem de Calatrava, a Ordem de Santiago da Espada, a maioria delas foi estabelecida a partir e por volta de 1099. O financiamento era algo comparado ao nosso Fundo de Campanha (em 2022 – no Brasil – foi de R$ 4,97 bilhões), com tanto dinheiro em jogo eles, além de exercerem o ofício de proteger os peregrinos cristãos que iam a Jerusalém, combatiam os Mouros e acabaram por digladiarem entre si, buscando capitular com o inimigo interno (as outras ordens) e, evidentemente, assumir os espólios do conflito. Algumas acabaram sendo perseguidas pelo poder papal, tal era a perda de controle da Igreja sobre elas a determinada altura. Uma relação de poder sem limites. A maioria foi extinta até o século XVI, em Portugal uma delas persistiu até 1834.

Da esquerda para a direita, na figura abaixo, temos as imagens de algumas ordens: Santo Sepulcro, Malta, Templários, São Jacques de L'Épèe e Teutônicos.

Figura 74 – Imagem ilustrativa de algumas Ordens
https://www.fsspx.com.br/wp-content/uploads/2010/10/Os-templarios.pdf

Aquelas que não foram extintas e ainda estão vigentes, são as ordens que mudaram sua atuação, não são mais militares, mas apenas religiosas, hoje atuam como Ordens de assistência, de ensino, de contemplação ou missional, por exemplo, a Ordem dos Beneditinos, Ordem dos Carmelitas, Ordem dos Jesuítas, Ordem dos Salesianos, entre outras.

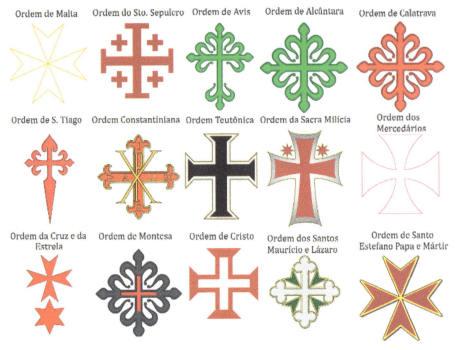

Figura 75 – Estandartes das Ordens Militares Religiosas – https://iluminareaquecer.blogspot.com/2017/02/ordens-religiosas-militares-e.html

As Guerras Modernas

Fundada em 330 pelo imperador Constantino, para ser a capital do Império Romano Oriental, Constantinopla, hoje Istambul, teve sua queda em maio de 1453, esse fato inicia um novo período com, mais ou menos, os seguintes ingredientes, uma Europa cujos reinados haviam consolidado seus estados e fronteiras, mantinha predominantemente o cristianismo católico, a pressão islâmica ocidental terminara e havia uma grande dependência de produtos que vinham da Índia e da China, especialmente especiarias, tecidos finos e tinturas. Neste contexto, inclui-se a formação e desenvolvimento dos

CAPÍTULO SÉTIMO

burgos, o surgimento de poderosos comerciantes e a condição de, em menos de um século depois da queda de Constantinopla, esses reinados terem condições de se lançarem em busca de alternativas para o comércio com o Oriente, que estava interrompido através de Istambul.

A lista abaixo apresenta uma relação das guerras e conflitos mais importantes desse período que vai de 1453 a 1889, a era moderna.

A incursão de navegadores financiados pelos reis e por mercadores ricos, mudou o controle político e revisou algumas fronteiras, época em que teve início as grandes navegações, colocando Espanha, Portugal, Inglaterra, França e Holanda em destaque substancial em relação ao resto do continente europeu.

Sobre o fim desse período Eric Hobsbawm escreveu o livro *A Era das Revoluções: 1789-1848*, nessa obra pode-se ler: "Após mais de vinte anos de guerras e revoluções quase ininterruptas, os velhos regimes vitoriosos enfrentaram os problemas do estabelecimento e preservação da paz, que foram particularmente difíceis e perigosos. Os escombros das duas décadas tinham de ser varridos, e a pilhagem territorial redistribuída." (HOBSBAWM, 2014, p. 165)

Conflito / Guerra	Época / período	Envolvidos	
		Iniciador	Replicantes
Guerra dos Oitenta Anos	1568 - 1648	República Neerlandesa	Reino de Espanha
Guerra Luso-Neerlandesa	1588 - 1654	República Neerlandesa	Império Portugês
Guerra Imjin	1592 - 1598	Dinastia joseon/Dinastia Ming	Regime Toyotomi
Guerra dos Trinta Anos	1618 - 1648	Reino da Suécia e outros	Sacro Império e outros
Conquista Qing da Dinastia Ming	1618 - 1683	Dinastia Qing	Dinastia Ming
Guerra Civil Inglesa	1639 - 1652	Parlamento Inglês (Oliver Cromwell)	Carlos I da Inglaterra
Guerra Sueco-Dinamarquesa	1656 - 1660	Suécia	Dinamarca-Noruega
Guerras Mongol-Marata	1680 - 1707	Imp[erio Marata	Império Mongol
Guerra da Sucessão Espanhola	1701 - 1714	Sacro Império e outros	França/Espanha/ Baviera
Guerra da Sucessão da Polônia	1733 -1738	Polônia e outros	Polônia/Rússia
Guerra da Sucessão Austríaca	1740 - 1748	Prússia e outros	Sacro Império e outros
Chacinas Guaraníticas	1754 - 1777	Índios Guarani	Portugal/Espanha/ Brasil Colonial

Guerra dos Sete Anos	1756 - 1763	Reino da Prússia e outros	Sacro Império e outros
Guerra da Independência dos EUA	1775 - 1783	Treze Colônias e outros	Grã-Bretanha e outros
Guerras Napoleônicas	1803 - 1815	Império Austríaco e outros	França e outros
Guerra Peninsular	1807 - 1814	Espanha	França
Guerra da Independência da Bolívia	1809 - 1825	Bolívia	Espanha
Guerra da Independência da Argentina	1810 - 1816	Províncias Unidas do Prata	Espanha
Guerra de Independência do México	1810 - 1821	México	Espanha
Guerra dos Farrapos	1835 - 1845	Império Brasileiro	República Rio Grandense
Primeira Guerra do Ópio	1839 - 1842	Reino Unido	Império Qind
Rebelião de Taiping	1850 - 1864	Império Qing/Reino Unido/França	Reino Celestial Taiping
Segunda Guerra do Ópio	1856 - 1860	Reino Unido e outros	Império Qind
Guerra da Criméia	1853 - 1856	Segundo Império Francês e outros	Império Russo
Guerra Civil Americana (Secessão)	1861 - 1865	Estados Unidos - União	Estados Confederados - Confederação
Guerra do Paraguai	1864 - 1870	Imério Brasileiro/ Uruguai/Argentina	Paraguai
Guerra de Canudos	1893 - 1897	Tropas Federais Brasileiras	Conselheristas
Segunda Guerra dos Bôeres	1899 - 1902	Reino Unido e outros	República Sul Africana

Figura 76 – Guerras modernas do século XVI ao XIX

A CONTEMPORANEIDADE

As guerras e conflitos de todo tipo continuaram e nos alcançaram, não há descanso, a humanidade precisa estar envolvida em um embate, evidentemente, isso deve ser analisado, mas não faremos isso aqui, não é objetivo deste livro, contudo, algumas linhas precisam ser escritas a respeito dessa inclinação humana.

Envolvidos			
Conflito / Guerra	**Época / período**	**Iniciador**	**Replicantes**
Guerra do Contestado	1912 - 1916	Governo do Brasil	Rebeldes
Primeira Guerra Mundial	1914 -1918	Sérvia e outros	Alemanha e outros
Guerra Civil Russa	1917 - 1923	República Socialista Russa/Ucrânia	Império Austro-Húngaro + 17 países
Tenentismo	1922 - 1927	Brasil	Tenentismo
Guerra Civil Espanhola	1936 - 1939	Espanha/Itália/ Alemanha/Portugal	República Espanhola/ União Soviética/México
Segunda Guerra Mundial	1941 - 1944	França e outros	Alemanha/Itália/Japão e outros
Primeira Guerra da Indochina	1946 - 1954	Indochina Francesa/Viet Minh	França/Vietnã/ Camboja/Laos/EUA
Guerra da Coreia	1950 - 1953	República da Coreia + 21 países	Coreia do Norte/China/ União Soviética
Guerra Civil do Laos	1953 - 1975	Pathet Lao/Vietnã do Norte e outros	Reino do Laos/Vitnã do Sul e outros
Guerra da Argélia	1955 - 1975	FLN	França
Guerra do Vietnã	1955 - 1975	Vietnã do Sul/EUA e outros	Vietnã do Norte e outros
Guerra Colonial Portuguesa	1961 - 1975	Angola/Moçambique/ Guiné Bissau	Portugal
Guerra de Independência da Namíbia	1966 - 1988	Swapo	África do Sul
Guerra Civil Angolana	1975 - 2002	Movimento Popular + 11 países	UNITA + 5 países
Guerra Irã - Iraque	1980 - 1988	Iraque/EUA/Arábia Saudita	Irã/URSS/Síria/Líbia
Segunda Guerra do Congo	1998 - 2003	Congo + 4 países	Uganda + 3 países
Segunda Guerra da Chechênia	1999 - 2009	Rússia	República Chechena
Guerra do Afeganistão	2001 - 2014	Afeganistão	Talibã
Guerra do Iraque	2003 -2011	EUA	Iraque
Guerra Civil Síria	2011 - presente	Jihadistas/Cudos Sírios	Síria

Figura 77 – Guerras modernas no século XX e XXI

Se houvesse vida extraterrestre e eu tivesse oportunidade de conversar com um alienígena, ficaria muito envergonhado quando tivesse que contar a história recente da Terra, especialmente a história da humanidade. No período que antecedeu à Segunda Guerra Mundial, o que se viu na Alemanha de Hitler, não foi muito diferente do que já se havia visto e do que se veria. A eliminação da vida por intolerância é um tema comum e reincidente para nossa espécie, seja intolerância étnica, religiosa ou de outra espécie qualquer.

> Pode não ter sentido tentar estabelecer qual dos dois agressores do Eixo na II Guerra Mundial, Alemanha ou Japão, foi o mais brutal para as pessoas que vitimou. Os alemães mataram 6 milhões de judeus e 20 milhões de russos [soviéticos]; os japoneses assassinaram algo como 30 milhões de filipinos, malaios, vietnamitas, indonésios e burmeses e pelo menos 23 milhões de chineses étnicos. Ambas as nações saquearam os países conquistados, numa escala monumental, embora os japoneses tenham pilhado mais, por um período mais longo, do que os nazistas. Ambos escravizaram milhões e os exploraram como trabalhadores forçados – e, no caso dos japoneses, como prostitutas [forçadas] para tropas nas linhas de frente. Se você era um prisioneiro de guerra dos nazistas de origem britânica, estadunidense, australiana, neozelandesa ou canadense (mas não russa) tinha 4% de chance de morrer antes do fim da guerra; [comprovadamente], o índice de mortalidade dos prisioneiros de guerra aliados mantidos pelos japoneses era de quase 30%.
>
> Texto creditado a Chalmers Ashby Johnson – acessado em 26/09/2022
>
> https://pt.wikipedia.org/wiki/Crimes_de_guerra_do_Jap%C3%A3o_Imperial

Evidentemente, esses números não absolvem nenhum outro ditador, rei ou imperador que porventura tenha tido seus índices de mortalidade registrados, menores dos que os dos japoneses.

Para além da complexidade existente no processo emancipatório e pós emancipação de Ruanda (que fora colônia Belga até 1962), aqui, cabe apenas ressaltar que em 1994, especialmente entre abril e julho, 800.000 pessoas da etnia tutsi foram assassinadas, num país cuja população era de 7.500.000 (sendo, aproximadamente, 6.300.000 da etnia hutus, 1.100.000 da etnia tutsi e 100.000 pigmeus), um genocídio praticado pelos hutus num intervalo de apenas 3 meses.

As bombas atômicas lançadas, pelos Estados Unidos da América, em um intervalo de três dias, contra as cidades japonesas de Hiroshima e Nagasaki, mataram quase que imediatamente, 70.000 e 40.000 pessoas respectivamente, o processo de destruição não se restringiu, infelizmente, ao impacto imediato,

CAPÍTULO SÉTIMO

no decorrer dos dias e meses que se seguiram muitos outros mortos foram acrescentados. Essas não foram bombas comuns, ao explodirem, produziram um clarão que pôde ser visto a 100 Km de distância, muitas vezes superior à luz do Sol do meio-dia, as radiações se propagaram na velocidade da luz, atingindo as pessoas instantaneamente. A temperatura na área da detonação pode ter ultrapassado os 6.000ºC e de acordo com Ribeiro:

> Contrariamente às armas convencionais, baseadas nas reações químicas das substâncias explosivas, a explosão nuclear tem múltiplos efeitos. Entre eles, os seguintes: a) onda de choque (entre outras coisas, sobre pressão na frente da onda de choque); b) irradiação luminosa (calórica); c) radiação penetrante inicial (instantânea); e d) radiação radioativa residual. (RIBEIRO, 2009, p.150).

> Os efeitos da bomba atômica são inúmeros. Além de milhares de mortos e devastação da cidade onde for jogada a bomba, há também a ocorrência de lesões traumáticas graves (feridas, fraturas, síndrome de compreensão etc.), queimaduras de primeiro, segundo e terceiro graus pelo corpo, queimadura dos órgãos da retina, consequências radiológicas (síndrome de radiação, alterações genéticas, tumores cancerosos etc.). (IDEM, p. 152).

Sabemos que quando as bombas foram lançadas, em *agosto* de 1945, o Japão já estava de joelhos e não representava mais nenhum risco ou perigo. Os alemães haviam se rendido em 07 de *maio* de 1945. Entretanto, "Para os Estados Unidos, conforme foram divulgados oficialmente em seus informes, boletins e documentos nacionais e internacionais, as bombas atômicas foram jogadas para impedir milhares de mortes que ocorreriam caso a guerra fosse prolongada". (RIBEIRO,2009, p. 164). Que vergonha!

Entre 1991 e 1995 assistimos ao conflito da Guerra Civil da Iugoslávia, com proeminentes componentes étnicos-religiosos. De acordo com Aguilar, apud UNHCR (2002):

> A guerra deixou profundas feridas nos seus habitantes. A Croácia teve um saldo de 12 mil mortos, 35 mil feridos, 180 mil imóveis destruídos, quase três mil desaparecidos, 200 mil refugiados, 350 mil desalojados e 25% da economia destruída. A Iugoslávia (na época constituída pela Sérvia e Montenegro) recebeu mais de 600

mil refugiados. Na Bósnia, o saldo apresentou 220 mil vítimas, sendo 160 mil muçulmanos, 30 mil croatas, 25 mil sérvios e 5 mil de outras etnias. Na capital Sarajevo, houve mais de 10 mil mortos e 50 mil feridos. Da população de 4,4 milhões de pessoas, em dezembro de 1995, havia 1 milhão e 300 mil desalojados, 500 mil refugiados, em países vizinhos, 700 mil refugiados, em países da Europa Ocidental, sendo 350 mil só na Alemanha. (AGUILAR, 2002, p. 440)

Concordo com Aguilar (2002) quando ele diz que em qualquer sociedade o conflito seja inevitável e que nem sempre esse conflito seja levado a um confronto letal. As visões culturais, diferenças de significados, diferenças de identidades sociais, diferenças de religiões, todas essas diferenças são, como pode-se verificar, incompatíveis. Não inerentemente incompatíveis, mas uma incompatibilidade construída, forjada deliberadamente. Essas diferenças estão, na maioria das vezes, fortemente ligadas a interesses de poder, evidentes ou não.

O conflito Israel-Palestina é um último e bom exemplo e o abordaremos no próximo subtítulo.

Conflitos Étnicos e Religiosos?

Desde o primeiro quarto do século XIX, judeus influentes já preconizavam a formação de um estado judeu, mesmo havendo sugestões alternativas de algumas opções como potenciais localizações, nenhuma teve a concordância majoritária, pois em grande medida o desejo daqueles que estavam abraçando essa causa, nessa época, era que esse estado fosse fundado na região ao redor da cidade de Jerusalém. Nessa época a região da Palestina era uma unidade geográfica sob o controle Otomano de maioria árabe e viviam em harmonia, judeus, árabes mulçumanos e árabes cristãos.

Mesmo sem um horizonte para a formação do estado de Israel, judeus oriundos, particularmente, da Europa Oriental já eram estimulados a imigrarem para a Palestina e constituírem assentamentos; entre a última década do século XIX e os primeiros anos do século XX, mais de 25 mil judeus haviam entrado na região. Após a Primeira Guerra Mundial, com a queda do Império Otomano, o controle da Palestina passou para a Inglaterra, nessa época a população de judeus havia crescido muito, mas de um total de cerca de 600 mil habitantes, 80% eram árabes mulçumanos, 10% judeus e 10% árabes cristãos. Por volta de 1937, havia um milhão de árabes e cerca de 120 mil judeus.

Durante todo esse intervalo, existiram muitas tentativas de fundar um estado palestino, houve um momento em que se cogitou a formação de um Estado da Palestina, que obviamente continuaria a abrigar os que já habitavam essa região. Essas tentativas foram boicotadas pelos árabes, que exigiam uma representação proporcional no futuro governo, desejo nunca acatado. O desfecho que acabou por determinar a criação do estado de Israel, se deu por uma ação irresponsável do governo inglês, à época, comandado por Winston Churchill, porque praticamente "lavou as mãos" e retirou a administração inglesa, deixando o comando diretamente aos judeus e com a conivência do príncipe árabe Abdullah ao concordar com o plano dos ingleses e judeus, em troca de ser a Jordânia reconhecida como reino e ele próprio ser reconhecido como seu rei.

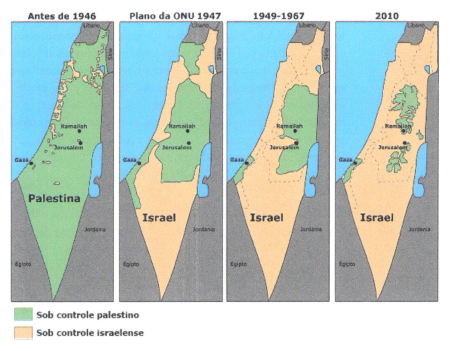

Figura 78 – http://www.jornaldocampus.usp.br/index.php/2021/06/questao-israel-palestina-73-anos-de-limpeza-etnica/

Nem mesmo o território, inicialmente acordado entre os protagonistas do processo de fundação do novo Estado, foi respeitado, por ocasião da proclamação, em 14 de maio de 1948, ele já estava maior, passando de um terço do acordo inicial. Um mês antes da proclamação, em abril, um ataque, minuciosamente engendrado, a uma aldeia árabe, provocou um massacre de mais de cem pessoas, levados ao terror, aproximadamente, 300 mil árabes fugiram para fora das fronteiras da Palestina. No que se seguiu, o recém governo empoçado não permitiu que esses árabes voltassem aos seus lares.

O livro *O Conflito Israel-Palestina* é de autoria de um judeu e de um árabe, nele podemos apreciar o conflito entre 1862 e 2003, pelas duas perspectivas, o trecho que segue está na primeira parte do livro *uma perspectiva judaica* que é escrita por Dan Cohn-Sherbok:

> Durante a luta entre árabes e judeus, uma grande área de território árabe foi capturada e, mais tarde, legalizada pelo Knesset[64] sob a Lei de Aquisição de Terra de 1953. Além disso, as terras árabes foram tomadas militarmente pelas autoridades do exército e dadas a colonos judeus. [...] A maioria das terras e casas pertencia a árabes palestinos que tentaram fugir durante a luta. Elas foram confiscadas sob a Lei de Propriedades Ausentes de 1950. Essa propriedade foi dada aos novos imigrantes de Israel, [...]. Aproximadamente 418 cidades árabes foram tomadas durante esse período. Desanimados por esse estado de coisas, os árabes que perderam suas posses nutriram ressentimento profundo contra aqueles que tomaram as terras [...]. (AL-ALAMI e COHN-SHERBK, 2005, p. 77)

Em muitos casos os conflitos podem ser de origem étnica e/ou religiosa, mas sempre existe algum ingrediente adicional, geralmente, o desejo de poder.

SÍNTESE

Nessa segunda parte que é iniciada pelo Capítulo Sétimo, fiz uma introdução para dar o caráter que ela tem, mais voltada para uma reflexão filosófica do que para um aprofundamento histórico. Como suporte para essas reflexões

---

64 **A Knesset** é a assembleia legislativa unicameral de Israel que constitui o poder legislativo.

CAPÍTULO SÉTIMO

foram apresentadas três vocações humanas, a religiosidade, o confronto e o desejo do poder.

Iniciando pelo breve relato dos confrontos, as guerras e conflitos mais marcantes da história foram listadas e alguns foram abordados tangencialmente.

Na abertura dessa Segunda Parte está posto o poema, de Carlos Renno e Lenine, *Quede água*, é uma fotografia do contexto sócio-histórico brasileiro, mas que tem semelhanças com outros diversos lugares de nossa Terra.

Na abertura da Introdução, dessa mesma Segunda Parte, coloquei o poema *Paciência*, da autoria de Carlos Eduardo Falcão e Lenine, esse poema, gravado em forma de canção bem como o anterior, fala da raridade da vida. Os dois poemas mostram, a sensibilidade dos poetas que os escreveram e, como estão tão alinhados com o que estou tentando fazer emergir de tudo que escrevo.

Em conformidade com o que quero demonstrar estão os conflitos e as guerras, a dicotomia da existência humana entre a potência e o ato ou, para ficar distante dos clássicos gregos e mais próximos da sociedade do início do século XXI, a dialética entre o que se diz e o que se faz.

CAPÍTULO OITAVO

> Uma vida sem busca não é digna de ser vivida.
>
> **Sócrates (o grego)**

> [É necessário] criar [...] uma razão aberta, capaz defender-se em face às múltiplas solicitações contemporâneas de fuga para o irracional ou fechamento em estreitas posições pragmáticas e cientificistas. E a razão aberta é uma razão que sabe ter em si o corretivo de todos os erros (enquanto razão humana) que comete [...]
>
> **Antiseri e Reale**

A Religiosidade

> Todas as religiões têm o dever de orientar as pessoas para a paz interior e exterior. Se queremos tornar este mundo melhor, precisamos tornar-nos pessoas melhores. [..] as diferentes crenças [...] são apenas diferentes métodos, diferentes abordagens para a promoção do amor.
>
> **Dalai Lama**

A palavra "religião" significa uma religação com uma divindade, para os ocidentais monoteístas, uma religação com Deus. Entretanto, se ampliarmos o significado para o *lato senso*, incluiremos no conceito de religiosidade a conotação de espiritualidade, considerando que essa espiritualidade contenha, no seu arcabouço ideológico, um Ser superior.

"Religiões e Espiritualidades" é um compilado do Fórum Diálogos realizado em Recife (Pernambuco – Brasil) em 2020, a compilação é aberta com a frase de Dalai Lama, que também abre este subtítulo. Nesta compilação em formato de livro, pode-se ver o mosaico formado pelas religiões e espiritualidades. O prefácio desse compendio traz a ideia que subjaz nesse livro: "No entanto, em tudo que é humano instala-se igualmente a finitude, a limitação, o erro. Somos igualmente cativos do desejo e do ego, que age como um inimigo oculto, nebuloso, de natureza inferior, inibidor das grandes realizações" (NUNES, 2020, p. 14).

Evidentemente, as pessoas (Homens contemporâneos, a humanidade), muitas delas, são guiadas por propósitos, digamos, do bem, um conjunto de pessoas, que ou está disperso ou encontra-se recoberto por outras partes "ruins", de onde pode-se procurar extraí-las, como se faz quando tomamos uma fruta muito madura que se quer salvar algum pedaço, no intuito de renovar nossa esperança. No mesmo prefácio pode-se observar essa busca:

> Ao mesmo tempo em que cresce a consciência por uma cultura planetária de paz, amplia-se o número de etnias, religiões e crenças que se empoderam e se rivalizam via conflitos e intolerâncias. Um sentimento crescente de unidade e cidadania mundial coexiste com o da ilusão separatista, da fragmentação e rupturas nacionais, regionais e locais; possibilidades e expressões de economia solidária vão juntas com as de um comercio individualista pautado no lucro e na ganância. Talvez por isso a realização do sonho da paz se apresente gradual, com idas e vindas, avanços e retrocessos. **Mas, tais condições não devem conduzir à descrença ou à desesperança. Há uma visão mais promissora e não menos realista, de lidar com a dualidade das condições do mundo e do ser.** (NUNES, 2020, p. 14) (grifo meu).

O autor do prefácio, Sérgio Neves Dantas, prof. De Antropologia da Universidade Federal de Pernambuco, ao qual, faço questão de dar o crédito para não ficar oculto na citação do organizador, se esforça por dar um tom de esperança ao cenário atual (que de fato vige desde sempre) e escreve ainda: "Caro leitor, que este livro o ajude a manter a chama da paz acesa. Que essa paz seja susceptível de constituir um tesouro para o mundo. Se assim for, cada capítulo será como um mapa singular traçando possíveis caminhos, cenários visionários em torno da construção desse tão almejado sonho por uma cultura planetária de paz".

Destaco esse detalhe, primeiro porque parece que não estou sozinho na interpretação de mundo que tenho e estou apresentando, segundo porque

CAPÍTULO OITAVO

também busco esse sonho, evidentemente, por outro caminho, cuja construção deste livro é sua parte integrante. Muitas vezes posso parecer pessimista, bem, se fosse não aceitaria a empreitada de escrevê-lo, contudo, sou racionalista, na verdade um racionalista crítico que busca enxergar a verdade (oportunamente a palavra "verdade" estará no banco dos réus), por ora, entenda-se busca da verdade como o resultado de uma pesquisa sobre os fatos e que pretende olhar para os diversos vieses e escolher o candidato à verdade que melhor se destacar.

Se for preciso parecer pessimista, que seja, escolho a dor à ilusão, ainda que seja dolorido, melhor o enfrentamento do que submissão passiva.

VÁRIAS, MAS NÃO TODAS (AS ESPIRITUALIDADES)

> A mente crédula [...] experimenta um grande prazer em acreditar em coisas estranhas, e quanto mais estranhas forem, mais facilmente serão aceitas; mas nunca leva em consideração as coisas simples e plausíveis, pois todo mundo [qualquer um] pode acreditar nelas.
>
> **Samuel Butler**

Entre as diversas religiões, crenças, seitas e demais instituições de cunho espiritual, que formam o mosaico brasileiro, seguem algumas.

Budismo, originário do norte da Índia, tem seu surgimento registrado por volta de 600 a.C., tem como seu primeiro iluminado (filho de rei, príncipe Sidarta Gautama) o Buda Sakyamuni, como passou a ser chamado. Não existe um Deus no budismo, os seguidores de Buda o reverenciam como um exemplo a ser seguido. O objetivo maior é a busca da felicidade pessoal, por um caminho que passa pela introspecção – a busca pela paz, o altruísmo e a lucidez, além da preocupação por não causar sofrimentos [a outras pessoas].

Candomblé, originário do povo Bantu, da região da atual Angola, chegou ao Brasil trazida por negros escravos. Nzambi é o seu Deus, não possuem um livro sagrado e os ensinamentos são replicados oralmente, pregam o amor e a fraternidade.

Cristianismo, evidentemente tem sua origem em Cristo e a partir de sua morte, portanto, por volta do ano 33. A igreja do povo de Deus, como era chamada, teve Pedro apóstolo como seu primeiro representante. O cristianismo tem como principal orientação a replicação dos ensinamentos de Jesus o Cristo "filho de Deus". Depois de muita perseguição, o Imperador Romano Constantino, em 313, por conveniência política, adotou o cristianismo como religião oficial do Império Romano. Duas foram as sedes religiosas do Império a partir daí, uma em Roma e outra em Constantinopla para onde Constantino se mudou. A sede romana, a partir de 1054 passou a ser chamada de Católica Apostólica Romana e de Constantinopla passou a ser chamada de Católica Ortodoxa.

Cristianismo Católico Romano (catolicismo), tem sede no Vaticano e seu representante maior é o Papa. Tem um Deus supremo e pode-se dizer que a sua fundação se deu no ano de 1054. Tem como orientação a igualdade entre os povos, a justiça e o amor ao próximo.

Cristianismo Anglicano, foi criado pelo rei inglês Henrique VIII no século XVI, devido à sua insatisfação com relação à posição política da Igreja Católica (Romana), assim essa mudança ficou conhecida como Reforma Protestante. Essa igreja é liderada por um grupo de bispos e está presente no Brasil há aproximadamente 200 anos. Tem um Deus supremo, o mesmo dos judeus, dos islâmicos e dos católicos, defende a responsabilidade de seus seguidores de preservar e respeitar a vida e combater a violência de gênero e raça.

Igrejas Evangélicas, as Igrejas Evangélicas de denominações protestantes históricas são conhecidas como Luterana, Metodista, Batista, Presbiteriana, Episcopal e Congregacional, todas elas têm um Deus supremo, o mesmo do catolicismo, do judaísmo e do islamismo. Todas surgiram a partir da Reforma Protestante e mantém, mais ou menos, as mesmas orientações, do cristianismo anglicano.

Culto Nagô, originário da Nigéria e trazido para o Brasil pelos escravos que de lá vieram, cultuam Iemanjá e Olofim, seu Deus supremo. Não possuem um livro sagrado e sua perpetuação é feita de forma oral. Tem como objetivo a convivência fraterna.

Espiritismo, fundado em 1854 por Hippolyte Léon Denizard Rivail conhecido como Allan Kardec, tem um Deus supremo (*Deus é a inteligência Suprema do Universo e causa primária de todas as coisas*). Sua orientação sustenta que o progresso humano depende da reencarnação do espírito e segue os ensinamentos de Jesus o Cristo. Defende o trabalho para o bem e para a caridade.

Fé Bahá'í, fundada por Bahá'u'lláh na segunda metade do século XIX e de origem árabe. Tem seu fundador como um representante de um Deus

CAPÍTULO OITAVO

241

supremo e tem como objetivos a fraternidade, a busca da justiça, a eliminação dos preconceitos e o serviço aos semelhantes.

Islamismo, surgiu com Maomé em 622 quando foi forçado a sair de Meca para fundar Medina e de onde iniciou o seu périplo. Allah (Al-ilah) é a designação de um Deus supremo, de fato, o mesmo Deus dos judeus e dos cristãos, seu livro sagrado é o Corão. O islamismo desembarcou no Brasil ao final do século XVIII. Baseia-se na fé nesse Deus e na sua submissão a ele, na preservação da justiça, da igualdade, e da bondade, pregam a oposição à opressão e à tirania.

Judaísmo, nasceu por volta de 1.000 a.C., seu principal livro sagrado é o Torá, é uma religião organizada com muitos e complexos rituais. Para o judeu o Deus supremo é Uno e criador do Universo, esse Deus é uma entidade que mantém uma relação de simbiose com o homem. Possuem templos chamados de sinagogas, seus líderes espirituais chamam-se rabinos. Pregam o amor ao próximo e a justiça. Embora o Deus seja o mesmo dos cristãos e dos islâmicos, a relação desse Deus com o homem é diferente.

Jurema Sagrada, de origem indígena do nordeste brasileiro, seu registro mais antigo, data de 1741, baseia-se na existência de mundos espirituais, onde espíritos ancestrais habitam e de lá possam enviar ajuda para o enfrentamento de situações adversas. Orbita entre o bem e o mau, ou seja, não existe um meio termo e promove a difusão do respeito e da paz.

Sem discorrer sobre elas, ainda pode-se citar: *A Religião de Deus do Cristo e do Espírito Santo; a União Vegetal; a Wicca; Danças sagradas; Hare Krishna; Opus Dei;* entre outras.

Fora do Brasil e pelo mundo, a lista é imensa, não caberia neste volume, então, para nosso propósito ficaremos por aqui, essa amostra servirá bem para nos ajudar com a organização das ideias.

Quero chamar a atenção para a cousa em comum, vejamos, o que é comum a todas as religiões, crenças e espiritualidades?

Sem precisar reler, eu afirmo, a defesa da moral. Se essa afirmação sugere um toque de ironia, peço desculpas, não estou sendo irônico. De fato, as diretrizes de todas são marcadamente moralizantes, no sentido de cumprir o que se pode esperar de uma instituição de tal inclinação espiritual. Por acaso, o cidadão comum esperaria que uma igreja defendesse o assassínio? Penso que não. Ou esperaria que tal instituição fosse instigadora do latrocínio? Também, penso que não. Então, o que fazem essas instituições, declaram fazer o bem, lutar pela justiça, amar o próximo, difundir a paz, ser contra a tirania, promover a igualdade entre os homens, construir uma convivência fraterna, ser caridosa e assim segue uma lista de bem-aventuranças, que aproximam o cidadão comum carente de acolhimento e, na maioria das vezes, o converte.

Entretanto, judeus e árabes se digladiam em nome do mesmo Deus, da mesma forma que árabes sunitas e xiitas. Cristãos católicos e cristãos protestantes se matam em nome do mesmo Cristo. E diversos foram os conflitos apresentados no Capítulo Sétimo, ditos em nome de um Deus ou de uma inclinação religiosa. Esse estado de coisas merece nossa atenção, nosso estudo e, também, nosso desprezo, pois ao declararem o que declaram como seus nortes o fazem de forma tangencial e enganadora. Ora, o que significa lutar pela justiça ou ser caridoso, são palavras de uma retórica estudada, não fosse assim, os Papas da Idade Média não teriam financiado as Ordem Militares Religiosas, onde estava o "amar o próximo" naquela ocasião?

Ou, suas diretrizes servem apenas para alguns de seus seguidores? Se é assim, isso não está claro nas suas escritas e ensinamentos, que tanto desejam que seja universal. Que eu saiba universal é para todos.

Tenho insistido em minhas críticas às instituições religiosas e entendo que a abordagem religiosa seja a forma de manobrar, uma grande quantidade de pessoas, mais eficiente que exista, populações inteiras a serviço de uns poucos controladores. Alguns dirão: "não é sempre assim" ou "há exceções", e coisas dessa ordem. E é verdade, há exceções, mas reputo que não deva ser exceção, mas a regra, no entanto, vemos justamente o contrário, somente a exceção. Fazer o bem, a caridade, amar o próximo, lutar pela justiça estão em segundo plano, são exceções.

As instituições empresariais listadas abaixo, não foram incluídas na lista anterior, por uma razão simples, sinto repúdio pelo que são e pelo que representam, ao mesmo tempo que sinto um misto de pena e raiva daqueles que se entregam a esses encantadores de cobras. Raiva dos que se afiliam a elas, justamente, por buscarem os mesmos objetivos (a vantagem através da ilusão) que mantém essas organizações vivas e pena porque sei que muitos são pessoas desesperadas em busca de um consolo. Refiro-me às organizações comerciais registradas como igrejas evangélicas pentecostais.

CAPÍTULO OITAVO

As Igrejas Evangélicas pentecostais surgiram no Brasil a partir da década de 1970, curiosamente no auge do regime militar, são as conhecidas Congregação Cristã do Brasil, Assembleia de Deus, Igreja do Evangelho Quadrangular, Deus é Amor, O Brasil para Cristo, Casa da Benção, Nova Vida, Igreja Universal do Reino de Deus, Igreja Internacional do Reino de Deus. E enquanto e onde houver uma busca cega por acumular riqueza a qualquer custo, ali e nesse momento haverá alguém fundando uma dessas igrejas. De acordo com Mariano, apud GONÇALVES (2017, p. 76)

> Sua teologia está caracterizada pela ênfase no combate espiritual contra o "diabo", pela pregação da Teologia da Prosperidade, crença que afirma que o cristão deve ser próspero, saudável, feliz e vitorioso, através do pagamento de dízimos, em seus empreendimentos terrenos, pela liberalização dos usos e costumes, tradicionais símbolos de conversão e pertencimento ao pentecostalismo e pela estrutura empresarial (MARIANO, 2004).

Mas não é só, da mesma forma GONÇALVES (2017, p. 78) complementa:

> só não é próspero financeiramente, saudável e feliz nessa vida quem carece de fé, não cumpre o que diz a Bíblia a respeito das promessas divinas e está envolvido, direta ou indiretamente, com o Diabo. A posse, a aquisição e exibição de bens, a saúde em boas condições e a vida sem maiores problemas ou aflições são apresentados como provas da espiritualidade do fiel (MARIANO, 2012, p. 157)

É importante fazer a distinção entre as instituições e suas similares da primeira lista e essas empresas oportunistas da segunda lista, não obstante, todo o resto que é comum e se apresenta como uma característica humana, merece estudo.

Eu encerro essas palavras sobre essas infames instituições com uma última colocação de GONÇALVES (IDEM): "Em termos organizativos, a Igreja Universal estrutura-se como um corpo de funcionários, assumindo uma hierarquia semelhante ao modelo empresarial, com pastores e obreiros preparados e orientados para ascender na carreira dentro da denominação, como se estivessem no interior de uma empresa".

E encerro, porque penso que dispensar mais linhas para falar de coisa tão danosa, tiraria o foco (se é que já não tirou) das reflexões produtivas que estou propondo nesta Segunda Parte.

A NECESSIDADE DA ESPIRITUALIDADE

> [...] um homem acredita mais facilmente no que gostaria que fosse verdade. Assim, ele rejeita coisas difíceis pela impaciência de pesquisar;
>
> coisas sensatas, porque diminuem a esperança;
>
> as coisas mais profundas da natureza, por superstição;
>
> a luz da experiência [científica], por arrogância e orgulho;
>
> coisas que não são comumente aceitas, por deferência à opinião do vulgo.
>
> Em suma, inúmeras são as maneiras, e às vezes imperceptíveis, pelas quais os afetos colorem e contaminam o entendimento.
>
> **Francis Bacon**

Por que o homem precisa da espiritualidade?

Essa é uma pergunta de resposta complexa e que exige, para respondê-la, a luz da reflexão. Acima, ao apresentar em brevíssima descrição, algumas das religiões, crenças e espiritualidades existentes no Brasil do início do século XXI, seguiu-se, como que, uma crítica severa ao contraste que existe entre as ações dos indivíduos e as diretrizes dessas organizações religiosas e/ou espirituais. Quero dar oportunidade para que uma reflexão tenha ocasião, não sobre a instituição, mas sobre o sujeito que a ela se vincula.

O homem primitivo, mesmo antes de ter constituído a instituição "religião", já mantinha seus mitos, os cultivava e os transmitia oralmente para gerações subsequentes, esses mitos estavam muito mais ligados a seus medos e a seus desconhecimentos do que ao controle e manipulação, entretanto, à medida que a sociedade evoluía em complexidade e à medida que sua organização se hierarquizava, a instituição "religião" e, portanto, a espiritualidade, também, ganhavam os mesmos contornos. Em pouco tempo, sua própria hierarquização emergiu e ocupou seu lugar no contexto social, permitindo que novas conotações fossem somadas às antigas e que, uma evolução consequente, continuasse até atingirmos a lista vista acima.

CAPÍTULO OITAVO

Contudo, quero desviar o olhar para o sujeito que é parte dessa nova organização institucional, em geral, chamada de igreja[65]. Esse sujeito é, obviamente, o Homem, mas ao buscarmos compreender por que a humanidade precisou (e ainda precisa) dessa espiritualidade (do tipo místico ou etéreo), é necessário retomar algumas questões evolutivas ainda não tratadas até aqui. O Homem ao se colocar ereto e caminhar sobre dois pés, ganhou uma vantagem evolutiva que permitiu que suas relações neurais pudessem ser reorganizadas de forma a garantir algumas qualidades antes ausentes e que permaneceram ausentes em outros hominídeos que conviveram na mesma época.

Ao mesmo tempo que ganhava um cérebro maior, ganhava, também, uma dificuldade a mais, seus rebentos demandavam mais tempo para o amadurecimento. Observa-se em geral que os filhotes mamíferos são os que demandam maior atenção dos pais ou da mãe, após o desmame precisam aprender a se alimentar sozinhos e, então, passam a viver de forma autônoma, ainda que, muitas vezes como partícipe de algum grupo familiar, como ocorre com os elefantes. Peixes, normalmente, deixam seus ovos e nunca retornam para ver seus rebentos, o mesmo ocorre com as tartarugas. Algumas aves simplesmente empurram os filhotes para fora do ninho, assim que um sinal interno lhes diz que já é hora deles cuidarem das próprias vidas. Mas, o filhote humano demanda uma atenção muito maior, os estudiosos não sabem dizer se o desenvolvimento do cérebro provocou uma tal dependência ou se a dependência deu oportunidade ao desenvolvimento do cérebro. Talvez, não seja nem uma nem outra, talvez, seja justamente uma espécie de ciclo catalítico de crescimento tal, que uma vantagem inicial tenha surgido e dado ocasião à outra. E assim, sucessivamente, pode ter tido origem um crescimento positivo.

Uma vez ereto e com capacidade cerebral de 1400 cm^3, o hominídeo, agora Homo sapiens, ganhou consciência. Ao ganhar consciência, percebeu-se a si próprio, é justamente essa a essência da consciência, e passou a fazer questionamentos e, para responder às suas questões mais balizares, fez conjecturas com os recursos e as teorias[66] de que dispunha, evidentemente, o resultado não

---

65 **Igreja** no sentido lato: É um desdobramento histórico que pode designar uma instituição organizada formal e civilmente, separada ou não do Estado dependendo do país e da época.

66 **Teoria:** De forma simplificada, é um conjunto de frases escritas (ou não) na linguagem Natural, capaz de ensejar fatos observáveis, sujeitos às hipóteses que, capazes de descrever tais fatos, possam ser confrontadas com esses fatos ou experimentos.

poderia ter sido diferente. Esse é o processo natural da construção de saberes, dessa forma, um agrupamento humano, poderia ter concordado com uma *teoria*, que estivesse, aos olhos dos componentes desse grupo, em concordância com o que era observado, por exemplo, um trovão poderia ser a manifestação de um ser superior alertando ao grupo um perigo iminente, se todas as vezes que um trovão fosse escutado, ou pelo menos a maioria delas, fosse seguido de forte tempestade ou descargas elétricas mortíferas, então essa visão de mundo passaria a ser uma verdade para esse grupo.

Verdades desse tipo podem se constituir em mitos, uma narração fantástica, mas que explica, ainda que muito provisoriamente, os fatos observáveis. Vejam que há um processo, de certa forma, muito lento para a formação de mitos, descrição de fenômenos naturais e suas respectivas explicações. Passados de geração para geração, inicialmente, por via oral, se misturando com a própria história daquele grupo, vão ganhando adereços e coloridos, virando uma lenda. Com o advento da escrita, viram história e em seguida história sagrada. Depois, irão constituir livros sagrados, muitos chamam essas histórias de metáforas, porque de alguma maneira interessa dar um significado novo, uma explicação moderna ao mito original.

A raiz da espiritualidade humana parece estar aí, resultado inicial de nossa própria evolução genética e social e que chega à complexidade organizacional ao mesmo tempo de sua complexidade social, um processo inseparável em suas partes, ou seja, a evolução social carregou a reboque a evolução da espiritualidade. Num primeiro momento o desenvolvimento dessa instituição espiritual surgiu com o objetivo de organizar e ordenar as coisas, num segundo momento passou a ser instrumento de controle. Para ajudar nesse tema árido, apoio-me em Luiz Roberto Benedetti, que escreveu na introdução de BERGER (1985, p. 07), o seguinte, "Só que o homem precisa ocultar a si mesmo o caráter construído da ordem social para que ela possa se reproduzir como ordem, evitando assim a anomia[67] e o caos. Surge a religião como força poderosa que torna plausíveis e duradouras as construções sociais da realidade, eliminando a precariedade intrínseca destas ordens construídas".

Evidencia-se um caráter fundamental da sociedade humana e de sua construção de mundo que é uma dialeticidade permanente, e o é justamente

---

67 **Anomia**: ausência de leis ou de regras, desorganização

CAPÍTULO OITAVO

por ser um produto humano, ou seja, a sociedade resulta do homem e o homem resulta da sociedade. Inexiste uma realidade social que não inclua o homem e não se concebe o homem fora de uma sociedade (mesmo que seja possível sua sobrevivência solitária). A instituição religião é um subproduto dessa organização social, pois reafirma a relação dialética da humanidade consigo mesma, contudo, essa dialética não está somente nas relações humanas, está também, no interior de seu intelecto, nas suas conclusões interpretativas de mundo. A esse respeito, ELIADE (1992, p. 15) escreve:

> Esses modos de ser no Mundo não interessam unicamente à história das religiões ou à sociologia, não constituem apenas o objeto de estudos históricos, sociológicos, etnológicos. Em última instância, os modos de ser sagrado e profano dependem das diferentes posições que o homem conquistou no Cosmos e, consequentemente, interessam não só ao filósofo, mas também a todo investigador desejoso de conhecer as dimensões possíveis da existência humana.
>
> [...] O homem das sociedades tradicionais é, por assim dizer, um *homo religiosus,* mas seu comportamento enquadra-se no comportamento geral do homem [...].

O termo, *Homo religiosus,* cunhado por Mircea Eliade representa e resume muito bem tudo que tenho exposto.

A Ciência, devo ressaltar, sejam as ciências da natureza, sejam as ciências das humanidades, que é parte integrante do alicerce de tudo que escrevo, caminha, por assim dizer, num ciclo catalítico progressivo e acelerado, cada década é sempre muito mais profusa que a anterior e isso já dura ao menos cem anos, desde o final do século XIX. As coisas estão evoluindo tão rapidamente que alguns livros didáticos estão sendo editados com textos já em obsolescência, muitos paradigmas estão sendo superados ano a ano, embora, seja verdade que muita coisa ainda permaneça por algum tempo sem alteração.

O fato relevante não está no progresso científico, propriamente dito, está no conflito interpretativo em que as pessoas, que manifestam sua religiosidade e que acompanham essa evolução científica, estão imersas e diante dessa nova realidade que está sendo construída diariamente, possam perguntar, e agora? Um conflito interpretativo que se manifesta quando novas explicações precisam ser dadas para a manutenção de antigos mitos. Isso aconteceu quando a igreja católica precisou aceitar o heliocentrismo que retirou o homem do centro do universo, e se repetiu inúmeras vezes em nossa história, mas nunca nesta velocidade.

Creio que esse movimento explica algumas coisas, por exemplo, a dicotomia que, de fato sempre existiu, mas que agora emerge de forma acentuada, entre o sacro e o profano, como se o homem pudesse ser ao mesmo tempo crente fiel e agnóstico. Crente e fiel no seu templo, espaço usado para sua remissão, e agnóstico fora dele. Em um, se mantém defensor das diretrizes de sua instituição, no outro simplesmente tenta tirar vantagem das oportunidades que surgem, esse é um Homem sem ética, esse é o *Homo religiosus*[68] por excelência. Sim, existem exceções, mas aqui refiro-me ao "normal".

Os simbolismos que se mantém para a perenidade dos ritos e metáforas religiosas e espirituais, constituem o bastião onde são fincadas suas bandeiras e onde são defendidas suas posições, são os símbolos e metáforas dos templos e dos livros sagrados e que são esquecidos noutros lugares e ocasiões. "Esses simbolismos exprimem situações religiosas primordiais, mas são suscetíveis de modificar seus valores, enriquecendo-se de significados novos e integrando-se em sistemas de pensamento cada vez mais articulados" (ELIADE, 1992, p. 85).

Para concluir essa ideia, quero considerar que muito do simbolismo se renova nas festas religiosas, oportunidade, em que o fantástico não precisa de explicação e as metáforas antigas continuam aceitas apesar da ciência.

> A festa religiosa é a reatualização de um acontecimento primordial, de uma "história sagrada" cujos atores são os deuses ou os Seres semidivinos. Ora, a "história sagrada" está contada nos mitos. Por consequência, os participantes da festa tornam-se contemporâneos dos deuses e dos Seres semidivinos. Vivem no Tempo primordial santificado pela presença e atividade dos deuses. O calendário sagrado regenera periodicamente o Tempo, porque o faz coincidir com o Tempo da origem, o Tempo "forte" e "puro". (IDEM, p. 55)

---

68 *Homo religiosus* é um termo cuja conotação é forte, mas não deve, e nem é esse o objetivo do autor, ofender pessoas religiosas. Esse termo é dedicado ao grupo de pessoas que faz uso da religião para obter vantagens sociais, seja busca de poder, seja pela obtenção de recursos financeiros.

CAPÍTULO OITAVO 249

A DICOTOMIA SOCIAL NA HISTÓRIA DA FILOSOFIA

> Segundo entendo, toda ciência é cosmologia e, para mim, o interesse que tem a Filosofia, assim como o que tem a Ciência, reside apenas nas contribuições que elas trazem para a Cosmologia. Tanto a Filosofia como a Ciência perderiam, a meu ver, todo o atrativo, se abandonassem esse alvo.
>
> **Karl Popper**

Ao escolher esse subtítulo, o fiz em consideração à exposição relativa às questões sociais e humanas, considerando a mútua dependência que há entre o sujeito e o grupo social. A Filosofia mantém semelhante relação, os filósofos tentam explicar o mundo e suas explicações nunca foram e nem nunca serão expressão da realidade, são antes suas visões de mundo e, portanto, carregadas de tudo que vivenciaram, ou seja, fruto do meio social ao qual estiveram imersos. Entretanto, algumas mudanças sociais e entendimentos sobre esse mundo, foram influenciadas por diversas posições defendidas por filósofos, um jogo de réplicas e tréplicas sem fim.

Neste subtítulo apresentarei alguns pensamentos filosóficos de maneira a permitir um ponto de vista que permita construir ou, ao menos, enxergar, a relação entre o contexto sócio-histórico e a respectiva visão de mundo desses autores. Faço isso para justificar a ideia de dicotomia, nem sempre uma sociedade faz aquilo que suas normas, escritas ou tácitas, determinam. O que está no estatuto não é verdade para todos, mas cada um, cada sujeito, de forma isolada, em seu discurso pode, e na maioria das vezes é isso que faz, defender a letra e agir em desacordo com ela.

PRÓLOGO: OS GREGOS

A Filosofia nasceu na Grécia clássica e a seus criadores, os gregos dessa época, devemos essa gratidão. Cosmologia, como escreve Popper na abertura deste subtítulo, é o estudo da origem e composição do Universo, entretanto, podemos aceitar uma cosmologia que inclua e situe o homem, então, podemos dizer que este livro é profundamente cosmológico, desde a sua capa.

A Filosofia é fruto da liberdade ao mesmo tempo que é a garantidora dela, o surgimento desse modo de pensar nasceu num contexto sócio-histórico em que prevalecia a liberdade, um momento em que as cidades-estados gozavam de condições sociais, políticas e econômicas que permitiram uma situação de bem-estar inédita. Atenas era a cidade-estado mais desenvolvida e próspera e foi, não por acaso, a capital da liberdade grega e onde a Filosofia mais se desenvolveu.

Já dissemos aqui, que o ideal da sociedade grega se confundia com o ideal social e político, de tal maneira que o ser cidadão era um bem para cada componente dessa sociedade, isso deu a esse cidadão o status de Homem ético, um objetivo que foi perseguido até a instauração do período helênico.

Tales de Mileto é considerado o primeiro filósofo, viveu entre os séculos VII e VI a.C., era um naturalista, tentava explicar as coisas da natureza, para ele tudo provinha da água. A Tales sucederam-se Anaximandro, Anaxímenes e Heráclito de Éfeso. Todos criam em deidades, contudo o deus deles não era algo fora do mundo, mas parte inerente dele, no sentido mitológico. Em seguida surgem os pitagóricos, seguidores do pensamento de Pitágoras que viveu entre o século VI e V a.C. Essa escola de pensamento nasceu de uma fraternidade "religiosa" e, devido à inclinação para a Matemática e pela observação de simetrias numéricas, passaram a cultuar o número como essência de todas as coisas.

Após Xenófanes e Parmênides, destaca-se Zenão (o antigo), nascido em Eléia, viveu entre os séculos VI e V a.C., criador da dialética, forma argumentativa baseada nos contrários, são seus contemporâneos Anaxágoras, Lêucipo, Demócrito e Diógenes.

Sócrates (470-399 a.C.) inaugura uma nova era filosófica, deslocando o eixo dos questionamentos em relação ao cosmos para questionamentos em relação ao Homem e sua existência, a psiquê. No contexto desse novo período surge a escola sofista (sábio ou especialista no saber) que acompanha essa inauguração de caráter humanista. Muito bem-sucedida inicialmente pela forma nova e firme de abordar e enfrentar os questionamentos, teve, contudo, um desenvolvimento desastroso, pois, os filósofos dessa escola passaram a cobrar pelos seus ensinamentos e isso era algo inaceitável pelo grego ético. Seu maior representante foi Protágoras, seguido por Górgias e outros.

Sem nos afastarmos de Sócrates, o fundador da moral ocidental, destaca-se a sua crítica aos sofistas que transmudaram a conotação do sofismo, nascido em Atenas, foi condenado à morte devido a descontentamentos políticos. Seu

CAPÍTULO OITAVO   251

princípio filosófico está centrado no Homem: o Homem é a sua alma e sua maior contribuição está no campo da Ética. Antônio Damásio em seu livro *O Erro de Descartes*, apresenta diversos exemplos para concluir que é um erro o pensamento cartesiano que considera uma distinção entre corpo e alma, creio que Descartes apenas tenha replicado Sócrates que dizia: "Ora, o Homem usa seu próprio corpo como instrumento, o que significa que o sujeito, que é o Homem, e o instrumento, que é o corpo, são coisas distintas" (ANTESERI e REALE, 1990, vol. I, p. 88), sendo o sujeito a própria alma ou psiquê. Para Sócrates há duas máximas, uma que diz a virtude é a ciência e o vício é a ignorância, a outra que diz ninguém faz o mal voluntariamente, se o faz é por ignorância do bem, ou seja, pelo vício e, portanto, sem virtude. Para esse pensador deus é a inteligência, que conhece todas as coisas e está em comunhão com o bem.

Já dissemos também, algo sobre os socráticos menores, aqueles que foram seus seguidores, porém não acrescentaram nada de importante na sua filosofia, dentre os quais destacam-se Antístenes, Aristipo, Euclides de Mégara e Fédon de Élida. Se houve socráticos menores deve haver ao menos um socrático maior, e há, esse é Aristócles, também, nascido em Atenas por volta de 428 a.C. e que ficou conhecido como Platão[69].

Fundador da Academia, onde ensinava ética, política e as coisas da natureza, sua vida filosófica foi dividida pelos seus estudiosos em primeira e segunda navegação, na segunda navegação ele enfatiza o ser suprassensível. Nos *Diálogos Platônicos* ele utiliza o recurso da dialética, a qual deu aprimoramento, além do recurso dialético, Platão retoma a abordagem dos mitos como recurso metafórico para explorar novas investidas explicativas sobre a existência da psiquê, de um ser inteligível. Há uma ruptura entre as coisas mundanas e as coisas supramundanas que podemos chamar metafísicas, neste caso, não na conotação popperiana, mas metafísico no sentido etéreo-mítico, ou seja, puramente o mundo das ideias; é nesse contexto que se desenvolve o *Mito da Caverna*.

A Teologia ocidental tem origem em Platão, entretanto, para esse pensador o divino está, ainda, como de início: *Todos criam em deidades, contudo o deus deles não era algo fora do mundo, mas parte inerente dele, no sentido mitológico.*

---

69 **Platão** do grego platôs, que significa amplo, esse apelido se deve ao seu porte físico de ombros largos.

Platão entende o divino como o mundo das ideias e há um Demiurgo que conhece o divino e o representa, é um artífice e não um criador, e mantém como correta a tradição grega do politeísmo. Entretanto, nasce a partir de seus pensamentos o conceito de imortalidade da alma, a alma grega a psiquê, talvez esteja aí a razão de sua filosofia ter sido o ponto de partida da Teologia ocidental.

Aristóteles nasceu em Estagira por volta de 384 a.C. aos dezoito anos foi para Atenas estudar na Academia de Platão, onde permaneceu por vinte anos, nesse período pôde amadurecer seus próprios pensamentos e após a morte de Platão, em 347 a.C., fez um périplo por diversas regiões, sendo por um período preceptor de Alexandre que se tornaria o Grande, a convite de Filipe, então, rei da Macedônia. Em 335 a.C. estava de volta a Atenas onde fundou o Perípatos, sua própria escola. Escrevendo de forma esotérica para os seus seguidores, os peripatéticos, e de forma exotérica para os demais, como forma didática, a respeito de suas ideias e da sua contraposição às ideias de Platão.

Platão era afeito à matemática, uma relação esperada dada à sua abstração e o conceito suprassensível que deu concepção, Aristóteles se importava mais com o empirismo e as coisas da natureza, não se preocupando com detalhes do suprassensível.

O termo metafísica (além da física) nasce com Aristóteles que apresenta uma definição, explicava que a metafísica é a filosofia primeira, que indaga sobre as realidades que estão acima das realidades físicas em oposição à filosofia segunda que pensa sobre as realidades físicas e cria um quadro de definições como segue: i) o questionamento sobre o Ser; ii) o questionamento sobre as causas originais ou primeiras; iii) o questionamento das coisas materiais e iv) o questionamento sobre deus e o suprassensível.

A fase helenística inicia-se com a revolução de Alexandre o Grande (ou Alexandre Magno), não sabemos e, possivelmente, Aristóteles também não, o quanto e como foi sua influência sobre o menino de treze anos, junto ao qual atuou como preceptor e que acompanhou até ascender ao trono, "Infelizmente, sabemos pouquíssimo sobre as relações que se estabeleceram entre essas duas excepcionais personagens, que o destino quis ligar. É certo que, embora tenha compartilhado a ideia de unificar as cidades gregas sob o cetro macedônico, Aristóteles, de certo modo, não compreendeu a ideia de helenizar os bárbaros e igualá-los aos gregos" (ANTESERI e REALE, 1990, vol. I, p. 174)

CAPÍTULO OITAVO

Os objetivos de Alexandre eram ideais compartilhados por muitos, tinha entre eles, o desejo de acabar com preconceitos racistas junto com as diferenças entre gregos e bárbaros, entretanto ao transformar as cidades-estados num todo pertencente a uma monarquia, rompeu com o que o grego tinha de melhor, sua identificação como cidadão. Talvez, a história fosse diferente se não houvesse morrido tão cedo. Ao cair sob a conquista romana o povo heleno (grego) viu sucumbir seus ideais de cidadania, esse cisma teve consequências profundas.

No período alexandrino surgiu o epicurismo de Epicuro (341-270 a.C.) a primeira escola desse período, com uma visão profundamente ligada à natureza, instituiu-se o conceito de átomo (indivisível), discorreu-se sobre a ética, sobre a vida política e indo de encontro com as ideias de Platão, retirou de seus ensinamentos o mundo das ideias e, portanto, a alma deixou de ser relevante. Seguiu-se a Epicuro o outro Zenão (333-262 a.C.) fundador da escola da Estoá e, da mesma forma que epicuristas, os estóicos utilizavam a lógica como critério de verdade e mantiveram distância da religião. À Estoá, seguiu-se o ceticismo de Pirro, de Arcesilau e de Carnéades, com foco na moral, na retórica e na dialética respectivamente.

Uma reviravolta se desencadeou a partir de Fílon de Larissa, no século II a.C., não é coincidência que "Em 146 a.C., a Grécia perdeu totalmente a liberdade, tornando-se província romana". (Op. Cit. p. 228), nasceu assim o ecletismo. Ao mesmo tempo, pensadores romanos, sob a influência helênica, passaram a fazer parte da história da filosofia, eis que Cícero (106-43 a.C.) surge como o elo mais importante entre o pensamento grego e o pensamento romano. A sociedade romana, ainda que muito diferente da sociedade grega, mantinha uma deidade e sobre a influência grega, boa parte dos deuses gregos foram assimilados pelos romanos que, no entanto, tinham essa semelhança religiosa.

Nesse período encontramos o grande Euclídes (matemático), Apolônio, Arquimedes e Héron, existe nessa fase histórica uma inclinação para a matemática, contudo, diferentemente dos místicos pitagóricos, agora a dedicação é com a estruturação da geometria, das ciências da natureza, da astronomia, da medicina e da engenharia. Sêneca, nascido na mesma época que Cristo, morreu em 65 d.C. foi o último representante das escolas pagãs, como foram nominadas as escolas anteriores ao evento do cristianismo. Seguem-se Epicteto,

Marco Aurélio (o imperador) que abraçou o estoicismo, e paulatinamente todas as escolas gregas, ainda que com várias tentativas de reerguê-las, se diluem e terminam com um último suspiro dado por Plotino (205-270 d.C.). Plotino entende o Uno como o Universo e, em seu leito de morte, declara seu testamento espiritual "Procurai conjugar o divino que há em vós com o divino que há no universo." (Op. Cit. p. 340). Para esse pensador o divino coincide com a liberdade criadora, causa e consequência em si mesmo, para ele a alma já existe antes mesmo que o sujeito venha a nascer, nesse sentido a alma é a essência do homem e isso é uma retomada das ideias de Platão.

O imperador Justiniano colocou um ponto final na filosofia pagã, de forma oficial, "Nós proibimos que seja ensinada qualquer doutrina por aqueles que estão contagiados pela loucura dos ímpios pagãos [...]" (Op. Cit. p. 355), isso se dá em 529 d.C. destaque-se que nessa época Roma já havia adotado o cristianismo, desde Constantino, que em 312 havia se declarado cristão e em 313 adotara o cristianismo como religião oficial do império.

Esse prólogo é um apanhado brevíssimo da história da filosofia grega e sua influência sobre o pensamento romano, e serve em primeiro lugar como suporte para a compreensão das etapas históricas que se sucederam e, em segundo lugar, deixar marcado, como apesar da presença religiosa, esta não criava obstáculo para o pensamento livre, não impunha medo nem estava no centro das atenções.

PENSADORES DA ERA CRISTÃ MEDIEVAL

A bíblia, coleção de livros que reúne textos do antigo e do novo Testamento, exerceu uma enorme influência sobre a humanidade. Todo antigo testamento foi transmitido oralmente desde (por volta de) 1.300 a.C. e foram sendo escritos à medida que seus guardiões encontravam ocasião, estima-se que o trecho mais antigo tenha sido escrito por volta do século II a.C., 1.100 anos de oralidade havia passado, trechos esparsos em pergaminhos foram compilados, talvez, por volta de 95 d.C., constituindo a primeira bíblia da história. O trecho escrito do novo testamento, mais antigo, é datado por volta do início do século II d.C., ao menos 100 anos depois da morte de Jesus. (https://biblia.com.br/perguntas-biblicas/historia-da-biblia/, 2022).

CAPÍTULO OITAVO

Os romanos eram politeístas e havia certa dificuldade em aceitarem o monoteísmo, a adoção do cristianismo como religião oficial de Roma, era, no momento histórico vivido por Constantino, uma necessidade política devido às recorrentes manifestações que se desenvolviam e à fragilidade política que Roma atravessava, esse contexto, ainda, era composto por uma disputa interna entre cristão arianos e gentis, uma disputa acerca da origem e constituição da divindade cristã, essa disputa perpassou diversos sínodos e concílios convocados por Constantino. O concílio de Nicéia, por fim, estabeleceu a dualidade entre Deus pai e Deus filho, o que de certa forma acomodava os ideais do pantheon politeísta romano, entretanto, havia muita discórdia entre os cristãos, mesmo sobre essa conclusão que teria sido manipulada pelos arianos, numa manobra ardilosa, iludindo os bispos cristãos latinos.

Ideias recorrentes, nessa época, recuperavam a filosofia platônica que, no campo religioso, admitia um sistema de três deuses unidos "por uma geração misteriosa e inefável", muitos cristãos estudiosos da filosofia platônica encontraram nela a sustentação para uma saída que acolhesse a maioria das opiniões divergentes. É de grande relevância destacar que, antes de se adotar o dogma de que Cristo tivesse nascido de uma virgem, em vários sínodos desse mesmo período, fora discutida a ideia de que o cristo houvesse descido à terra já formado, portanto, a geração a partir de uma virgem, é um dogma construído em uma reunião sindical. De toda sorte, "As mesmas sutis e profundas questões atinentes, à geração [divina], à distinção e à igualdade das três divinas pessoas da misteriosa Tríade ou Trindade vieram à baila nas discussões das escolas filosóficas e cristãs de Alexandria" (GIBBON, 1989, p. 284). Adotada por Constantino, a Santíssima Trindade, acabou sendo oficializada, em grande medida pela luta pessoal de Atanásio, no Concílio de Constantinopla no ano de 381.

Assim como a justificativa para a Santíssima Trindade, é da maior importância para à religiosidade ocidental, a figura de Maria, desde a instauração do cristianismo, por isso segue esse trecho muito esclarecedor, escrito por CAMPOS (2012, p. 140)

> No que concerne ao primeiro nível, no qual se manifestou um significativo hibridismo cultural, transferiu-se a Maria muito do sentimento de devoção que se expressava nos ambientes das culturas

greco-romana e oriental. As origens da veneração primitiva a Maria estão centradas na antiga adoração às deusas da fertilidade e mães da terra, própria de um período pré-cristão. Frequentemente, diz--se que Maria é a sobrevivência das figuras de deusas das religiões orientais. De fato, nas antigas culturas, muitas figuras da deusa-mãe são encontradas. São pequenas estátuas esculpidas com seus seios à mostra e mulheres grávidas. Tais sociedades caçadoras e coletoras não detinham conhecimento de técnicas agrícolas e de irrigação, estando, assim, sujeitas a todas as intempéries (Benko, 2004). Destarte, o ato de dar à luz era tido como um momento sobrenatural durante o qual a mulher se revestia de um poder misterioso. A concepção era um símbolo para todas as forças da vida. A mulher como deusa é sempre referida como "a mãe dos deuses e dos homens". A ideia do deus-rei dos céus associada à deusa-mãe remete ao leste do Mediterrâneo entre 4000 e 2000 a.C. nas sociedades urbanas do Egito, da Síria e da Ásia Menor, por exemplo, em figuras como Ísis e Ishtar (Ruether, 1977).

Na mitologia clássica greco-romana, também houve um significativo desenvolvimento das figuras das deusas. Cada aspecto da grande deusa-mãe do Oriente Médio foi retratado como uma figura feminina própria na religião clássica: Ártemis/Diana, a poderosa deusa virgem caçadora; Démeter/Ceres, a deusa da colheita; Afrodite/Vênus, a deusa do amor e da beleza; Hera/Juno, a deusa--esposa; e outras.

Desse modo, tais religiões que traziam em seu panteão figuras como deusas-mães e virgens tornaram-se representações de Maria numa *interpretatio* das deidades. A hibridização delas na forma de uma *interpretatio* cristã empreendida no imaginário cristão foi determinante tanto para a conversão dos gentios quanto para a assimilação da doutrina cristã por eles. Ao tolerar a veneração a Maria, a *ekklesia*[70] recebia mais seguidores, agora identificados com a nova religião. Maria não foi, oficialmente, uma deidade cristã; todavia, alguns documentos tendem a considerá-la com o poder e a autoridade de uma divindade.

A filosofia da era cristã tem início com Aristides, Justino e Taciano, gregos que viveram no século II, defenderam e difundiram que o cristão era

---

70 *Ekklesia*: assembleia cristã.

CAPÍTULO OITAVO

o repositório da verdadeira filosofia, seguidos por Clemente e Orígenes da escola catequética e depois por Gregório de Nissa, Dionísio Aeropagita e João Damasceno, que encerra o período conhecido como Patrística grega. A Patrística Latina é iniciada por Minúcio Félix, Tertuliano, Cipriano, Novaciano, Arnóbio e Lactâncio e atinge o apogeu com Santo Agostinho (354-430), há com certeza muito a se falar sobre esse período e seus ilustres representantes, porém, não há espaço neste volume para isso, o que precisa ser destacado, para o fim do meu propósito, é que nesse intervalo desde o início da era cristã até o fim da idade média, a teologia dominou a área da filosofia e, dessa forma, subjuga-se a liberdade de pensamento, fundamento balizar da filosofia, às amarras da teologia.

Santo Agostinho, nasceu na África, região da Numídia, filho de pequeno proprietário de terras, estudou retórica em Cartago, de volta a sua cidade fundou uma comunidade religiosa, em 391 foi ordenado sacerdote e em 395 consagrado bispo.

Severino Boécio (480-526), nasceu em Roma, foi funcionário público, dedicou-se à lógica, às ciências e à filosofia, no campo da filosofia recuperou as ideias de Platão especialmente as ligadas às questões religiosas, surpreendentemente, seus escritos mais importantes estão à margem de sua fé, com exceção de *De Trinitate, Utrum Pater et Filius et Spiritus Sanctus* e alguns outros.

Isidoro de Sevilha (570-636), foi bispo de Sevilha e autor de textos teológicos, não obstante escreveu, também, sobre medicina, história, geografia, arte da mecânica, arte da guerra e outros conhecimentos de ordens práticas.

Nesses 600 anos a filosofia ocidental, foi se afastando das origens gregas e se estabelecendo no campo da teologia, restando apenas o elo platônico distorcido, para acomodar os novos pensamentos teológicos.

Há um hiato entre o fechamento das últimas escolas pagãs e a reorganização promovida por Carlos Magno, com a reconstrução de novas escolas no século VI. Contudo, entre o século VI e o século XIII, as escolas foram essencialmente anexas às abadias ou às catedrais ou monásticas e episcopais, é nesse contexto que surge a escolástica.

A escolástica foi um movimento da Idade Média que se desenvolveu em quatro fases, iniciando no século VI e terminando no século XIV, carregou consigo o conceito de universidade como um local onde se podia aprender, a escola, daí o seu nome (a escola era o local e a escolástica o conjunto conceitual), foram todas instituições formadas, construídas e equipadas pela Igreja, esse movimento, que incluiu a fundação da escolástica, criou o contexto para que os temas razão e fé fossem discutidos, assim, teve início a dicotomia, que no desenvolvimento do processo, transbordou para a vida cotidiana, entre as coisas da razão e as coisas da fé. Uma vez estabelecidas essas condições, se seguiu um programa de pesquisa escolástico de cunho religioso, no qual o papel da razão ficou restrito à aceitação da doutrina cristã e à sua autoridade. A respeito da cronologia escolástica (ANTESERI e REALE, 1990, vol. I, p. 486) nos informa:

> A primeira [fase], mais preparatória vai do século VI ao século IX, marcada por períodos de grande obscuridade cultural e decadência moral, entremeados por momentos de renascimento e antecipações. Com a restauração do Império por parte dos carolíngios, tenta-se a organização das escolas e, portanto, da cultura. A figura mais representativa desse período é João Escoto Eriúgena. A segunda fase, com momentos de instabilidade e redespertar, vai do século IX ao século XII: é a época da reforma monástica e da renovação política da Igreja, com a luta pelas investiduras[71]; é a época das Cruzadas e da incipiente civilização comunal. Entre as figuras de destaque encontram-se Anselmo de Aosta, a Escola de Chartres, a Escola de São Vitor e Abelardo [...]. A terceira fase, da "áurea escolástica", abarca o século XIII e as prestigiosas figuras de Tomás de Aquino, Boaventura de Bagnoregio e Duns Escoto. A quarta e última fase, que encerra a escolástica é assinalada pelo divórcio entre a fé e a razão, se dá no século XIV sendo interpretada por Guilherme de Ockham.

João Escoto direcionou sua dialética para a interpretação de textos bíblicos, irlandês de origem, viveu parte de sua vida na corte francesa. Para compreender o filósofo e o contexto sócio-histórico, é importante perceber que Escoto pregava que nada devia se afastar do ensinamento reto da razão, nem mesmo ocasionar oposição a ela, contanto que seguisse a verdadeira autoridade, a sabedoria divina, assim, ele colocou a razão de joelhos diante do divino.

---

71 **Investidura:** era a ação de nomear clérigos para cargos importantes, como bispos e abades.

CAPÍTULO OITAVO

Anselmo Aosta (1033-1109) nasceu em uma família *beneditina*, tornou--se monge, com ele nasceu a teologia focada no instrumento da razão, sob o ponto de vista da inadequação da razão para compreender Deus, autor da obra "Por que Deus fez o Homem", seu pensamento nasceu, se desenvolveu e amadureceu dominado pela ideia de Deus.

Pedro Abelardo (1079-1142) nasceu em Le Pallet, na França, filho de militar teve sucesso em abrir uma escola própria, contudo o período mais produtivo se deu na escola de Notre Dame, local de atração da juventude estudiosa de sua época, após um romance fracassado, se constituiu monge. Dedicou-se à dialética, à problemática teológica-religiosa, à ética e ao estudo dos universais[72].

A criação das universidades possibilitou um desenvolvimento cultural há muito esquecido na Idade Média, propiciando uma abertura de novo horizonte social. O século XIII testemunhou o nascimento da burguesia com o amadurecimento das comunidades (comunas). Nesse período, em contraponto à base de sustentação platônica, ressurgiu o aristotelismo, percebeu-se uma inclinação mais para o lado da razão e para as coisas da natureza.

Avicena (980-1037) um persa que foi o precursor dessa fase, tem uma obra de 18 volumes onde aborda a lógica, a retórica, a poética, a física (medicina) e a metafísica. Ele se dedicou a responder questões do tipo: Qual a relação entre Deus e o mundo? e É uma relação de liberdade ou necessidade? Seguem-se a Avicena, Averróis que nasceu em Córdoba (1126-1198) no centro da influência islâmica, defendeu que a verdadeira filosofia era a de Aristóteles e que exprimia a máxima verdade. Essa fase é rica em contribuições árabes.

Os pensamentos de Isidoro de Sevilha e de Avicena estão separados por, aproximadamente, 500 anos, Antiseri e Reale não relatam quase nada desse intervalo, isso não quer dizer que nada foi escrito, mas quer dizer que nada de significativo foi escrito, lembremos que as referências que faço são aquelas das mais importantes e marcantes de cada época. E mesmo que novas ideias tenham surgido, levando o pensamento filosófico para o lado da razão, jamais, como será mostrado, o pensamento livre dos gregos, de forma abrangente pelo cidadão comum, será retomado na história.

---

72 **Universais**: conceito abstrato que trata das qualidades de justiça, beleza, coragem, bondade, por exemplo.

São Tomaz de Aquino (1221-1274) é considerado um dos maiores pensadores de todos os tempos, nascido na Itália, seus primeiros estudos foram na abadia de Montecassino e seus estudos complementares ocorreram na universidade de Nápoles onde teve contato com dominicanos. Hilário de Poitiers foi um bispo (não foi filósofo) que defendeu, por volta de 350, o conceito de Trindade, escreveu *Tratado sobre a Santíssima Trindade*, no qual defende sua ideia de forma fervorosa. Tomaz escreveu que pensa como Hilário, dizendo que *ao saber que deve a Deus, e sendo esse o principal dever de sua vida, conclui que cada palavra e cada sentido seu deve falar de Deus.* A relevância de Tomaz não está em se distanciar da teologia, mas em desenvolvê-la e aprimorá-la e nesse sentido desenvolve diversas ideias sobre os universais, sobre a existência de Deus, sobre a lei humana e a lei divina, mas em sua conclusão vemos que a *fé guia a razão* ou como escreviam, ele e Boaventura de Bagnoregio, *a razão escreve o que a fé dita.*

Roger Bacon (1214-1292) foi aluno de Roberto Grossatesta, em Oxford onde iniciou seus estudos, partiu para Paris onde se tornou franciscano e mestre em teologia, seu destaque está no desenvolvimento do naturalismo (aritmética, geometria, música e astronomia) e em se dedicar a uma filosofia voltada para a natureza, logicamente seguia as ideias de Aristóteles. Da mesma época é João Duns Escoto, também franciscano, que seguindo os passos de Grossatesta e de Bacon, defendeu a separação e a independência da Filosofia em relação à Teologia.

Por volta do fim do século XIII os novos Estados europeus estavam se consolidando e Estados consolidados e organizados tendem a manter uma certa distância das Igrejas (exceto, obviamente, os Estados teocráticos), isso aconteceu na Europa. Com o afastamento, mas não muito, da Igreja, as ideias podem se arejar, o pano de fundo que deu sustentação a esse panorama foi, sem dúvida, o fortalecimento da classe burguesa. Onde houve conveniência, a Igreja se manteve muito influente fazendo perseguições contra aqueles que divulgavam princípios contrários aos seus interesses. Contudo, uma janela se abriu e o século XIV, que foi o último da Idade Média, foi testemunha dessas mudanças. Essas mudanças me fazem lembrar de George Orwell e seu livro *A Revolução dos Bichos*, evidentemente a sua crítica tem como alvo o regime comunista, entretanto, olhando com atenção vemos a mesma metáfora nesse contexto do crescimento da burguesia, ao se estruturarem passaram a agir da mesma forma

CAPÍTULO OITAVO

que seus opressores seculares. O Homo sapiens é uma evolução num caminho chamado, pelos estudiosos evolucionários, de *beco sem saída*.

Mesmo com um novo ar no ar, tantos séculos de influência não poderiam e não puderam desopilar o livre pensar, a humanidade jamais será livre novamente em sua plenitude, sempre haverá um resto de influência teológica no pensamento humano, contudo, registre-se que a ética e os valores defendidos pelos estatutos serão palavras vãs pronunciadas nos templos, mas pouquíssimas vezes transformadas em ações por seus pronunciadores.

Guilherme de Ockahm (1280-1349), nasceu nas proximidades de Londres, foi frei franciscano, estudou em Oxford, foi acusado de heresia pelo Papa João XXII, e morreu de cólera em Munique para onde fugiu. Duvidava das questões teóricas entre razão e fé sobre as quais se manifestou e sobre a defesa que seus antecessores haviam feito sobre a ideia da Santíssima Trindade ele escreveu, apud (ANTESERI e REALE, 1990, vol. I, p. 615): "O fato de que uma única essência simplicíssima seja três pessoas realmente distintas é algo que nenhuma razão natural pode se persuadir, sendo afirmada unicamente pela fé católica, como algo que supera o sentido, todo intelecto humano e quase toda razão".

É criação dele a famosa "navalha de Ockham", um conceito que determina, que diante de duas explicações coerentes sobre a mesma observação, deve-se escolher a explicação mais simples, *Entia non sunt multiplicanda praeter necessitatem* (As coisas não devem ser multiplicadas além do que é necessário). Apesar de não se afastar da teologia ele fez nítida separação entre teologia e filosofia, fé e razão e com isso abriu o caminho para um conceito de Universo e para a substituição da visão aristotélica por uma visão de carater empírico.

As transformações iniciadas por Ockahm foram profundas e instigantes, um grupo de seguidores conhecidos como ocamistas deram continuidade ao seu modo de interpretar a natureza, esse movimento deu início à construção do saber científico. Suas ideias podem ter inflenciado Copérnico, mas com certeza influenciaram Galileu Galilei. Contudo, antes que a História chegasse a Copénico e Galileu, ainda haveria algumas recaidas.

Pensadores da era cristã do século XIV ao início do século XVIII

O pensamento humanista iniciou um novo período, jazia a Idade Média, não é pouca coisa chamar esse novo período de Renascimento, depois de tanto tempo nas trevas, ainda que tenha havido algum progresso no Direito e na Engenharia, isso não foi suficiente para iluminá-lo.

Humanistas e Renascentistas

O primeiro humanista foi Francisco Petrarca (1304-1374), poeta e intelectual, viveu justamente o epílogo da Idade Média, alguns autores podem discordar dessa data, mas eu considero que o marco do final da Idade Média coincide com a queda de Constantinopla em 1453. Uma vez aceita, 79 anos separam a morte de Petrarca do fim da Idade Média, não obstante, não deve-se firmar uma data para uma mudança histórica dessa natureza, houve um contínuo que aos poucos foi ganhando forma e vários eventos foram marcando uma mudança sem retorno, alterações nos Estados, nas sociedades e nos modos de viver e pensar dessas sociedades, especialmente, considerando que essa mudança ocorria em uma grande área territorial e, portanto, uma grande diversificação de composições sociais regionais.

Indignado que estava com a corrupção e com a impiedade, Petrarca lançou-se na direção oposta, ele acreditava profundamente que para conhecer um homem era necessário ouvi-lo. Foi seu seguidor Coloccio Salutati, nascido em Florença. Do mesmo lado de Petrarca, mas um pouco mais distante do período que estava sendo superado apresentou-se Leonardo Bruni (1372-1444), do mesmo lado por ser, também, um humanista e mais distante do período anterior, pois considerava o homem como um ser mais político e civil, nota-se uma retomada do pensamento grego clássico e isso se evidencia ao observar sua obra, tradutor que foi de Plutarco, Xenofonte, Demóstenes e Ésquines, além de Platão e Aristóteles, com esse último, no entanto, demonstra maior aproximação ressaltando alguns conceitos aristotélicos de relação com a natureza.

Dessa mesma época são Poggio Bracciolini, Leon Battista Alberti (filósofo, matemático e arquiteto), Lurenço Valla e Nicolau de Cusa, este último um neoplatônico e religioso, ordenado sacerdote em 1426 e cardeal em 1448. Nicolau não foi completamente alinhado ao humanismo que emergia, talvez

CAPÍTULO OITAVO

263

devido à sua formação, contudo, esteve distante das posições ortodoxas anteriores, mantendo-se no campo do intelecto e de conceituações matemáticas como o infinito, os opostos, o absoluto, a geometria e coisas dessa ordem, sobre a conceituação de infinito de Nicolau, ANTESERI e REALE escrevem: "[...] quando se indaga no âmbito das coisas finitas, o juízo cognoscitivo é fácil ou difícil (quando se trata de coisas complexas), mas, *de qualquer modo*, é possível. Entretanto, as coisas são bem diferentes quando se indaga do infinito, que, enquanto tal, *escapa a toda proporção*, restando-nos, portanto, desconhecido". (1990, vol. II, p. 63). Voltado para o ente, o ser, Nicolau compreende o homem como um universo em si mesmo, nisso se aproxima dos humanistas. Seguem-se Marcílio Ficino, Pico de Mirandola e Francisco Patrizi, mas foi o pensamento de Marcílio o mais incisivo causando transformações, especialmente, no campo da política.

Todos esses pensadores humanistas araram o campo e o deixaram preparado para que o Renascentismo fosse definitivamente instalado. O pensamento renascentista foi, desde seu início, permeado por um desejo de mudança, em todos os âmbitos sociais, especialmente e notadamente, na religião. Ideias germinativas, contudo, precisam de tempo para maturação, deve-se compreender que o mundo estava em mudança, mas ainda profundamente impregnado por centenas anos de pensamento medieval, essa dificuldade de mudança é percebida especialmente na formação escolar dos pensadores, que se dá, na sua maioria, em escolas confessionais.

O processo de renovação da Igreja, ainda que detentora da formação desses pensadores, sofre um primeiro forte golpe, que foi desferido por Desidério Erasmo, o Erasmo de Roterdão (1466-1536), ao defender o livre arbítrio vai de encontro às determinações Católicas. Martinho Lutero (1483-1546), crítico ferrenho dos cânones católicos, acaba por abalar a estrutura social e religiosa de toda a Europa, era o momento de Reformar a Igreja. Mas, Lutero foi um homem de formação religiosa e seus pensamentos orbitaram o campo da fé. Alinhado a Lutero estava Jean Cauvin (Calvino), também formado pela fé e contrário à pregação doutrinária católica. Nota-se que esses pensadores do Renascentismo (da Reforma Religiosa) eram na sua maioria teólogos.

É um contexto que abre espaço para a contradição das ideias e para o surgimento de seus respectivos defensores, assim, efetiva-se o movimento de

Contra Reforma, como ficou conhecida a reação católica que se materializou no Concílio de Trento entre 1545 e 1563.

Tomas More (1478-1535) católico nascido no mundo da Igreja Anglicana e por se manifestar em defesa do catolicismo, foi condenado à morte. Sua principal obra é a *Utopia*, de imensa repercussão. Possivelmente influenciado por Maquiavel, João Bodin descola-se da religião para pensar a política e é seguido por Hugo Grotius. O Renascentismo ainda testemunharia as vidas de Leonardo da Vinci e Bernardino Telésio entre outros pensadores que se destacaram pela dedicação ao entendimento da natureza e pela elevação do empirismo.

Giordano Bruno (1548-1600) estudou no convento de São Domingos, na Itália, onde se formou sacerdote, suas ideias eram contrárias às diretrizes católicas e por causa delas foi perseguido pela Igreja, sua insubordinação fez com que sofresse um processo por heresia, viajou pela Europa (França, Inglaterra, Áustria) buscando proteção, por fim, permaneceu na Alemanha por algum tempo, atendendo a um convite para retornar à Itália, foi denunciado, lá foi preso e levado a Roma onde a sentença de morte na fogueira foi levada a cabo em fevereiro de 1600. O pensamento de Bruno era essencialmente filosófico de conceituação platônica e sua concepção era nada ortodoxa, buscando, inclusive, a associação do platonismo com uma retomada da igreja egípcia, dentre suas especialidades destaca-se a mnemotécnica, a arte de exercitar a memória.

Bruno influenciou toda uma geração e não foi diferente com Tomás Campanella (1568-1639), dominicano de formação, determinado a defender e lutar por mudanças estruturais na Igreja católica, sofreu vários processos e passou boa parte da vida em prisões. A filosofia de Campanella está assentada sobre dois pilares: Bernardino Telésio e Pico de Mirandola. Campanella finaliza a lista de renascentistas que se destacaram na Filosofia.

Faço a citação desses pensadores para destacar como o pensamento e as ideias da Igreja estavam arraigadas, mesmo em discórdia e fazendo um enfrentamento sistemático aos cânones católicos, as novas ideias ainda permaneciam no âmbito da fé, a novidade é que há um início no processo de separação entre Teologia e Filosofia, até então, completamente imbricadas.

Somente a partir de 1543, quase um século depois da queda de Constantinopla, o terreno foi devidamente semeado para o florescimento de

CAPÍTULO OITAVO

novas e importantes ideias, isso ocorreu quando Teologia e Filosofia foram apartadas, é bem verdade que as questões relacionadas à fé e a um incriado se mantiveram firmes por toda nossa história, contudo, essa separação permitiu o crescimento do pensamento filosófico, de forma mais independente da Teologia e deu oportunidade para o nascimento da Ciência.

A palavra ciência, do latim *scientia*, significa conhecimento, dessa forma, como muitos autores se refiram à Ciência como sendo toda manifestação que o pensamento humano desenvolve para o entendimento da natureza, esse entendimento nos leva aos primeiros filósofos gregos da antiguidade. Eu entendo a Ciência como construção de saber e organizada por um método, essa Ciência só surgiu com os inovadores pensamentos de Galileu Galilei, o que muitos autores costumam nomear como Ciência Moderna, prefiro dizer que a Ciência nasceu com Galileu.

O que aconteceu em 1543?

Nicolau Copérnico (1473-1543), nasceu na Polônia e estudou na faculdade de "artes" (que não tinha a conotação atual) da Universidade de Cracóvia, onde construiu seus conhecimentos de geometria, trigonometria, cálculos astronômicos e astronomia geral, oportunidade em que teve contato com tabelas afonsinas dos movimentos planetários, especialmente, fundamentadas na astronomia ptolomaica dos epiciclos e tendo a Terra como centro desse sistema em concordância com os ditames religiosos da Igreja Católica.

Em 1543 foi publicada a obra de Copérnico: *De Revolutionibus Orbium Coelestium* (Das Revoluções das Esferas Celestes), na qual, propunha uma nova ordem, a de que a Terra girava e não estava mais no centro que passara a ser ocupado pelo Sol. Uma ideia tão revolucionária que abalou profundamemnte as estruturas sociais e religiosas de sua época. Esse ano é tido como o marco inicial do período que ficou conhecido como a Revolução científica que perdurou até 1687 com a publicação de outra obra magnífica, a *Philosophia Naturalis Principia Mathematica* (Princípios Matemáticos da Filosofia Natural) de Isaac Newton.

Quero reforçar as condições contextuais dessa época, a Idade Média havia sido superada, entretanto, deixado profundas marcas, que ainda podem ser percebidas na sociedade contemporânea, um rompimento com ideias antigas se processava com o advento do Humanismo e a consolidação do Renascimento, então, teve início a Revolução Científica, que só foi possível graças a esse processo de ruptura, contudo havia (e ainda há) uma inclinação para o místico e para a fé, esses homens, os pensadores da ciência que nasciam, foram formados nesse contexto e, dessa forma, carregavam, indelevelmente, essas marcas de obscuridade.

Reitero, tanmbém, que ao tomar os pensadores que mais se destacaram em cada período, considero que seus pensamentos sejam apoio para compreender a sociedades de homens e mulheres comuns, imersos que estavam numa conjuntura antes de um mundo obscuro, passando por processos de grandes mudanças e emergindo num processo de revolução das construções dos saberes. Evidentemente, não deixaram de ser conduzidos, inúmeras vezes, por misticismos, paixões e fé, ingredientes determinantes na capitulação das mentes desatentas ou despreparadas.

Copérnico hesitou por muito tempo em publicar sua obra, devido às reções contrárias a um resumo que fez circular, somente no seu leito de morte recebeu um volume impresso, mesmo dia em que faleceu. Copérnico escreveu, apud (ANTESERI e REALE, 1990, vol. II, p. 223-224)

> tendo meditado longamente sobre esta incerteza da tradição matemática na determinação dos movimentos do mundo das eferas [de Ptolomeu], comecei a ficar perturbado pelo fato de que os filósofos não podiam se fixar em nenhuma teoria segura do movimento do mecanismo de um universo criado para nós por um Deus que é bomdade e ordem suprema, embora fizessem observações tão acuradas no que se refere aos mínimos detalhes desse universo.

Percebe-se o cuidado de Copérnico em não constranger nem os seguidores de Ptolomeu nem a Igreja que adotava os princípios ptolomaicos, ao mesmo tempo que deixava claro sua proximidade de Deus. Mesmo assim, buscou encontrar antecessores que dessem retaguarda para suas ideias inovadoras e as encontrou em escritos dos séculos V e IV a.C., de Iceta de Siracusa, de Filolau, de Heráclides e de Ecfanto, isso o encorajou na proposta de insistir com a afirmação de que a Terra, enfim, se movia.

O período de Revolução da Ciência foi terreno de embates terríveis entre o novo e o anterior, entre os ditames religiosos e o saber científico, e foi nesse terreno que a Ciência se estabeleceu para dar espaço à razão, o que lhe conferiu

CAPÍTULO OITAVO

essa possibilidade foi a fundamentação de um método, o *Método Científico*, garantindo autonomia em relação às proposições e concepções ligadas à fé. No seu início a Ciência é a Ciência do experimento, o processo empírico prevalece e há a ruptura entre Teologia e Filosofia e, em seguida, entre Filosofia e Ciência, essa segunda ruptura acaba por externar questões religiosas de difíceis respostas.

Uma Terra que se move e que não está mais no centro do Universo, uma Terra que perde a qualidade de ser especial e que agora é apenas mais um planeta como os demais, cria uma situação muito delicada para a Igreja Católica, como justificar que o Homem é especial num lugar sem importância? Pode-se imaginar, então, que esse Homem, também, não seja especial? Poderia haver outros homens em outros planetas? Se a resposta a essa última pergunta for um sim, como justifica-se a descendência a partir de Adão e Eva? A nova Astronomia copernicana, que excluiu o firmamento, fez com que a Igreja tivesse que encontrar um novo local para a casa de Deus, não somente os católicos estrebucharam, mas, também, luteranos e calvinistas.

Fizeram parte da Revolução Científica, entre muitos outros, Tycho Brahe astrônomo, excepcional observador e registrador do céu a olho nú, Johanes Kepler (1571-1630) pupilo de Tycho e herdeiro de todas as suas anotações, que permitiram a Kepler construir as suas três leis dos movimentos planetários, Galileu Galilei (1564-1642) astrônomo, filósofo e inventor, com ele o telescópio foi aprimorado e usado pela primeira vez para observar a Lua e os anéis de Saturno. Nascido em Pisa na Itália, Galileu estudou matemática, em 1585 escreveu os Teoremas sobre o Centro de Gravidade dos Sólidos, foi professor de matemática em Pádua. Por acatar as ideias copernicanas sofreu processo de heresia pelo Santo Ofício que correu em Roma, por sorte o Papa Urbano VIII era seu amigo e protetor, por isso não foi para a fogueira como Giordano Bruno, mas precisou se retratar diante do tribunal inquisidor e teve que cumprir prisão domiciliar.

Galileu já havia feito uma série de publicações quando concebeu sua obra prima o *Discursos e Demonstrações Matemáticas sobre duas Novas Ciências*, publicada em 1638, obra revolucionária que deu sustentação matemática às postulações de Copérnico.

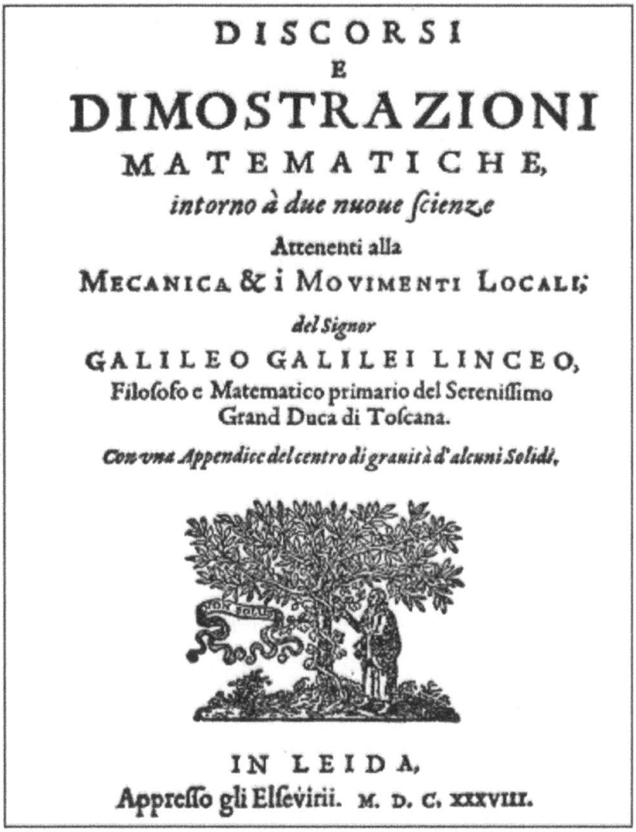

DISCORSI
E
DIMOSTRAZIONI
MATEMATICHE,
intorno à due nuoue scienze
Attenenti alla
MECANICA & i MOVIMENTI LOCALI;
del Signor
GALILEO GALILEI LINCEO,
Filosofo e Matematico primario del Serenissimo
Grand Duca di Toscana.
Con vna Appendice del centro di grauità d'alcuni Solidi.

IN LEIDA,
Appresso gli Elsevirii. M. D. C. XXXVIII.

Figura 79 – página de apresentação do Discurso

Do ponto de vista filosófico, Galileu foi um realista (empirista), a realidade é o que se pode experimentar, com ele se estabeleceu a linha demarcatória entre Ciência e fé, da mesma forma excluiu-se dessa fase do pensamento humano o aristotelismo, que durante tanto tempo, deu guarida para as concepções teológicas no âmbito da natureza.

Galileu morreu no mesmo ano em que outro expoente da ciência nascia, talvez, o maior de todos, até mesmo maior do que Einstein. Isaac Newton (1642-1727) nasceu em Lincolnshire na Inglaterra, e com ele uma segunda revolução científica, dentro da revolução em curso, estava para acontecer. Newton foi homem muito religioso e sempre se deteve com questões teológicas, mas isso não o impediu de trilhar o caminho da descoberta científica, suas contribuições estão, principalmente, no campo do estudo da luz, da mecânica (movimentos dos corpos) e da Matemática, área em que desenvolveu e estruturou o Cálculo Diferencial e Integral. Sua obra prima foi o *Philosophiae Naturalis Principia Mathematica* (Princípios Matemáticos da Filosofia Natural[73]), publicada em 1687.

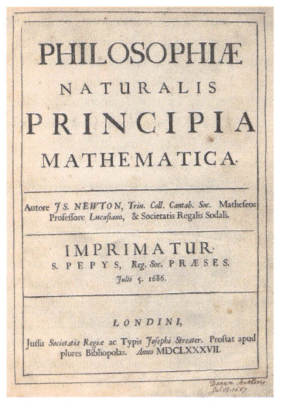

Figura 80 – página de apresentação dos Principia

Pensadores da Revolução Científica

Francis Bacon (1561-1626) nasceu em Londres e estudou na Universidade de Cambridge, estudos que desembocaram na sua formação em Direito, teve carreira política modesta atuando na câmara dos comuns por quase vinte anos, mas foi como advogado que teve maior notoriedade chegando a procurador geral da Coroa em 1613 e a Chanceler em 1618, sua obra mais importante foi

---

73 **Filosofia Natural** como era chamada o que hoje entendemos por Física.

o *Novum Organum* que pretendia conceber uma nova regra em substituição ao pensamento aristotélico, o qual considerava vazio. Sua filosofia está voltada para o pragmatismo, ele entende que a ciência deva ser um meio prático para a sociedade atingir seus melhores objetivos. Assim escreve Bacon "Os ídolos e as falsas noções que invadiram o intelecto humano, nele lançando profundas raízes, não só sitiam a mente humana, a ponto de tornar-lhe difícil o acesso à verdade, mas também (mesmo quando dado e concedido tal acesso) continua a incomodar durante o processo de instauração das ciências [...]" (ANTESERI e REALE, 1990, vol. II, p. 334). Ele era um indutivista, ou seja, considerava a busca e o encontro da verdade a partir da generalização de um particular.

René Descartes (1596-1650) nasceu em Tourenne, na França, de família nobre foi desde muito cedo enviado para estudar na escola jesuíta La Flèche, de grande reputação nas áreas filosófica e científica (estudos de matemática e teologia), ainda que um ensino de excelência, na época, Descartes o considerou inadequado e colocou-se diante de um dilema, de um lado sua formação religiosa e de outro o borbulhar científico que desabrochava ao seu redor. Ao superar o dilema indo ao encontro da razão, iniciou uma fase, na qual, questionava o *status quo* da "ciência" vigente defendida pela Igreja, mas hesitou e não fez a publicação de suas ideias, pois havia chegado a ele a notícia da condenação de Galileu, cujos princípios apoiava. Descartes buscou uma maneira de encontrar a verdade e sua pedra fundamental está em uma de suas maiores obras no campo da Filosofia, o *Discurso do Método*, que veio a se tornar uma referência filosófica recorrente e onde está escrito "E, notando que esta verdade – *penso logo existo* – era tão firme e tão certa que todas as mais extravagantes suposições dos cépticos não eram capazes de abalar, julguei que podia admiti-la sem escrúpulo como primeiro princípio da filosofia que buscava" (DESCARTES, 1996, p. 38). Descartes foi o precursor do positivismo mecanicista que defende a consciência da racionalidade e sua busca pela verdade está no âmbito do ser, no qual, a alma, enquanto mente, está apartada do corpo que é necessário, mas secundário. E entende Deus como a causa e origem de tudo.

As diversas escolas filosóficas costumam receber um nome em função de alguma característica marcante comum em seus representantes, dessa forma, existem um sem número de designações, sem procurar por qualquer relação entre elas, e sem dar qualquer destaque a qualquer uma, pode-se citar: Racionalismo, Racionalismo Crítico, Existencialismo, Positivismo, Materialismo, Iluminismo,

CAPÍTULO OITAVO

Romantismo, Empirismo, Pluralismo, Nominalismo etc. Há, ainda, subdivisões dentro das escolas filosóficas como, por exemplo, Empirismo Irracionalista e Empirismo Crítico, entre tantos outros. Há, ainda, as denominações que referenciam um pensador em particular, por exemplo, quando digo que eu posso ser, igualmente, um positivista voltado para o homem, mas se minhas ideias estão muito alinhadas às de Descartes, então, eu sou um cartesiano (cartesianismo, escola dos seguidores de Descartes). Não se abale, caro leitor/leitora, com essa profusão de nomes e conceitos, para nosso objetivo isso é absolutamente secundário, o que deve interessar é estabelecer, primeiro, a relação do pensador com sua época e contexto sócio-histórico, segundo, compreender o pensamento do Homem comum a partir do pensamento de seus pensadores representantes, terceiro, evidenciar que há uma necessidade pela busca de uma religiosidade/espiritualidade e que, finalmente, há uma dicotomia entre o que se pensa e o que se pratica. Afinal, esse é o nosso fio condutor.

Vejam como é difícil desgarrar-se das profundas raízes teológicas, manifestadas por alguns cartesianos: Louis de la Forge: "Deus é a verdadeira causa dos movimentos" (1661); Geraud de Cordemoy: "Qualquer forma de causalidade é incompreensível sem Deus"; Johann Clauber: "A comunicação entre corpo e alma depende de Deus".

Nicolas Malebranche (1638-1715) foi cartesiano convicto, mas seu pensamento está voltado para o teocentrismo e dele, destaca-se, o seguinte: "a alma, que está separada de todas as outras coisas, tem união direta e imediata com Deus e, portanto, conhece todas as coisas através da visão de Deus" (ANTESERI e REALE, 1990, vol. II, p. 394).

Baruch Spinoza (1632-1677) nasceu na Holanda em família judia que aceitou o cristianismo para fugir da perseguição da Inquisição que havia sofrido em Portugal. À medida que estudava e tomava contato com os pensadores renascentistas, foi construindo uma visão de mundo que o levou ao confronto com os ensinamentos e a crença judaica, que havia assimilado anteriormente, quando estudou o hebreu a Bíblia e o Talmud. Nesse processo, em que manifestou essa contrariedade, sofreu um atentado contra sua vida. Excomungado da sinagoga, foi para Amsterdam onde escreveu a *Apologia*, uma defesa de suas posições, entretanto, há uma obra publicada após sua morte que é de importância e notoriedade, o *Breve Tratado de Deus, do Homem e do seu bem-estar*, publicada em 1852. Nela Spinoza faz, inicialmente, a defesa da existência de

Deus, segue escrevendo que Deus é a causa de tudo, então, inicia sua filosofia sobre a natureza e sobre os suprassensíveis (amor, crença, saber, o bem, o mal, o ódio, alegria, tristeza e assim por diante), observe-se que, no pensamento spinoziano, há nítida separação em religião e filosofia. Em conclusão, ele escreve: "Finalmente, se no curso da leitura encontrardes alguma dificuldade no que proponho como certo, peço-vos que não vos apresseis a refutá-lo antes de haver meditado com bastante tempo e ponderação; se o fizerdes, tenho por seguro de que chegareis ao gozo dos frutos que essa árvore vos promete" (SPINOZA, 2012, p. 153). Faço minhas, as palavras de Spinoza com relação a este livro.

Gottifried Wilhelm Leibniz (1646-1716) cursou Filosofia, Matemática e Jurisprudência. Conheceu pessoalmente Spinoza e Newton com quem manteve uma acirrada demanda sobre a autoria dos fundamentos do Cálculo Diferencial e Integral[74]. Cunhou o termo *mônada*[75] para significar essências, indivisíveis e imutáveis, um microcosmos que qualifica *toda substância como um universo inteiro*, e que reflete Deus. Sua filosofia caminha por diversos temas e, assim, ele é um pluralista.

A Revolução Científica já era uma realidade que ia ficando para trás, a reboque vinha trazendo novas escolas filosóficas e novas luzes iluminavam os pensadores que estavam digerindo tudo que estava surgindo nessa novidade revolucionária. Continuarei insistindo e destacando as profundas marcas deixadas pela mística religiosa cristã medieval e cristã de forma geral, pois mesmo depois de uma Revolução Científica e das cisões entre Teologia e Filosofia e depois entre Filosofia e Ciência, depois do surgimento de universidades de excelência, depois do surgimento de pensadores questionadores, mesmo assim, o século seguinte ainda nos apresentou intelectuais com amarras, das quais, não conseguiram se libertar.

Thomas Hobbes (1588-1679) nasceu na Inglaterra e estudou Filosofia em Oxford, influenciado pelos clássicos Aristóteles e Euclides, por Galileu e pelo racionalismo cartesiano, tornou-se um empirista (a realidade é o que se pode experimentar), mas foi, contudo, um lógico. A escola empirista foi

---

74 Parece que ambos desenvolveram simultaneamente as bases do **Cálculo**, o crédito, por fim, foi dado a Newton, não obstante, a simbologia utilizada atualmente é a de Leibniz, mais simples e didática.

75 Para Leibniz Deus concebeu todas as essências possíveis. Essas essências fechadas "sem portas nem janelas", ele chamou de **mônadas**.

CAPÍTULO OITAVO

influenciada sobre maneira pelo mecanicismo, a física de Galileu explicava algumas coisas, e a física de Newton explicava quase tudo, imaginem como isso deve ter impressionado a mente desses pensadores. Tanto, que Hobbes pretendeu alinhar o método científico ao pensamento filosófico, evidentemente, uma tentativa vã, pois o pensamento filosófico deve estar no plano metafísico, uma vez que se trata da busca pela verdade e não da sua prova, como acontece em Ciência.

John Locke (1632-1704) nasceu na Inglaterra e também estudou em Oxford, Filosofia, Medicina, Anatomia, Fisiologia e Física. Foi um empirista crítico e tinha uma inclinação para os sentidos, ou seja, ele concentrou sua atenção para a experimentação sensorial. Nesse contexto importa destacar a importância dada à linguagem, que é a expressão dos sentidos, ou seja, a comunicação, escrita ou falada, se dá pela linguagem, e como para ele o conhecimento é construído a partir dos sentidos, nasce daí sua preocupação com a linguagem. Sua obra mais importante foi o *Ensaio sobre o Entendimento Humano*, ou, Ensaio sobre o Intelecto Humano, na seção 4 Hobbes explica que uma palavra (um significante) pode ter mais de um significado, portanto, cabe a quem faz uso da linguagem dar as devidas explicações para que as pessoas (ouvintes ou leitores) tenham o exato entendimento do significado que se quer dar, destaco dessa obra o seguinte:

> Devo advertir que em todos os discursos em que houver palavras específicas, especialmente nomes de substâncias ou de relação (dentre as quais se encontram termos morais), que supostamente expressam uma noção ou uma ideia comum estabelecida com a qual muitos particulares concordam, se as palavras não forem definidas e não houver acordo entre o falante e o ouvinte a respeito de uma noção clara e estabelecida que tal palavra deve representar e à qual deve estar sempre ligada, a disputa [discussão] será sobre palavras e não sobre coisas, e o discurso não será mais do que uma arenga [discurso] sobre sons que não contribui minimamente para a melhoria do entendimento. (LOCKE, 2012, p. 15-16)

A distância que mantinha das coisas da religião não o impediu de escrever sobre o assunto e, em um de seus escritos, se declara cristão e que a verdade fundamental[76], diferentemente de Descartes, é que Jesus é o filho de Deus.

Não podemos estudar a Religiosidade e seus consequentes de forma isolada, precisamos lembrar sempre que todos esses períodos foram permeados por conflitos e guerras, aos quais, estavam sujeitos todos esses homens e suas famílias, essas condições impunham, muitas vezes, restrições severas, falta de recursos, perseguições políticas e coisas dessa natureza.

George Berkeley (1685-1753) irlandês nascido em Kilkenny, estudou os clássicos gregos, lógica, Matemática e Filosofia, mas em 1710 tornou-se pastor da Igreja Anglicana e em 1721 doutorou-se em Teologia. Ele apresenta a argumentação de que a fé pode ser explicada pela razão, refutando princípios científicos e filosóficos que eram fundamentais no seu contexto sócio-histórico. De seu pensamento, que acabou por influenciar diversos pensadores que se seguiram, pode-se extrair que Deus é a razão explicativa da ordem das ideias e, ainda, sem Deus não somos capazes de organizar ideias com coerência.

David Hume (1711—1776), um empirista de extremo, esse inglês de Edimburgo, estudou Filosofia e era um ateu, sua principal obra foi o *Tratado sobre a Natureza Humana*. Por ser um ateu, sua filosofia gira ao redor do Homem e de suas experiências sensoriais. Especialmente para o significado que se dá às coisas, ele afirma que a religião não tem fundamentação nem racional, nem moral, mas apenas fundamentação instintiva.

O PENSAMENTO ILUMINISTA

> O iluminismo é a saída do homem do estado de minoridade que ele deve imputar a si mesmo. Minoridade é a incapacidade de valer-se do seu próprio intelecto sem a guia de outro. [...] Sapere aude! [Atreva-se a ser sábio!] *Tem a coragem de servir-te de tua própria inteligência!* Esse é o lema do iluminismo.
>
> **Emmanuel Kant**

O Iluminismo é a filosofia do otimista, de um povo burguês que emerge na sociedade, o pensamento iluminista faz o uso crítico da razão, que

---

76 **Descartes** afirmava que que a **verdade fundamental** é a existência (consciência) do Homem: penso logo existo.

CAPÍTULO OITAVO

se desenvolve sobre o pavimento feito, por exemplo, por Descartes, Locke, Leibniz e Newton. Por isso mesmo, a filosofia iluminista é positivista, mecanicista e independente, vale dizer, independente da teologia, pode-se dizer, ainda, que é empírica e salta aos olhos que parece resumir um período, entretanto, não fica somente no resumo, mas aprofunda as relações. Ainda que os iluministas tenham clara separação das ideias filosóficas, científicas e teológicas, ainda, se mantém ligados a um ser supremo.

Repudiam a metafísica religiosa, mas assumem um *todo poderoso* um deísmo racional e como disse Voltaire: "para mim é evidente que existe um Ser necessário, eterno, supremo e inteligente – e isso (...) não é verdade de fé, mas sim de razão" (ANTESERI e REALE, 1990, vol. II, p. 671). O iluminismo se espalhou por toda a Europa, especialmente, França, Inglaterra, Alemanha e Itália. Da França destacamos Denis Diderot (1713-1784), Jean Baptiste Le Rond d'Alambert (1717-1783), La Mettrie, Hevetius e d'Holbach, contudo, as maiores expressões do iluminismo francês são Voltaire e Rousseau.

Fraçois-Marie Arout, conhecido pelo apelido de Voltaire, (1697-1778), nasceu em Paris, estudou inicialmente em escola jesuíta, mas deu continuidade aos estudos de direito fora dali. Foi perseguido e enfrentou prisão por quase um ano, por causa de seus pensamentos inéditos e irreverentes. Em exílio na Inglaterra e convivendo nos círculos da elite intelectual inglesa, manifestou sua inclinação aos pensamentos newtonianos e, embora, validasse os créditos a Descarte, o colocava sob um plano inferior a Newton. Exerceu, por fim, admiração e influência aos seus contemporâneos. Sobre a relação entre teísmo e ateísmo escreveu em seu *Tratado de Metafísica*: "depois de sermos tão arrastados de dúvida em dúvida, de conclusão em conclusão, (...) podemos considerar esta proposição, *Deus Existe*, como a coisa mais verossímil que os homens podem pensar (...) e a proposição contrária como uma das mais absurdas" (Op. Cit. p. 729). Um segundo a mais de atenção no que escreveu Voltaire e pode-se perceber uma leve hesitação, "*a coisa mais verossímil*", não há para Voltaire uma certeza, mas uma esperança, o que para mim resulta de uma dúvida!

Jean-Jacques Rousseau (1712-1778), nasceu em Genebra, órfão de mãe falecida no seu parto, teve sua educação inicial organizada por um pastor. Uma benfeitora acabou por lhe dar abrigo e possibilitar um estudo sem qualquer relevância. Pelas influências recebidas de Denis Diderot, Rousseau iniciou sua jornada e escreveu com intensidade e de forma muito fecunda, notavelmente, um desenvolvimento autodidático. Ele racionalizou o entendimento sobre a religião, de tal forma, que definiu dois conceitos a saber: i) a religião do homem, aquela que é determinada por duas verdades e ii) a religião do cidadão.

A religião do homem tem como primeiro princípio a impossibilidade de explicar o movimento da matéria, a não ser por uma verdade divina, a primeira, portanto, a existência de Deus; a segunda trata da imortalidade da alma, que está ligada à ideia de que o mal nunca deva triunfar sobre o bem. Percebe-se em Rousseau que a ignorância causal do movimento o inclina para a resposta divina, mesmo distante dos mitos, dos tempos das cavernas e da era medieval, o homem iluminista ainda carrega esse fardo.

Bernard de Mandeville (1670-1733), filho de franceses nascido na Holanda, escreveu, entre outras obras, a *Fábula das Abelhas: vícios privados, virtudes públicas*, segue um trecho que quero destacar, retirado de ANTESERI e REALE (1990, vol. II, p. 794-795):

> Um numeroso enxame de abelhas habitava uma espaçosa colmeia. Lá, em feliz abundância, elas viviam tranquilas [...]. O número das abelhas era enorme e milhões de abelhas ocupavam-se em satisfazer a vaidade e as ambições das outras abelhas, que viviam unicamente para consumir os produtos do trabalho das primeiras. Mas, apesar de tão grande quantidade de operárias, os desejos dessas abelhas não se satisfaziam. Tantas operárias e tanto trabalho, a muito custo, dava apenas para manter o luxo de metade da população. Algumas com grandes capitais e poucas preocupações, obtinham lucros muito consideráveis. Outras, condenadas a manejar a foice e a pá, não podiam ganhar a vida senão com o suor de sua fronte e consumindo suas forças nos ofícios mais penosos. Viam-se também outras que se dedicavam a trabalhos inteiramente misteriosos, que não requeriam aprendizado, nem substância e nem esforços: eram o cavalheiros da indústria, os parasitas, os rufiões, os jogadores, os ladrões, os falsários, os magos, os padres e, em geral, todos os que, odiando a luz, exploravam em seu benefício com práticas mesquinhas o trabalho de seus vizinhos [...] para defender uma má causa, eles analisavam as leis com a mesma meticulosidade com que os ladrões examinavam palácios e negócios. [...] os médicos preferiam a reputação à ciência e as riquezas à cura de seus doentes [...]. Não se preocupando com a saúde dos pacientes, trabalhavam somente para conquistar os favores dos farmacêuticos e granjear os louvores

CAPÍTULO OITAVO

das parteiras, dos padres e de todos os que viviam dos proventos extraídos dos nascimentos e funerais. [os padres] eram tão preguiçosos quanto ignorantes. [...]. Eles eram tratantes como larápios e intemperados como marinheiros. [Nessa sociedade das abelhas] os soldados postos em fuga também eram igualmente cobertos de honras [...]. [Enquanto aqueles que na linha de frente] perdiam uma perna, depois um braço e por fim, quando todas as mutilações já não os punham em condições de servir, eram aposentados vergonhosamente com meio soldo, ao passo que outros, que prudentemente nunca iam ao ataque, recebiam duplo soldo, para ficar tranquilamente entre os outros. [...] a justiça se deixava corromper por meio de presentes e a espada que ela carregava só golpeava as abelhas que eram pobres e não tinham recursos.

O ano da publicação oficial é 1732, contudo, há, pelo menos, uma versão anônima de 1714. Percebe-se que esse filósofo faz, em sua fábula, uma crítica à sociedade de sua época, é justamente essa característica que nos importa, pois a sociedade, seus pensamentos, seus costumes e suas antecipações estão retratadas por seus filósofos e pensadores. Embora, o termo capitalismo ainda não houvesse sido cunhado, atualmente, quase trezentos anos depois, não é difícil para o leitor reconhecer as características de uma sociedade capitalista, estava pronto o caldo do capitalismo, como teremos ocasião de observar mais de perto.

O iluminismo é um momento de abertura intelectual, marcadamente, percebe-se a influência de Galileu, Descartes, Newton e Leibniz. Há sensível evolução nas Ciências Naturais, mas também no Direito, na Ética, na Medicina, o mecanicismo deixa sua marca, a religião fica mais restrita à Teologia, não obstante, todos esses pensadores, com pouquíssimas exceções, mantém uma relação profunda com ela. No entanto, essa separação possibilita uma evolução, que é vista até mesmo na Itália, onde o movimento de Contra Reforma estava ainda muito atuante.

O Iluminismo deu lugar ao Romantismo, mas não sem antes apresentar ao mundo um dos seus maiores representantes, Emanuel Kant (1724-1804).

Kant nasceu na Alemanha, antiga região da Prússia, de família modesta, sua mãe foi também sua maior influenciadora, que o fez enxergar as belezas da natureza e deu-lhe uma visão ética sobre a vida, entretanto, essa influência materna o levaria para um rigor religioso complementado pelos pastores luteranos de um colégio pietista, estudou Filosofia e Ciência na Universidade, destacando-se, sobretudo como autodidata, obtendo mais tarde um doutorado e uma docência universitária.

Foi um escritor prolixo, escreveu mais de trinta títulos, dos quais, destaco três, *A Crítica da Razão Pura*, *A Crítica da Razão Prática* e a *Crítica do Juízo*, sua obra é dividida entre a primeira etapa de 1755 a 1765 e segunda etapa de 1781 a 1803, as *Críticas* são da segunda etapa. É na segunda etapa, considerada de maior maturidade que Kant se apresentou como um inovador, promovendo uma revolução no pensamento da humanidade. Boa parte do pensamento kantiano está fundamentado no seu estudo sobre a Metafísica. A metafísica kantiana, grosso modo, divide-se em duas, a Metafísica da Natureza e a Metafísica dos Costumes.

A Metafísica da Natureza é aquela ligada à Ciência da Natureza e mais especificamente à Física (newtoniana), ela está fundamentada e limita-se a determinados objetos do entendimento, assim, "Pode-se chamar empírica a toda a filosofia que se baseie em princípios da experiência, àquela, porém cujas doutrinas se apoiam em princípios a priori chama-se filosofia pura. Esta última, quando é simplesmente formal, chama-se Lógica; mas quando se limita a determinados objectos do entendimento chama-se Metafísica" (KANT, 2007, p. 14,).

A Metafísica dos Costumes é aquela ligada às questões antropológicas, à moral, uma filosofia da prática universal. "[...] a Metafísica dos Costumes deve investigar a ideia e os princípios duma possível vontade pura, e não as acções e condições do querer humano em geral, as quais são tiradas na maior parte da Psicologia" (IDEM, p. 17).

Sob forte influência que a Ciência exercia no mundo contemporâneo de Kant, ele não poderia deixar de refletir tais influências em seus pensamentos, e sua revolução é uma revolução das ideias, que critica a razão e interroga sobre seus fundamentos, ele mesmo será o grande influenciador de sua época em diante. Contudo, Deus para Kant é presente e necessário, pois trata-se de um Ideal, no sentido de ser o mais apropriado, um modelo a ser seguido, é a perfeição absoluta.

Pensadores do fim do Século XVIII aos dias atuais

O fim do século XVIII foi marcado por uma acentuada beligerância em relação aos sessenta ou setenta anos anteriores, especialmente na Europa, mas também nas américas, uma beligerância que se manteve intensa por toda a Europa, até pelo menos a metade do século XX, como disse e torno a dizer, os pensadores são fontes legítimas de seus tempos, pois retratam o momento histórico de forma muito verdadeira, assim, ao não estarem preocupados com o *escrever* a história, expõem a sociedade de maneira a desnudá-la com suas ideias, como sempre a ordenação social e suas complexidades são retratadas nos escritos de seus representantes, dos quais, alguns de maior notoriedade foram aqui escolhidos. Esse período, que se seguiu ao século das luzes, imprime com força suas marcas nesses homens e junto com eles, podemos compreender a dicotomia entre o que se pensava e o que era posto em prática pela sociedade, como dizia Mao Tse-Tung, o mundo só pode existir nos seus contraditórios. Logo, as mudanças na sociedade implicam mudanças nos pensamentos e esses por sua vez implicam mudanças na sociedade, mas nunca na mesma intensidade e no mesmo tempo.

Esse novo período inicia-se com o movimento romântico, o Romantismo, a palavra *romântico* inicialmente (século XVII) tem o significado de algo fantástico ou irreal, mais tarde passou a significar a relação com a emoção (século XVIII), não obstante pode significar, ainda, uma espiritualidade ou definir um estado de espírito, no campo da filosofia o romântico irá se caracterizar por uma inquietude, uma ansiedade, um desejo irrealizável. Esse desejo irrealizável está presente nas sociedades que estão imersas nos conflitos dos quais esperam escapar, um desejo que é tratado como um objetivo ou um fim e, nos pensadores, esse desejo é aquele que almeja a compreensão do infinito absoluto que, como já pudemos ver na Primeira Parte, sempre escapa ao entendimento. Há um complexo psicológico coletivo, que se auto alimenta de acordo com o contexto.

Novamente, evidencia-se que a distância de uma compreensão leva a aproximação do divino, o pensamento romântico carrega uma complexidade paradoxal e para o pensador romântico, que parece viver numa mistura entre sonho e realidade, o homem é intuição, é dependente, no sentido de sua finitude, e a intuição se manifesta como a forma mais potente de religiosidade.

Entre os românticos, podemos destacar Friedrich Schiller (1759-1805) e Johann Wolfgang von Goethe (1749-1832).

Toda grande e nova mudança tem por sucessão seus seguidores e seus contrários, que, ou acentuam as afirmações anteriores ou fazem arrefecer suas ideias e nesses movimentos vão se criando e caracterizando novas escolas de pensamento. Essa dinâmica aconteceu com o Romantismo e, ainda no seu interior, surge o Idealismo.

Johan Gottieb Fichte (1762-1814), menino que cresceu na pobreza, mas ajudado por um barão que se compadeceu de sua situação, desenvolveu seus estudos de Teologia. Para ele "Não há absolutamente nenhum Ser e nenhuma vida fora da vida imediata divina" (ANTESERI e REALE, 1990, vol. III, p. 69).

Friedrich Wilhelm Joseph Schelling (1775-1854), filho de pastor protestante, estudou inicialmente Teologia e depois Matemática e Ciências Naturais, na busca do entendimento do infinito ele concluí que o infinito é Deus, um incriado que se faz a si mesmo, de forma um tanto paradoxal, não acham?

Georg Wilhelm Friedrich Hegel (1770-1831), estudou Filosofia e Teologia imerso no contexto da revolução francesa e manifestou ideais revolucionários, há verdadeiramente muito a se falar sobre essa figura ícone e sobre sua obra, contudo, basta-nos entender o seu viés religioso, como temos reafirmado. Para isso destaco uma obra de interesse, a *Fenomenologia do Espírito*, publicada pela primeira vez, em alemão, no ano de 1807, na qual, Hegel faz uma exposição da manifestação do espírito, um espírito que significa uma espécie de relação entre o Eu e o Objeto, de certa forma uma consciência da realidade. Mas, não escapa em expor a mesma perspectiva do absoluto manifestada por Schelling, que confunde Deus com o infinito; em Hegel, a fusão está no Espírito com o infinito, "A filosofia hegeliana da religião define o verdadeiro Deus como a comunidade dele, espírito infinito [...]" (BOURGEOIS, 2004, p. 255). Esse comentador de Hegel, escreve ainda, "Vale dizer que, longe de dissolver a vida religiosa, o procedimento filosófico [de Hegel] se alimenta dela [...]" (IDEM, p.239).

O pensamento de Hegel foi um divisor de águas, particularmente, na política dividindo seus seguidores em antagonistas que, de um lado justificavam a manutenção do governo prussiano e de outro, utilizando a mesma base

CAPÍTULO OITAVO

filosófica hegeliana, justificavam a negação desse Estado. Destaco uma frase de Hegel: "A religião é *o lugar onde um povo se dá a definição daquilo que considera verdadeiro*" (ANTESERI e REALE, 1990, vol. III, p. 163), essa frase carrega um entendimento relacionado entre o que deveria ser, do ponto de vista conceitual, a religião e a filosofia. Para seus seguidores antagônicos, logo ficou estabelecido que de um lado o cristianismo estava completamente em conformidade com a filosofia hegeliana, de outro restou o entendimento de completa incompatibilidade com a fé cristã e, portanto, que a filosofia de Hegel deveria seguir sem relação com a fé.

É nessa efervescência política-religiosa-filosófica que surgiu Ludwig Feuerbach (1804-1872), teólogo, nascido em Berlim, mas que se encantou com a Filosofia de Hegel, a ponto de, na sua maturidade, escrever: "A filosofia é a ciência da realidade em sua veracidade e totalidade [...]" (Op. Cit. p. 171). Assim, inclina-se para questões antropológicas e passa a entender que a religião é uma proposição humana e não divina. Surgiu, também, Claude Henri de Saint-Simon (1760-1825) pensador francês, um dos primeiros pensadores a investir sobre questões de ordem políticas-teóricas relacionadas diretamente com a classe operária, ele inaugurou o pensamento do progresso que é dado por períodos críticos, então, como uma represa que se enche e em determinada situação se rompe causando mudanças em toda vizinhança, essa forma de pensar, foi adaptada cerca de cem anos depois por Thomas Kuhn no campo das revoluções científicas. De certa forma, fica implícito que uma mudança expressiva, para acontecer, precisa de um momento revolucionário, bem, mas quando se está tão próximo da classe operária, o que significa um movimento revolucionário?

Influenciado por Ludwig Feuerbach e por Saint-Simon, o mundo assistiu ao surgimento das ideias de Marx. Karl Marx (1818-1883), nascido na Alemanha, de origem judaica, estudou Filosofia com ênfase nos estudo dos clássicos (gregos), tornando-se mais tarde redator do jornal Gazeta Renana. Estudando de forma autodidática, desenvolveu suas pesquisas na área da Economia Política. Marx se colocou inicialmente ao lado daqueles antagônicos que escolheram a filosofia distante da fé, os de esquerda, como ficaram conhecidos, entretanto, rompeu suas ligações e veio a fazer severas críticas a eles. Alinhando seus pensamentos a Feuerbach e a Saint-Simon, acabou consolidando uma forma original e que ficou manifestada em seus escritos, dos quais, o mais relevante foi *O Capital*, cujo núcleo conceitual está no discurso sobre a mercadoria, o seu valor, a moeda como valor de troca, o trabalho social como mercadoria, na mais-valia e, adotando o termo capitalista[77]para referir-se a quem detém o capital, explica e descreve o processo de produção capitalista.

Marx teve como amigo e parceiro Friedrich Engels (1820-1895) durante muitos anos, escreveram muitos artigos em conjunto, especialmente, o *Manifesto do Partido Comunista*, o nome e as ideias germinativas do conceito de comunismo não eram novos, na verdade são muito antigos. Na Grécia antiga, alguns gregos já utilizam a palavra *comunista* para designar uma sociedade igualitária, na Pérsia do século V o termo foi utilizado para causar oposição aos privilégios da nobreza, Thomas More, no século XVI, na sua *Utopia*, retrata uma sociedade sem divisões de classes, no século XVII, um movimento nascido de operários, na Inglaterra, preconizava o fim da propriedade privada, nesse mesmo sentido muitas vozes se manifestaram durante o século das luzes, por fim, o termo ganhou organização conceitual no *O Capital* de Marx.

Vale lembrar que historicamente o termo *socialismo* e *comunismo* foram utilizados como tendo o mesmo significado, razões políticas e interesses de dominação, levaram à disjunção do significado desses termos. Por exemplo, nas vozes de Marx e Engels era o comunismo, na voz de Lenin era o socialismo. Com o passar do tempo algumas diferenças estruturais foram sendo adicionadas de lado a lado e hoje há uma definição específica para cada um dos termos.

O comunismo de Marx e Engels é uma denúncia da opressão exercida por uma classe dominante, dona do capital, sobre uma classe dominada, o proletariado, que não possuindo o capital se vê obrigada a vender seu trabalho pelo valor que o mercado oferecer, assim, na sua primeira parte, após a introdução, Marx e Engels, discorrem sobre a relação entre a classe dominante e a dominada:

> A história de toda a sociedade [escrita] até aqui é a história de lutas de classes.
>
> [Homem] livre e escravo, patrício e plebeu, barão e servo, burgueses de corporação e oficial, em suma, opressores e oprimidos, estiveram em constante oposição uns aos outros, travaram uma luta

---

77 O termo **capitalista** parece ter sido usado pela primeira vez, no romance The Newcomes, escrito por William Makepeace Thackeray em 1845, para designar quem tem o capital.

CAPÍTULO OITAVO

> ininterrupta, ora oculta ora aberta, uma luta que de cada vez acabou por uma reconfiguração revolucionária de toda a sociedade ou pelo declínio comum das classes em luta.
>
> [...] Numa palavra, no lugar da exploração encoberta com ilusões políticas e religiosas, pôs a exploração seca, direta, despudorada, aberta. (ENGELS e MARX, Parte I)

Pensadores de toda a história mantiveram em comum ou a concordância ou a discórdia evidenciando a contraposição entre pensamentos progressistas e pensamentos conservadores.

As contendas e discórdias entre os pensadores foram muitas vezes bastante acirradas, Hegel, por exemplo, teve contestadores determinados, entre eles Arthur Schopenhauer (1788-1860) e Sören Kierkegaard (1813-1855).

Para Schopenhauer a realidade do mundo é uma representação do Ser, do Ente, essa é a sua verdade fundamental (lembremos de Descartes, cuja verdade fundamental era a consciência do existir), de certa forma essa realidade é parecida com o reflexo idealista de Platão, ele conclui que o mundo é uma representação. Esse pensador não escreve nada sobre fé ou sobre religião, mas sobre sua crítica a Hegel, escreve o seguinte: "Instalado no alto, pelas forças do poder, Hegel foi charlatão de mente obtusa, insípido, nauseabundo e iletrado, que alcançou o cúmulo da audácia garatujando e difundindo os mais loucos e mistificadores contrassensos" (ANTESERI e REALE, 1990, vol. III, p. 221).

Kierkegaard um dinamarquês de Copenhague, um religioso que sentia o peso de um castigo divino, viveu uma vida de desapontamento por ter uma paixão não correspondida e seus pensamentos giraram em torno da concepção do cristianismo e da fé, parece que para aceitar uma vida de tristeza, apoiava-se no valor simbólico de Abraão, que era capaz de matar o próprio filho para manter-se na fé, cada um com sua prova de fé, não é mesmo?! Sobre Hegel ele escreveu: "Mas Hegel! Aqui necessito da linguagem de Homero. A que explosão de risos não devem ter-se entregado os deuses! Um professorzinho tão sem graça, que pretende simplesmente ter descoberto a necessidade de toda coisa [...]" (Op. Cit. p. 242).

O final do século XIX é marcado pelo surgimento do Positivismo, escola fundada por August Comte (1798-1857). O positivismo comteano exerceu domínio sobre o pensamento ocidental para além da Filosofia, transbordando para as áreas da Política, da Pedagogia, para área historiográfica e até literária, uma época na qual houve um hiato de arrefecimento na beligerância que iria atravessar a passagem entre os séculos, esse período de conflitos que persistia por décadas e que ainda se estenderia por décadas, apresentava um curto período de sensível diminuição na Europa, contudo, era o tempo da expansão colonial, especialmente transferindo as angústias mais profundas para o continente africano.

A industrialização tornara-se uma realidade e o mundo se valia de todos os progressos da ciência, o mundo europeu estava transformado e o capitalismo instaurado. A Matemática estava em estado de graça e grandes expoentes matemáticos surgiram, o mesmo acontecia em outras áreas, como nas Ciências da Natureza. Na Filosofia os representantes mais importantes foram John Stuart Mill (1806-1873), Herbert Spencer (1820-1903), Jakob Moleschott (1822-1893) e Ernst Haeckel (1834-1919).

O que preconiza o Positivismo?

Por primeiro princípio está a defesa da Ciência como detentora da verdade e propõe o enquadramento das Ciência Humanas (Sociologia e Psicologia, por exemplo) no quadro do Método Científico. No âmbito do positivismo a Ciência é a potencializadora do conhecimento humano e por ela, através dela, pode-se determinar o passado e o futuro, se forem dadas as variáveis e os parâmetros adequados. Esse pensamento elevou o otimismo de seus proponentes e colocou outros pontos de vista à margem da importância filosófica. Positivismo, Ciência e racionalidade, uma tríade que, por estar alinhada aos anseios de uma sociedade burguesa entrou em colisão com os ideais comunistas.

Comte nasceu na França e foi o fundador dessa escola filosófica, oriundo de família católica, se formou na escola de engenharia, mas desviou-se para os estudos filosóficos, campo onde pôde desenvolver sua inspiração sobre a evolução do intelecto humano. O pensador positivista não se preocupa em questionar o Universo, mas em descobrir, através da Ciência como ele funciona, como os eventos se desdobram. Embriagados pelo estupendo progresso e sucesso das ciências, esses pensadores se tornaram míopes e essa miopia não permitiu que enxergassem um horizonte mais abrangente. É nesse contexto que o conceito de indução é aprofundado e quem o desenvolveu foi Stuart Mill, um conceito que em meados do século XX seria destruído por Karl Popper.

CAPÍTULO OITAVO

A força da religiosidade, ainda assim, se mantém acesa, Roberto Ardigó (1828-1920), foi o maior representante do positivismo italiano, antes, porém, tornou-se padre, depois de enfrentar uma profunda crise existencial, que colocou de um lado a sua fé e do outro suas tentativas frustradas de validá-la, acabando por deixar o sacerdócio.

O fim do século XIX já dava sinais de novas e profundas mudanças sociais, representantes de uma Ciência cada vez mais próspera e com tecnologias cada vez mais marcadamente colocadas à disposição da sociedade, vale dizer, da sociedade europeia ocidental, da américa do norte e uns poucos lugares fora desse eixo que estavam nessa sintonia, por exemplo, o Japão no oriente.

O desenvolvimento das ciências naturais, especialmente, a Física entre a virada do século XIX para o XX e a primeira metade do século XX, marcou um período em que as questões religiosas estiveram apartadas das discussões científicas, mas isso não significou e não significa que muitos pensadores e cientistas, embora, eu considere isso paradoxal, não tenham se declarado como participantes ativos das suas comunidades religiosas. O paradoxo se manifesta na incompatibilidade entre a verdade científica e a fé.

Mas, como tenho sempre lembrado estamos, justamente, no interior de processo dicotômico (absolutamente não dialógico, mas dialético) entre o que se pensa e o que se faz, esse conteúdo sociológico é refletido acentuadamente na vida do Homem comum, do trabalhador, do professor, do pequeno comerciante, do pequeno empresário, da dona de casa e assim por diante. Ainda que se manifeste também na vida do grande empresário, de ditadores e dos detentores do capital, eles lidam com isso de outra forma, como instrumento de manipulação.

Desse período há nomes importantes que contribuíram com suas pesquisas e seus pensamentos de maneira a acrescentar graus civilizatórios à humanidade, citarei alguns deles sem me deter em detalhes, mas existem muitos outros, Charles Darwin (1809-1882), Hermann von Helmholtz (1821-1894), Émile Durkheim (1855-1917), Rosa de Luxemburgo (1870-1919) – primeira mulher em nossa lista, não por minha escolha, obviamente, mas pelo processo da evolução social que nesse quesito ainda não havia colocado o Homem em pé, Ernst Mach (1838-1916), Henri Poincaré (1854-1912), Friedrich Nietzshe (1844-1900), Max Weber (1864-1920), John Dewey (1859-1952), Giovanini

Gentile (1875-1949), Edmund Husserl (1859-1938) Martin Heidegger (1889-1976), sobre este último seguem algumas palavras.

Heidegger nasceu na Alemanha onde estudou teologia e filosofia, manteve-se firme no campo teórico onde desenvolveu pensamentos mais próximos da psicologia e sobre a essência do Ser, teve grande influência de Husserl, com quem trabalhou como assistente. Seu trabalho é quase todo dedicado à Ontologia e, ainda que teólogo, compreende o Homem como livre das amarras religiosas. Heidegger foi a maior expressão do Existencialismo (as experiências vivenciadas pelo Ser e seu posicionamento diante de tais experiências de vida). Um pequeno excerto de seu livro, ajuda a compreender sua Filosofia:

> A posição no próprio estado atual vem motivada pela experiência originária ocasional de estar em pecado, a qual por sua vez tem a ver com a originalidade ou não originalidade ocasional da relação com Deus.
>
> Este contexto fechado de experiências é o solo sobre o qual se assenta a antropologia teológica-cristã e é também sobre o qual permanece quando ocasionalmente se transforma.
>
> Na ideia de ser pessoa da filosofia moderna [existencialismo], essa relação com Deus, constitutiva do ser do Homem, fica neutralizada ao converter-se em consciência de normas e dos valores enquanto tal. "Egoidade[78]" de tal ato fundamental originário, centro de atos [...].
>
> A fim de realizar uma reflexão filosófica radical sobre o ser humano deve-se manter absolutamente à margem toda determinação teológica fundamental de caráter dogmático [...]. (HEIDEGGER, 2012, p. 37)

Considero o exemplo de Martin Heidegger importante, pois nos revela uma tendência, que se manifesta ao interpretarmos esse trecho de sua obra *Ontologia*.

É necessário levarmos em consideração que ele é antes de tudo um teólogo, contudo vive num mundo onde a Teologia já está separada da Filosofia e esta da Ciência, talvez por isso, ele desenvolva suas ideias em compartimentos

---

78 **Egoidade,** o mesmo que egoísmo.

CAPÍTULO OITAVO

quase herméticos, entende a relação do Homem com Deus, mas ao mesmo tempo as separa de suas análises, *"A fim de realizar uma reflexão filosófica radical sobre o ser humano deve-se manter absolutamente à margem toda determinação teológica fundamental de caráter dogmático".*

Interessante é o fato de estar a religião tão imbricada e tão emaranhada em sua teologia, que já se constitui uma verdade, distante da sua conformação sindical dos anos 350, na época de Constantino, *"Este contexto fechado de experiências é o solo sobre o qual se assenta a antropologia teológica-cristã e é também sobre o qual permanece quando ocasionalmente se transforma".*

Para nosso propósito, vale lembrar, interessa evidenciarmos a distância entre o pensar e o fazer, a prática e a contradição e ao olharmos para a filosofia de Heidegger, essa contradição salta aos olhos. Para o Homem comum, dessa sociedade, isso passa a ser quase um paradigma, as coisas religiosas e espirituais valem somente no seu âmbito, no seu *compartimento mental*, somente no templo e muitas vezes somente num modo de pensar particular e conveniente, para todo o resto do tempo e lugar, valem outras regras, outras diretrizes e outras determinações.

O século XX e início do século XXI, se constituiu como um intervalo onde essas afirmações se cristalizaram e por ordenamento fisiológico, foi, inclusive, potente arma para manipulações argumentativas e projetos de controle de populações, cada vez mais elaborados e fortemente potencializados pelo desenvolvimento de novos meios de comunicação, para dizer em palavras, as mídias de todo tipo. Vale ressaltar que, excetuando-se os filósofos declaradamente ateus, todos os demais, daí em diante, admitirão uma postura semelhante à de Heidegger, mesmo em escolas filosóficas distintas, mantendo suas ideias em compartimentos quase herméticos, tratando os assuntos religiosos como se não fizessem parte da vida cotidiana numa abordagem teórica e distante da prática.

Quero terminar este capítulo com um último representante do século XX, Karl Raimund Popper (1902-1994) que nasceu em Viena, estudou Física, Matemática e Filosofia, é o fundador do Racionalismo Crítico. Na área da Epistemologia destruiu a concepção de Indução e estabeleceu a proeminência do Dedutivismo, estabeleceu, ainda, o critério de falseabilidade e a demarcação entre o que é e o que não é Ciência, de onde ganhou vida a sua Metafísica. Contra o pensamento popperiano está o pensamento de Thomas Kuhn e a seu favor encontramos, por exemplo, Imre Lakatos. Eu sou favorável ao pensamento popperiano, filosofia que adotei e que tem me dado orientação sempre que me defronto com o inusitado.

SÍNTESE

Minha estratégia é a mesma utilizada na Primeira Parte deste livro, quero construir um fio condutor que ajude à compreensão do conteúdo nuclear, da ideia central. Na primeira parte nosso tema central é o entendimento de onde viemos, na Segunda Parte é a compreensão de qual deve ser nossa atitude em relação a nós mesmos, à vida na Terra e à própria Terra enquanto um ecossistema de sutil e delicado equilíbrio, ou seja, de como devem ser nossos desígnios.

Este capítulo foi iniciado pela apresentação de religiões e espiritualidades encontradas no Brasil, para em seguida apresentar uma breve exposição sobre a necessidade da religiosidade e, de forma cronológica seguiu-se uma apresentação do pensamento humano, bastante resumido, desde a antiguidade clássica.

Assim, discorri sobre a religiosidade, sob o ponto de vista da sua relação com as práticas sociais e com nossa própria existência, sobre as incompatibilidades entre o que se declara e o que se executa e, para isso, utilizei o pensamento dos filósofos mais importantes de suas épocas, uma vez que considero, sejam eles portadores dos reflexos mais significativos dos seus contextos sócio-históricos.

Em conclusão reitero que a sociedade, bem como estão descritos os pensamentos de seus representantes pensadores, segue o mesmo itinerário com maior ou menor intensidade e quase simultaneamente, ainda que possa haver uma certa defasagem entre o que pensa a sociedade e o que pensam seus representantes. Isso significa, e é o que queremos destacar, que essa sociedade vive uma separação entre as realizações práticas de suas vidas e os seus discursos, sejam eles intelectuais ou do senso comum.

CAPÍTULO NONO

Embora seja criticável - por seu reducionismo - a visão do universo religioso como um mercado de bens simbólicos, obedecendo às mesmas leis de expansão e à mesma lógica do capital, num mundo que se urbaniza e se industrializa (destruindo assim o monopólio tradicional das religiões que produzem "o" significado), suscita reflexões. Se não se pode aceitar uma continuidade necessária entre religião e capital (pelo menos como lei geral e inevitável), não há dúvida de que no mundo americano – que Berger "reflete" - esta continuidade existe. Baste-nos a referência ao estudo acurado de Herberg que vê o protestantismo, o catolicismo e o judaísmo como três variantes da mesma religião, o "american way of life". De resto, se Marx já tinha decifrado o caráter religioso da mercadoria, a seu modo, Berger decifra o caráter mercantil da religião!
Luiz Roberto Benedetti

O Dinheiro e o Poder

Construção

Amou daquela vez como se fosse a última
Beijou sua mulher como se fosse a última
E cada filho seu como se fosse o único
E atravessou a rua com seu passo tímido

Subiu a construção como se fosse máquina
Ergueu no patamar quatro paredes sólidas
Tijolo com tijolo num desenho mágico
Seus olhos embotados de cimento e lágrima

Sentou pra descansar como se fosse sábado
Comeu feijão com arroz como se fosse um príncipe
Bebeu e soluçou como se fosse um náufrago
Dançou e gargalhou como se ouvisse música

E tropeçou no céu como se fosse um bêbado
E flutuou no ar como se fosse um pássaro
E se acabou no chão feito um pacote flácido

Agonizou no meio do passeio público
Morreu na contramão, atrapalhando o tráfego

Amou daquela vez como se fosse o último
Beijou sua mulher como se fosse a única
E cada filho seu como se fosse o pródigo
E atravessou a rua com seu passo bêbado

Subiu a construção como se fosse sólido
Ergueu no patamar quatro paredes mágicas
Tijolo com tijolo num desenho lógico
Seus olhos embotados de cimento e tráfego

Sentou pra descansar como se fosse um príncipe
Comeu feijão com arroz como se fosse o máximo
Bebeu e soluçou como se fosse máquina
Dançou e gargalhou como se fosse o próximo

E tropeçou no céu como se ouvisse música
E flutuou no ar como se fosse sábado
E se acabou no chão feito um pacote tímido
Agonizou no meio do passeio náufrago
Morreu na contramão atrapalhando o público

Amou daquela vez como se fosse máquina
Beijou sua mulher como se fosse lógico
Ergueu no patamar quatro paredes flácidas
Sentou pra descansar como se fosse um pássaro
E flutuou no ar como se fosse um príncipe
E se acabou no chão feito um pacote bêbado
Morreu na contramão atrapalhando o sábado

Por esse pão pra comer, por esse chão pra dormir
A certidão pra nascer e a concessão pra sorrir
Por me deixar respirar, por me deixar existir
Deus lhe pague
Pela cachaça de graça que a gente tem que engolir
Pela fumaça, desgraça, que a gente tem que tossir
Pelos andaimes pingentes que a gente tem que cair
Deus lhe pague

Pela mulher carpideira[79] pra nos louvar e cuspir
E pelas moscas bicheiras a nos beijar e cobrir
E pela paz derradeira que enfim vai nos redimir
Deus lhe pague

Chico Buarque de Holanda

---

79 **Carpideira**: profissional feminina cuja função consiste em chorar para um defunto.

CAPÍTULO NONO

A letra da música *Construção* de Chico Buarque de Holanda parece adequada para iniciarmos este capítulo, o autor retrata a vida severina de um trabalhador da construção civil, que vive no desconforto opressor de uma rotina, que parece mais uma benção, na qual, a morte o espreita a cada dia e quando chega é, por fim, a remissão.

A vida é cheia de extremos e um bom conselho é tentar permanecer no equilíbrio, beber ou comer demasiadamente, ou não comer e não beber nada, não é bom. Algumas coisas extremas são escolhidas pelo prazer, mas farão mal com certeza, contudo, trabalhar em situações limites, sejam situações de segurança ou de salário, certamente não é uma escolha, de fato, é uma situação de ausência de alternativas.

De onde vem essa ausência de alternativas que uma imensa quantidade de pessoas experimenta? Porque tantas pessoas precisam se submeter a essas condições?

Para responder a essas questões escolhi compreender como funciona a nossa sociedade do ponto de vista do poder e do dinheiro, certamente em complementaridade com o entendimento da beligerância e da religiosidade/espiritualidade como já fizemos. Quero abordar o tema, *O Capitalismo e a Inevitável Consequência*, pelo ponto de vista da Cosmogonia[80], ou seja, da nossa existência enquanto espécie que precisa perenizar-se e conviver com as demais.

Antes, contudo, é necessário compreender o que é e como nasceu o capitalismo, farei um retrospecto bem resumido, mas, penso que seja o suficiente para a possibilidade de alcançar essa compreensão. Vamos retroceder iniciando pelo sistema feudal, grosso modo, período entre os séculos IX e XIV, seu florescimento e fenecimento, respectivamente.

Em seu início o sistema feudal, basicamente, funcionava no modelo servil, ou seja, a servidão era a base de sua sustentação. Camponeses, escravos ou livres, trabalhavam a terra, que era ou propriedade da igreja ou propriedade da nobreza, e entregavam parte do excedente, ou todo excedente, para o senhor dessa terra. À medida que o tempo foi transcorrendo, a partir do século IX, talvez um pouco antes, começou a haver a fragmentação da propriedade das terras, embora essa fragmentação não tenha ocorrido nas propriedades eclesiais,

---

80   **Cosmogonia** refere-se ao estudo da origem de determinados objetos ou sistemas astrofísicos, comumente usada em referência à origem do universo, o sistema solar, os planetas. Também é qualquer modelo relacionado à existência dos seres sencientes.

ela deu origem, nas propriedades da nobreza, ao surgimento de senhores subalternos. Nesse contexto emergiu uma hierarquia das propriedades vinculadas à uma hierarquia da nobreza (algo como alta e baixa nobreza).

Conforme essa fragmentação se ampliava, ela tornava mais difícil o controle e a distribuição dos excedentes, essa situação deu oportunidade para o surgimento de uma nova forma de se "pagar" pelo uso da terra. Assim, por volta do século XII, na Europa, mas especialmente no norte da Itália, na França e vale do Reno, começou a ser implementada a cobrança por meio de taxas e impostos (*tallage* na Inglaterra, *talha* na Itália e *tailler* na França), que poderia ser pago em espécie (em produtos), como sempre fora, em dinheiro ou prestação de algum tipo de serviço. Havia também multas e certas obrigações, por exemplo, o trabalho extraordinário nas propriedades do senhoril (construção de estradas, castelos e outras obras).

O ônus do campesinato, sem dúvida, aumentou, mas deixaram de ser tratados como servos ou escravos e passaram a ser tratados como "contribuintes". Assim, essa nova estrutura social permaneceu por todo o século XII.

Tanto a fragmentação das propriedades da nobreza, quanto o crescimento populacional, mas também a necessidade de reorganizar o pagamento dos impostos e taxas (especialmente os impostos pagos em espécie), fizeram surgir, nascido do campesinato, um novo ator que assumiu a função de um tipo de controlador, que intermediava e organizava a arrecadação e distribuição dos impostos e taxas, esse intermediário aos poucos ganhou autonomia e independência. Essa autonomia e independência evoluiu para autonomia e poder, em seguida para poder e riqueza, especialmente, nas grandes cidades medievais (*burgos* e *villae mereatorie*[81]).

A necessidade crescente de "bens de consumo", por exemplo, ferraduras, artefatos de madeira e de argila, fez florescer uma comunidade de artesãos que, possivelmente, trocavam seus trabalhos e produtos pela sua subsistência, seja pela troca em espécie ou em dinheiro. Os maiores centros citadinos fomentaram o crescimento da produção artesanal, o aumento da demanda levou ao crescimento do número de oficinas, as oficinas maiores passaram a explorar o trabalho de aprendizes contratados e treinados pelos artesãos.

---

81   *villae mereatorie*: Casa da Cidade

CAPÍTULO NONO

O mercantilismo nasceu nesse contexto e com ele os mercadores independentes, que ganharam autonomia e poder, assumiram o controle da produção agrícola e da sua distribuição, a partir do serviço dos camponeses e da intermediação com os senhores das terras e demais interessados. Esses mercadores passaram a acumular riqueza. Exemplos emblemáticos, foram os mercadores italianos de Florença e Veneza, que passaram a intermediar a troca de mercadorias com Oriente Médio, Oriente distante e mesmo com o norte da África. A característica marcante dessa nova classe social foi que seu rendimento nunca, ou quase nunca, foi destinado à produção e permaneceu na esfera da circulação. Por isso, o modo feudal de produção se manteve por tanto tempo.

Com a concentração do dinheiro veio a concentração do poder. E, como a produção feudal não conseguia acompanhar a demanda crescente, o quinhão arrancado do campesinato já não era suficiente para atender às necessidades da aristocracia. Essa conjunção acabou por levar essa aristocracia ao declínio. Um novo equilíbrio de forças emergiu, mas em pouco tempo tenderia para a nova classe de mercadores.

A situação degenerada em meados do século XIV, guerras, endemias e o descontrole na oferta de mão de obra estavam colocando um ponto final na organização feudal, como era conhecida até então, fazendo com que o Estado perdesse o controle sobre o campesinato e sua produção. A produção do campo e a produção artesanal passaram a circular sem o controle dos senhores e, assim, começaram se formar as bases do desenvolvimento capitalista.

Livres do compromisso com o senhor da terra, camponeses e artesãos passaram a tratar seus excedentes diretamente com os mercadores, esse movimento é conhecido como *agente motor*, explicado da seguinte forma por Paul Sweezy:

> Em meu rápido comentário ao final do debate sugeri que a necessária, se bem que irregular, pressão da classe dominante no sentido de transferir para ela própria o trabalho excedente ou o produto excedente do camponês fora causa fundamental [o agente motor] do progresso técnico e do aperfeiçoamento da organização feudal, promovendo a expansão do excedente disponível. SWEEZY, p. 32, 1977

Há, contudo, um complexo e intrincado relacionamento entre o Estado a Igreja e essa nova classe social emergente, durante toda a Idade Média as questões relacionadas ao consumo e aquisição de mercadorias estava, profundamente, relacionada à Igreja Católica e seus representantes defendiam que as questões relacionadas à *salvação* estavam no primeiro plano e a esse plano se submetiam as questões relacionadas à *riqueza material,* uma ideia que a Igreja demorou a abandonar.

À medida em que a sociedade foi se transformando e os novos ventos do século XV começaram a soprar – devemos lembrar o que ocorria por essa época – trouxeram para toda a Europa um acúmulo de recursos que agora orbitava os grandes mercadores, contudo não pertenciam a eles as determinações relacionadas com a soberania, essa classe de mercadores ricos precisava do Estado, que tornou a se fortalecer sob novas configurações.

O movimento renascentista marcou, além de uma revolução artística e científico-filosófica, uma transformação de caráter econômico, que de um lado recuperou o poder do Estado vinculando-o a um novo organograma social e de outro lado, cristalizou aquela separação entre o sagrado e o profano, especialmente, no que diz respeito às determinações teóricas e teológicas. Assim, ao final do século XV, havia uma Igreja de certa forma apartada das questões práticas da sociedade, um estado que se firmava como detentor da soberania e controlador das relações comerciais com outros Estados e uma classe social rica e cada vez mais com acúmulo de recursos.

O comércio já se fazia por representação de valor, ou seja, diminuía fortemente a troca de mercadorias em espécie e crescia, como nunca antes, a troca de mercadorias por moeda, uma representação de seu valor. A moeda, por sua vez, era a representação de um tesouro, normalmente, em ouro e/ou prata, portanto, era necessário que o Estado fosse o repositório desse tesouro, dessa forma a busca pelos metais se transformaram numa máxima, estados ricos eram os que possuíam mais ouro.

Contudo, essa equação não tem resolução de longo prazo, pois não é (e não foi) possível encontrar ouro *para sempre* na quantidade necessária, vejam, se um Estado precisava de alguma mercadoria que não tinha, precisava pagar em ouro para outro Estado. Logo a ideia de buscar esse ouro em colônias se apresentou como inadequada, era (como de fato foi) melhor produzir as

CAPÍTULO NONO

mercadorias que nas trocas levassem ao acúmulo dos metais e por conseguinte ao acúmulo de riqueza.

Foi nessa época que os bancos surgiram e com eles se cristalizaram os empréstimos a juros que já era uma prática, ainda desorganizada e estavam nesse início restritos aos pobres que não conseguiam comprar o básico para seu sustento ou para pequenos artesãos que nunca ganhavam o suficiente para quitar seus empréstimos, mesmo assim, essa foi a prática que enriqueceu os Medici entre os séculos XIV e XV na Itália e os Fugger entre os séculos XVI e XVII na Alemanha. A Igreja Católica que tratava esse assunto como pecaminoso, começou a tratar o acúmulo da riqueza pela cobrança de juros de uma forma aceitável, mas a Igreja Protestante, ligada nas raízes da emergência burguesa, tratou desde sempre essas questões como uma teologia voltada para a riqueza, na qual, o enriquecer, mesmo às custas do pesar de outrem, era um sinal de dom, de divino.

Esse conjunto de situações em que surgem os Estados mais organizados, o acúmulo de riqueza nas mão de uns poucos e ricos comerciantes, o nascimento dos bancos e a colonização, constituíram uma revolução econômica que segue, mais intensamente, entre os séculos XVI e início do século XVIII e, para alguns autores, é chamada de Mercantilismo. O Mercantilismo carrega as sementes do Capitalismo, mas nele o centro das atenções estava na mercadoria, nas suas trocas e é nesse contexto que algumas pessoas influentes em seus países acabaram por provocar alterações importantes no modo de pensar a economia. Estava em jogo a manutenção da riqueza, não somente dos ricos, mas do Estado que a essa altura tornara-se o garantidor da soberania que incluía substancialmente a garantia de um estoque de ouro, e de estoques reguladores de excedentes produtivos, o controle dos portos, o controle das colônias, do comércio internacional e dos financiamentos, que ao final desse período desviara-se do cidadão comum e do pequeno artesão, para os grandes construtores e para a constituição de recursos militares.

Cada Estado deu ênfase em determinadas ações para compensar o fato de que fontes de ouro perenes não existiam, mesmo Espanha e Portugal que insistiram nisso por mais tempo. França e Holanda dedicaram-se ao comércio, entendendo que ele poderia trazer o ouro tão desejado, a Inglaterra focou na mercadoria que ela própria poderia produzir. Não obstante, um pensamento se generalizava, era urgente a constituição de exércitos poderosos e uma população numerosa, especialmente, uma população numerosa, o chamado pensamento populacionista:

> Mas era igualmente importante para as manufacturas: com uma população numerosa, os salários não subiriam e os lucros seriam maiores; por outro lado, a prática de salários baixos teria a virtude de obrigar o povo a trabalhar mais, mantendo a sua operosidade e combatendo a *preguiça natural das classes trabalhadoras*, ideia (de pura matriz ideológica) corrente no séc. XVIII, e que hoje não desagradaria a todos os neoliberais que querem fazer andar duzentos anos para trás o relógio da história.

> Em certo sentido, poderá dizer-se que os mercantilistas antecipam a concepção, depois mais elaborada teoricamente por Malthus, segundo o qual a desigualdade social e a existência de um grande número de trabalhadores miseráveis constituem uma condição de progresso. [...]

> [sobretudo na França e Inglaterra, estavam] convencidos de que uma população numerosa e crescente constituiria a causa principal da riqueza, se não mesmo a própria riqueza, o activo mais sólido de uma nação. (MIRANDA, 2005, p. 412-413)

No bojo do Mercantilismo está o poder do Estado, os bancos nacionais surgiram e se fizeram muito presentes no investimento impulsionador da "indústria" ainda artesanal, que tinha como principal característica o fato de que cada produto fosse fabricado inteiramente por um artesão, esse modo de fabricar apresenta um importante fator desfavorável que é a inadequação da produção com a demanda. Contudo, foi o acúmulo de riqueza por esse meio produtivo, que possibilitou a alternativa escolhida pela Inglaterra (o foco na produção) a estabelecer as condições básicas para a Revolução Industrial.

> E foram estas transformações, operadas entre o séc. XVI e o séc. XVIII, foi todo este processo evolutivo que originou o aparecimento do *proletariado moderno*, classe de indivíduos aos quais, uma vez desligados da terra enquanto meio de produção da sua subsistência, só restava a alternativa de se deixarem contratar como mão-de-obra assalariada. E capitais não faltavam, que o comércio e a exploração coloniais tinham propiciado a acumulação de lucros

CAPÍTULO NONO

> fabulosos à burguesia mercantil da Holanda, da França e principalmente da Inglaterra. O capitalismo, porém, só se instalaria como sistema dominante quando a burguesia viesse a tomar o poder e realizasse o enquadramento político e jurídico que lhe permitisse aplicar na produção os capitais acumulados e a mão-de-obra disponível, desenvolvendo a indústria à margem dos obstáculos institucionais do feudalismo. Só então o capitalismo se afirmaria como um modo de produção específico. Tal aconteceria pela primeira vez na Inglaterra. (MIRANDA, 2005, p. 421)

A Revolução Industrial é o marco inicial do Capitalismo é quando o foco sai da mercadoria e passa para o capital, justamente, o conceito que se aperfeiçoou até atingir os requintes que presenciamos atualmente (2022). A nova indústria trouxe consigo mudanças, uma nova forma de produzir permitiu o ajuste entre demanda e a produção, a ideia é simples e cruel ao mesmo tempo, trata-se de dividir a produção em partes, nesse novo processo cada operário executa sempre a mesma tarefa que é uma pequena parte do todo de cada produto, já não são necessários muitos artesãos, apenas alguns para orientar e coordenar o processo, simples mesmo. Contudo, o valor do trabalho cai para níveis muito baixos, qualquer trabalhador pode agora produzir e valores de remuneração menores obrigam os trabalhadores a dedicarem mais horas a esse trabalho, o custo de produção cai enormemente, ao mesmo tempo que os lucros crescem sem precedentes, cruel mesmo. O cerne do capitalismo (clássico, pós Mercantilismo) é a produção de capital pela produção industrial, daí para frente teremos o capitalismo moderno que é a produção do capital, pela produção industrial, pela prestação de serviços, pelo comércio e pelo comércio do próprio capital, o capital justifica-se a si mesmo.

O Capitalismo evoluiu (embora eu creia que evolução não seja um termo adequado, pois está associado ao imaginário de passar para um algo melhor, com certeza não é o caso, especialmente considerando os milhões de pessoas que passam fome sob esse regime econômico), como já disse, atingindo requintes nunca antes sonhados. Que a Igreja tenha se curvado a ele, não é de se espantar, para mim nunca foi uma instituição na qual se pudesse manter confiança, sujeita que é (e sempre foi) a condicionantes absolutamente humanos. Entretanto, os Estados, paradoxalmente, perderam autonomia, são mais fortes e estruturados, mais organizados, mantém exércitos poderosos, mas estão sob o controle do capital. Nenhum estado moderno (em 2022) é capaz de governar sem a influência maciça dos detentores dos grandes capitais, vale dizer, das grandes corporações, Bancos, Indústrias, Produtores Agropecuários, Grandes Mídias, Conglomerados Comerciais, Empresas de Geração de Energia, enfim, os donos do capital. Eles promovem e financiam guerras, instituem e removem dirigentes governamentais, determinam o que comemos, o que vestimos, com que nos divertimos e principalmente quantos de nós podemos fazer essas coisas. Ah! sim, a classe média privilegiada é a garantidora do *status quo*, os ricos de verdade são poucos, estamos considerando uma população mundial que já atingiu a marca de 8 bilhões de habitantes, então, os ricos são pouquíssimos. Manter o controle sobre a população da classe média é fundamental, seja o controle do seu número seja o controle de seu poder aquisitivo, não há maneira mais eficiente de garantir o lucro em níveis altos.

> A terceira Revolução Industrial, que se iniciou na década de 1970, alterou o cenário produtivo mundial, devido ao surgimento de tecnologias microeletrônica e da transmissão de informações sobre a automatização e robotização dos processos produtivos. Além disso, surgiram novos ramos industriais, como as indústrias de computadores e de softwares, robótica e de biotecnologia, química fina e de telecomunicações, que utilizam mão de obra qualificada. Desse modo, as indústrias se difundem por todo o mundo em busca de matéria-prima mais barata, incentivos fiscais, mão de obra barata e qualificada e mercado consumidor, objetivando a acumulação de capital. Atualmente, a realidade mundial tornou-se mais complexa. O desenvolvimento do capitalismo afastou-se cada vez mais da fase concorrencial, e penetrou na fase monopolista do grande capital, das grandes empresas multinacionais. (SILVA, 2015, p. 136)

Não menos realista do que eu e o autor do trecho acima, está Marcelo Proni, como pode-se notar, o que para ele é uma crise contemporânea, para mim é apenas um ajuste de percurso, uma vez que as transformações sociais são controladas pelo capital e, como se pode ler em suas palavras, estão fora do controle dos governos:

> Mas, assim como a Terceira Revolução Industrial ainda está em curso, o desfecho da crise contemporânea, as transformações da

CAPÍTULO NONO

299

> sociedade e a transição para um novo estádio de desenvolvimento
> capitalista são ainda uma grande interrogação histórica.
>
> Seja qual for o próximo capítulo, certamente trará a mesma tensão
> entre ruptura e continuidade, que tem marcado a evolução do capi-
> talismo. E certamente as possibilidades e mecanismos de regulação
> pública (mas não necessariamente governamental) da competição
> entre os grandes conglomerados (e entre os indivíduos) continu-
> ará sendo a questão central desse enredo, ainda por ser escrito.
> (PRONI, 1997, p. 37).

Evidentemente o Capitalismo não é a melhor forma de gerir uma economia, pelo menos não para a maioria das pessoas, entretanto, a ganância – e
não consigo encontrar outra palavra para definir a obstinação do Homem em
direção, apenas, ao seu próprio bem-estar e ao acúmulo de dinheiro – impede
e impedirá por muito tempo outro estabelecimento de situação, a menos que,
esse Homem, faça uma escolha pelo próprio desígnio, a escolha difícil! Aquela
que permita que uma nova instituição seja voltada para o bem-estar de todos,
inclusive aqueles milhões que passam fome, aqueles milhões que dependem de
instituições filantrópicas médicas e assistencialistas, aqueles milhões desamparados dos quais nem mesmo temos notícias nas grandes mídias, porque suas
situações já não rendem patrocínio nos meios de comunicação.

Caro leitor/leitora, conhece o Iémem?

O Iémen é um país localizado no sul da península arábica, um país mise-
rável, dividido entre duas regiões, uma dominada pelo Império Otomano até
1918 e a outra colônia inglesa até 1967, unidos por força de conflitos civis, acabou enfrentando uma guerra civil baseada em diferentes ideologias religiosas.
Não estranho se não o conheça, a maioria do mundo não o conhece.

> Até 2011, o país estava sendo governado por Ali Abdullha Saleh,
> no poder havia 33 anos. Durante os fortes protestos do período
> que ficou conhecido como a Primavera Árabe, Saleh foi forçado
> a renunciar e deixar no poder o seu vice-presidente, Abd-Rabbu
> Mansour Hadi. A transição de poder, no entanto, fracassou, e Hadi
> precisou se exilar para fugir dos ataques de grupos armados hutis,
> que seguem o islamismo xiita e buscavam dominar o país. Para
> reestabelecer o poder de Hadi, uma coalisão liderada pela Arábia
> Saudita, país de maioria sunita, entrou em combate contra os hutis

– grupo supostamente financiado pelo Irã xiita – causando uma guerra civil que já deixou cerca de 10 mil mortos e milhões de desabrigados e desassistidos. Apesar da duração dos conflitos e das perdas humanas e sociais, a guerra civil iemenita tem recebido pouca atenção na última década, principalmente no Ocidente, fato pelo qual tem sido chamada de "a guerra esquecida"

https://pt.wikipedia.org/wiki/I%C3%A9men   acessado   em 27/10/2022.

Vejam como essa guerra é retratada: "a guerra dos esquecidos", muito elucidativo.

Os iemenitas ocupam um território de 527.968 Km^2 (equivalente ao estado da Bahia), com população de 26 milhões de habitantes que tiveram seu país invadido pela Arábia Saudita, apoiada pelos Estados Unidos da América do Norte, o mesmo Estados Unidos que criticaram severamente a invasão russa na Ucrânia, novamente, não importa contar os mortos para ver quem tem mais ou menos razão, importa antes, compreender os princípios envolvidos.

"A guerra civil no Iêmen, o país mais pobre do mundo árabe, está deixando 22 milhões de pessoas em situação de vulnerabilidade, segundo os dados mais recentes da Organização das Nações Unidas (ONU), que considera essa a maior crise humanitária global em curso atualmente".https://www.bbc.com/portuguese/internacional-43309945 acessado em 27/10/2022.

São 22 milhões de pessoas em situação de vulnerabilidade em uma população total de 26 milhões de habitantes, um verdadeiro escândalo.

CAPÍTULO NONO

Figura 81 – ruas do Iémen – 5 pontos para entender a guerra civil no Iêmen, a pior crise humanitária do mundo – BBC News Brasil

Este é apenas um exemplo, há outras situações similares, a tragédia humana, não impacta mais a constituir um movimento que force uma retomada de posição, não se trata de pessimismo, é uma constatação, nenhum desses cachorros grandes largará o osso.

Por isso insisto na ideia de que, em boa medida, isso seja um exemplo de um caminho sem volta e no sentido de um beco sem saída para a espécie Homo sapiens. Uma reflexão que passa por compreender a inexistência de um incriado, compreender a natureza do Universo, a raridade da Terra e a raridade da vida e, para munidos das reflexões a partir dessa compreensão e observando o quanto de maldade há na nossa história recheada de misticismos e religiosidades, o quanto há de maldade e ganância na nossa história repleta de conflitos e guerras, de submissão do Homem pelo Homem, seja possível fazer a escolha difícil, aquela que vai de encontro a tudo que nos é inculcado diariamente pela grande mídia.

Figura 82 – Ajuda humanitária – Foto: Abduljabbar Zeyad/Reuters

Figura 83 – A vida na Arábia Saudita – Foto: Mandel Ngan / AFP

CAPÍTULO NONO

O poder do capital, nações comandadas pelo dinheiro, é isso que estou tentando deixar claro neste capítulo, o capitalismo não encontra limites, quando o objetivo é por *per si*.

> O Iêmen é estrategicamente importante, porque está no estreito de Bab-el-Mandeb, que faz ligação com a África e é rota de navios petroleiros. Além disso, muitas potências lucram indiretamente com a guerra iemenita: a coalizão saudita que bombardeia o Iêmen compra armas de países como Estados Unidos, Reino Unido e França.
>
> Questionado a respeito disso [...], o chanceler francês, Jean-Yves Le Drian, afirmou ser "verdade que há muitas armas sauditas (no conflito), mas também muitas armas iranianas".
>
> Só as empresas britânicas teriam lucrado £6 bilhões (R$ 27 bilhões, aproximadamente) com venda de armas à Arábia Saudita desde o início da guerra no Iêmen, segundo pesquisa da ONG War Child UK. https://www.bbc.com/portuguese/internacional-43309945 acessado em 27/10/2022

Eric Hobsbawm escreveu um volume de 500 páginas com o título de *A Era do Capital*, para falar somente sobre o intervalo entre 1848 e 1875, percebe-se que as poucas palavras que escrevo aqui são, portanto, um leve toque sobre esse tema. O capítulo 15 desse volume de Hobsbawm, cujo título é *As Artes*, é aberto com um excerto de Wilhelm Richard Wagner (1813-1883), maestro alemão, que diz o seguinte:

> Precisamos nos convencer definitivamente de que nossa história hoje é feita pelos mesmos seres humanos que também fizeram um dia as obras de arte gregas. Mas tendo aceitado esse ponto, nossa tarefa é então descobrir o que é que transformou esses seres humanos de forma tão fundamental a ponto de agora só conseguirmos produzir o que sai das indústrias de luxo, onde antes se criavam obras de arte. (HOBSBAWM, 1977, p. 417)

Ocorrida no meio do século XIX, essa manifestação é profundamente reveladora, um homem que consegue enxergar uma transformação quase em tempo real, quando muitos hoje, mesmo olhando em retrospecto, não enxergam. E ainda nos mostra como a sociedade já estava contaminada com o que era, naquele momento, o começo do domínio do capital.

Síntese

Esse capítulo se inicia com o pensamento de Luiz Roberto Benedetti e o poema de Chico Buarque de Holanda, o primeiro fazendo a ligação de nosso fio condutor com o capítulo anterior, ressaltando as relações entre mercadoria e religião, através do conceito de mercado, o segundo dando a ideia que se seguiria mostrando desde o início do capítulo o seu desfecho.

O dinheiro e o poder, essa relação é tão densa e profunda que permeia nossa história, tem materialidade descrita nas linhas que se sucedem, de início ainda abordando as relações do sistema feudal e depois concentrando-se na revolução desenrolada entre os séculos XVI e XVIII, que ficou conhecida como Mercantilismo. Essa sequência de eventos acabaram por consolidar o sistema capitalista e é oportuno dizer, há uma discussão polêmica entre alguns estudiosos da economia, de um lado estão os defensores da ideia que considera o capitalismo como uma evolução da sociedade e, portanto, apenas uma entre outras possibilidades que a humanidade poderia ter seguido, de outro lado estão aqueles que defendem a ideia que o capitalismo é resultado de uma característica humana e seria alcançado mais cedo ou mais tarde de uma forma ou de outra.

Não sendo especialista para dar uma opinião categórica, escolho ficar ao lado dos primeiros, pois essa forma de pensar oferece uma saída, já os segundos tratam o tema como uma espécie de destino, ao qual não se pode escapar.

O capítulo termina apresentando um exemplo do que o pensamento capitalista é capaz de, não apenas permitir, mas buscar obstinadamente.

Conclusão da Segunda Parte

Na Primeira Parte fiz um convite ao leitor para estabelecer um fio condutor, desde a compreensão da inadequação da ideia da existência de um ser incriado, bem como, o desenvolvimento, a partir de um embasamento científico e algumas conjecturas metafísicas popperianas, de uma história do surgimento da vida e de sua evolução no contexto da raridade da Terra e da raridade da própria vida na Terra.

Nesta Segunda Parte, o convite foi para a reflexão sobre a dicotomia entre pensamento e ação, uma dialética que alterna seguidas vezes o distanciamento entre o que se pensa e se que fala e, efetivamente, o que se faz. Para essa reflexão considerei três características humanas, a beligerância, a espiritualidade e o desejo do poder.

Sobre a beligerância foi feito um caminho demonstrando, a partir, dos registros oficiais, desde a pré-história até os dias atuais, como o Homem manifesta-se fortemente e firmemente próximo e envolvido em conflitos e guerras. Sobre a religiosidade, escolhi apresentar o pensamento dos pensadores (filósofos) mais proeminentes, representantes de suas épocas, considerando que seus pensamentos refletem os ditames de suas contemporaneidades e, portanto, os modos de pensar de suas épocas e que em grande medida contrastam com a realidade experimentada pelos conflitos e pelas guerras desses mesmos períodos, uma constatação de que existe um discurso que está apartado da realidade, na maioria das vezes. Por fim, sobre o *poder* fiz uma breve incursão sobre as questões relacionadas com o que ocorria, efetivamente nos mesmos períodos, com as relações comerciais, a geração de riqueza e como influíram os detentores dessa riqueza.

Penso que deve ter ficado claro que existe uma distância importante entre o que é pensado, elaborado e até mesmo proposto e o que se promove e se executa na realidade das sociedades. O discurso é sempre um tanto teórico e não alcança o dia a dia do povo, mas há uma sutileza que precisa ser evidenciada, é o objetivo maior desta Segunda Parte, esse discurso, em geral, é usado para justificar alguns posicionamentos das classes dominantes, de governos, e acaba transbordando por diversos caminhos, mas em particular pelo discurso da Igreja, que preocupa-se em desenvolver elaboradas teorias teológicas, mas que, sistematicamente, desassiste o seu fiel. Por isso, é fundamental que o Homem consiga compreender o que é e o que deve ser, o que somos e o que devemos ser, somente a reflexão sobre essa distinção permitirá a liberdade para a escolha necessária.

Assim, pudemos, eu e você leitor/leitora, apreciar em visão holística e sistêmica uma imagem de onde viemos e no que nos transformamos, desde quando nos colocamos eretos sobre dois pés e deixamos de ser caçadores/coletores para nos transformarmos em cultivadores e criadores. Minha concepção a respeito da espécie humana, o Homo sapiens, é que em seu processo evolutivo, acabou por entrar em um beco sem saída e que a levará à extinção. A razão é simples, a Terra é para nós (nós aqui vale dizer, para todo ser vivente) um sistema fechado (aquele mesmo da segunda lei da termodinâmica), no qual a entropia só pode aumentar e isso é sinônimo de fim. Entretanto, há o parâmetro tempo de grande importância e sobre esse parâmetro precisamos aprofundar essas ideias.

Já foi dito que nosso Sol um dia explodirá em uma gigante vermelha, então, a Terra será incinerada e com ela toda vida que porventura ainda exista. Dessa forma, muitos poderão dizer que não havendo nada a fazer, que nada se faça. Podemos pensar assim, mas essa catástrofe levará aproximadamente 4 bilhões de anos para acontecer, o que para um ser vivente que tem e média, digamos, cem anos de duração, é uma eternidade. Por isso o parâmetro tempo tem importância.

Outros recursos poderão se extinguir muito antes de o Sol se transformar em uma gigante vermelha e, mesmo que os tempos, para esses eventos se sucederem, sejam muito menores, ainda serão longos o suficiente para considerar cem anos um intervalo muitíssimo curto. Não obstante, o Homem tem uma visão de curtíssimo alcance e não compreende o quanto o equilíbrio dos ecossistemas de nosso planeta é sensível, delicado, complexo e como suas relações são mutuamente dependentes e interconectadas, talvez, somente explicável pela Teoria do Caos[82]. Para não deixar uma impressão pessimista, lembro que há alternativa, a escolha difícil, retomaremos o assunto no próximo capítulo.

---

82   A **Teoria do Caos** trata de sistemas complexos e dinâmicos rigorosamente deterministas, mas que apresentam um fenômeno fundamental de instabilidade chamado sensibilidade às condições iniciais que, modulando uma propriedade suplementar de recorrência, torna-os não previsíveis na prática a longo prazo. https://pt.wikipedia.org/wiki/Teoria_do_caos

TERCEIRA PARTE

III

A Verdade

Para não dizer que não falei das flores

Caminhando e cantando e seguindo a canção
Somos todos iguais braços dados ou não
Nas escolas, nas ruas, campos, construções
Caminhando e cantando e seguindo a canção

Vem, vamos embora, que esperar não é saber
Quem sabe faz a hora, não espera acontecer

Pelos campos há fome em grandes plantações
Pelas ruas marchando indecisos cordões
Ainda fazem da flor seu mais forte refrão
E acreditam nas flores vencendo o canhão

Vem, vamos embora, que esperar não é saber
Quem sabe faz a hora, não espera acontecer

Há soldados armados, amados ou não
Quase todos perdidos de armas na mão
Nos quartéis lhes ensinam uma antiga lição
De morrer pela pátria e viver sem razão

Vem, vamos embora, que esperar não é saber
Quem sabe faz a hora, não espera acontecer

Nas escolas, nas ruas, campos, construções
Somos todos soldados, armados ou não
Caminhando e cantando e seguindo a canção
Somos todos iguais braços dados ou não

Os amores na mente, as flores no chão
A certeza na frente, a história na mão
Caminhando e cantando e seguindo a canção
Aprendendo e ensinando uma nova lição

Vem, vamos embora, que esperar não é saber
Quem sabe faz a hora, não espera acontecer

Geraldo Vandré

INTRODUÇÃO

Quando o mundo estiver unido na busca do conhecimento, e não mais lutando por dinheiro e poder, então nossa sociedade poderá enfim evoluir a um novo nível.

Thomas Jefferson.

Para não perdermos o fio da meada, retomo a questão referente à exiguidade dos recursos terrestres, e reitero o chamamento para *tomarmos a história pela mão*, vale dizer sermos senhores de nossos desígnios.

Nosso planeta, um sistema fechado, tem recursos limitados, entenda-se recursos como as extrações de minérios, as produções agropecuárias e a geração de energia. Já está bastante documentado que o tombamento de florestas pode levar a um processo de desertificação irreversível, todas as discussões sobre as condições climáticas convergem para alertas cada vez mais urgentes, contudo, não há alterações importantes nas atividades humanas que ultrapassem os discursos midiáticos. Então, temos um discurso que vai num sentido e uma prática que diverge dele, mas sempre foi assim, não há novidade nisso e é sobre esse tema que a Segunda Parte se desenvolveu.

Ora, podemos apresentar um monte de exemplos de ações contrárias aos discursos que repousam nos núcleos do significados, tanto de ações como de seus respectivos discursos. Podemos citar, por exemplo, a produção de energia a partir de hidrocarbonetos derivados de petróleo, mesmo a produção de energia hidroelétrica que castiga o meio ambiente destruindo e transformando enormes regiões e seus habitats, a mineração intensiva que se utiliza de imensas barragens para guardar os dejetos de sua produção, a mineração de garimpo que invade e derruba florestas (e estou me referindo às ações que não são clandestinas), a pesca descontrolada de espécies em risco de extinção, a poluição de oceanos e mares destruindo a cadeia alimentar e colocando diversas espécies na lista das mais vulneráveis, a geração de gases de efeito estufa alterando a temperatura média da Terra, todas essas ações tem discursos que as defendem e ilusoriamente mostram, supostamente, aspectos positivos.

A visão de curto prazo, a determinação pela busca de lucros crescentes, a acumulação de capital e consequente acumulação de poder, são os grandes obstáculos para escolha da alternativa necessária que a humanidade precisa manifestar. É bem aqui que emerge o grande paradoxo do nosso beco sem saída: *lucros crescentes*. Não é preciso ser economista para compreender, acho mesmo que melhor não sê-lo, pois essa especialização parece constituir uma viseira que impede a visão do todo.

Qual a fórmula para a obtenção de lucros crescentes?

Lucro que cresce é aquele que é, num determinado período, maior do que o apurado em um mesmo período anterior, portanto, para lucrar mais é necessário vender mais (ou vender o mesmo por maior preço, mas em geral vender mais), para vender mais alguém precisa comprar mais e é necessário produzir mais. Ora, ora, ora, em uma ponta temos o consumir mais, essa é a ponta mais fácil de se lidar, basta como já vimos controlar o tamanho da classe média e seu poder aquisitivo, na outra ponta temos os estoques de recursos naturais. Para vender mais automóveis e utilidades domésticas, por exemplo, será necessário mais derivados de petróleo (plástico) e minério de ferro (aço). Para vender mais comida, carboidratos, proteínas, amidos etc., será necessário aumentar áreas destinadas à agricultura e à pecuária. Para vender mais moradias será necessário mais cimento (mineração), mais tintas, vernizes e impermeabilizantes (derivados de petróleo). Para todas as atividades será necessário dispor de mais energia (derivados de petróleo, grandes regiões cobertas de água, produção radiativa etc.)

É uma equação que não tem resolução, pelo seguinte, mesmo as supostas fontes de energia limpa, não são totalmente limpas. Em economia há um conceito conhecido como "internalização das externalidades", esse conceito é importante porque coloca para dentro de uma determinada abordagem parâmetros que estão, em princípio, fora do alcance dos fenômenos envolvidos. Para esclarecer, consideremos o seguinte e simples exemplo, um chacareiro que produz e vende bananas, avalia o custo de sua produção e determina um preço para suas bananas, contudo, ele não considerou o custo do frete e de eventuais perdas, que estão, evidentemente fora do estrito processo produtivo, então esses custos devem ser trazidos para dentro da abordagem da precificação, para

INTRODUÇÃO 311

que o preço das bananas seja redimensionado, assim, duas externalidades são internalizadas.

Na avalição das energias limpas deve ocorrer o mesmo raciocínio, vejamos o exemplo da energia fotovoltaica, numa primeira visão parece uma verdadeira maravilha, simplesmente transformar a luz do Sol em energia elétrica. Como seria a internalização das externalidades? Podemos pensar que existe um limite de eficiência na produção de energia elétrica por célula fotovoltaica, o que implica que para gerar muita energia é necessário muita área, fazendas solares de grande porte podem competir com áreas agricultáveis. Outra internalização seria pensar o que fazer com os painéis descartados depois de cumprirem o seu tempo de vida útil e o que fazer com a produção e descarte das baterias associadas aos sistemas fotovoltaicos autônomos?

A produção eólica depende fortemente da indústria mecânica que utiliza o aço, energia e água para a produção dos componentes desse tipo de gerador; e o que dizer das montadoras de automóveis elétricos? Eles usarão energia, produzidas onde? De que forma?

Todas essas condições podem ser contornadas, basta que haja um tempo adequado para a reposição das coisas em seus lugares, mas a condição de *lucros crescentes* vai de encontro a esse tempo necessário. Eis o dilema paradoxal.

Qual executivo de "sucesso", detentor de grande capital (vale pensar o mesmo para investidores que têm as concentrações de ações dessas grandes empresas), da área da mineração, por exemplo, escolheria não minerar mais, ou minerar menos, por razões humanitárias ou ecológicas? Qual montadora escolheria produzir sempre a mesma quantidade de unidades pelas mesmas razões? A saída dada pelo pensamento capitalista é o controle de uma camada social, bem como dos meios de produção, entretanto, essa escolha leva inexoravelmente à falência do equilíbrio da vida na Terra.

Nossos recursos não são ilimitados, há que se produzir alimento e bem-estar para 8 bilhões de pessoas, e assim, gostemos ou não, mais cedo ou mais tarde, por mais que se desenvolvam tecnologias produtivas, em algum momento esgotaremos esses recursos, porque a ganância não considera o tempo de nossa espécie, mas somente o tempo de suas próprias gerações. Não creio que esses homens e mulheres sejam diferentes da grande maioria que se deixa controlar como boi numa boiada, se os papeis fossem invertidos o *status quo* seria mantido, muitos pensadores já perceberam isso.

O romance *Os Meninos da Rua Paulo* apresenta dois grupos rivais de meninos que disputam um espaço para garantir o seu lazer, a disputa torna-se cada vez mais acirrada e desse conflito resta uma morte, uma tragédia que retrata uma verdade.

O romance *Senhor das Moscas* apresenta o lado completamente hostil e selvagem que a humanidade pode se permitir, utiliza para isso, a história fictícia de um grupo de meninos entre 6 e 12 anos, que, após uma acidente aéreo, se vê isolado numa ilha e por sua própria conta, o grupo acaba por dividir-se e na busca pelo domínio, os grupos se valem da selvageria e da crueldade, expondo de forma contundente essa característica humana.

O romance *A Revolução dos Bichos* conta a história de um grupo de animais que se rebela contra o fazendeiro, liderados por um grupo de porcos, os bichos acabam tomando o controle da fazenda e o grupo de porcos, aos poucos, vai dando à administração da fazenda os mesmos contornos antes estabelecidos pelo fazendeiro e de que tanto reclamava. A exploração que antes era exercida pelo fazendeiro agora o é pelos próprios animais. Uma metáfora da existência humana.

Os recursos são limitados e os lucros *precisam* ser crescentes, como resolver essa equação?

Não há solução, ou encontramos mais recursos, ou terão que se contentar com lucros estáveis, ou a humanidade deverá encontrar uma alternativa ao capitalismo. Encontrar mais recurso parece não ser a saída, pois ele não há, ao menos na quantidade como é demandado, conter os lucros está fora do manual do capitalista, portanto, a solução é uma alternativa ao capitalismo, a escolha difícil.

Quero deixar bem claro que não defendo qualquer tipo de comunismo, eu mesmo não sei dizer qual seria um novo e adequado modelo econômico, sei apenas que deverá ser tal, que consiga estabelecer o equilíbrio na oferta de recursos naturais, que consiga atingir a todos, não somente uma classe consumidora controlada e que não imponha a extinção de quaisquer espécies.

CAPÍTULO DÉCIMO

Admirável gado novo

Oh, boi!
Vocês que fazem parte dessa massa
Que passa nos projetos do futuro
É duro tanto ter que caminhar
E dar muito mais do que receber
E ter que demonstrar sua coragem
À margem do que possa parecer
E ver que toda essa engrenagem
Já sente a ferrugem lhe comer
Eh, oh, oh, vida de gado
Povo marcado, eh!
Povo feliz!
Eh, oh, oh, vida de gado
Povo marcado, eh!
Povo feliz!

Lá fora faz um tempo confortável
A vigilância cuida do normal
Os automóveis ouvem a notícia
Os homens a publicam no jornal
E correm através da madrugada
A única velhice que chegou
Demoram-se na beira da estrada
E passam a contar o que sobrou!
É o Brasil!
Eh, oh, oh, vida de gado
Povo marcado, eh!
Povo feliz!
Eh, oh, oh, vida de gado
Povo marcado, eh!
Povo feliz!

Oh, boi
O povo foge da ignorância
Apesar de viver tão perto dela
E sonham com melhores tempos idos
Contemplam essa vida numa cela
Esperam nova possibilidade
De verem esse mundo se acabar
A arca de Noé, o dirigível
Não voam, nem se pode flutuar

Não voam, nem se pode flutuar
Não voam, nem se pode flutuar
Eh, oh, oh, vida de gado
Povo marcado, eh!
Povo feliz!
Eh, oh, oh, vida de gado
Povo marcado, eh!
Povo feliz!
Feliz, feliz, feliz
Oh, boi, oh, boi, eh, boi

Zé Ramalho

A Verdade e a Realidade

Metamorfose ambulante

Ah ah ah ah
Ah ah ah ah
Ah ah ah ah
Prefiro ser essa metamorfose ambulante
Eu prefiro ser essa metamorfose ambulante
Do que ter aquela velha opinião formada sobre tudo
Do que ter aquela velha opinião formada sobre tudo
Eu quero dizer agora o oposto do que eu disse antes
Eu prefiro ser essa metamorfose ambulante
Do que ter aquela velha opinião formada sobre tudo
Do que ter aquela velha opinião formada sobre tudo
Sobre o que é o amor
Sobre que eu nem sei quem sou
Se hoje eu sou estrela amanhã já se apagou
Se hoje eu te odeio amanhã lhe tenho amor
Lhe tenho amor
Lhe tenho horror
Lhe faço amor
Eu sou um ator
É chato chegar a um objetivo num instante
Eu quero viver nessa metamorfose ambulante
Do que ter aquela velha opinião formada sobre tudo
Do que ter aquela velha opinião formada sobre tudo
Sobre o que é o amor
Sobre o que eu nem sei quem sou
Se hoje eu sou estrela amanhã já se apagou
Se hoje eu te odeio amanhã lhe tenho amor
Lhe tenho amor
Lhe tenho horror
Lhe faço amor
Eu sou um ator

CAPÍTULO DÉCIMO

> Eu vou desdizer aquilo tudo que eu lhe disse antes
> Eu prefiro ser essa metamorfose ambulante
> Do que ter aquela velha opinião formada sobre tudo
> Do que ter aquela velha opinião formada sobre tudo
> Do que ter aquela velha opinião formada sobre tudo
> Do que ter aquela velha, velha, velha, velha opinião
> formada sobre tudo
> Do que ter aquela velha, velha opinião formada sobre
> tudo
> Do que ter aquela velha opinião formada sobre tudo
> Do que ter aquela velha, velha, velha opinião formada
> sobre tudo
> Do que ter aquela velha opinião formada sobre tudo
>
> **Raul Seixas**

Promessa é dívida e eis que a *verdade* está colocada no banco dos réus.

No início da segunda parte está escrito que seria necessário girar uma chave para fazermos uma abordagem mais filosófica do que científica e nos afastarmos de uma descrição, simplesmente histórica, para contemplar uma visão filosófica e, por que não, metafísica. Agora, convido o leitor/leitora para dar mais uma volta nessa chave e aprofundarmos nossas reflexões filosóficas.

A Coisa em Si

O que é a "coisa em si"?

O que é a "realidade"?

Essa pergunta tem provocado filósofos de todos os tempos, desde os gregos clássicos até os dias atuais. Uma simples pergunta com respostas, no decorrer da história, tão diversas quanto reeditadas, cujo movimento de diversidade e reedições demonstra a dificuldade em respondê-la.

A *realidade* é o que podemos enxergar, tocar, ouvir, sentir, ou tudo que podemos fazer é interpretar através de nossos sentidos, sem jamais conceber *a coisa em si* como ela é em sua essência?

Pode-se alargar esse horizonte de reflexão com a pergunta: *a coisa em si* existe por si só, ou só existe enquanto produto de nossa interpretação? Em outras palavras, é possível estabelecer parâmetros definidores da *realidade*?

A primeira pergunta, como o curso de nossa história já mostrou, é de difícil resposta, mas podemos enfrentá-la, por que não? Para a segunda pergunta, que também provocou diversos pensadores em diversos momentos históricos, talvez seja possível um caminho mais lógico, ao menos pode-se tentar encontrar esse caminho.

Considere-se a experiência mental de Schrödinger[83], *o Gato de Schrödinger*, sem entrar em detalhes a experiência versa sobre estados emaranhados da Mecânica Quântica, contudo, para nós vale saber que há um gato em uma caixa lacrada, e nela há um dispositivo que pode, com 50% de probabilidade, matar o gato ao se abrir a caixa. A pergunta que se faz é a seguinte: o gato está vivo ou o gato está morto antes da caixa ser aberta? A única forma de saber é abrir a caixa, mas ao abrir pode-se matar ou não o gato, então, resiste a pergunta: o gato está vivo ou morto antes a caixa ser aberta?

Essas perguntas estão conceitualmente relacionadas, uma vez que *a coisa em si* pode, eventualmente, ser confundida com a realidade. Vejamos então como entendo cada uma, *a coisa em si* refere-se à realidade material, a existência das coisas, uma pedra, uma árvore, um objeto qualquer. A realidade refere-se ao contexto, enquanto o objeto está apartado do Ser a realidade o inclui. É assim que entendo e, evidentemente, há uma fronteira onde elas se tocam.

O questionamento, sobre a *realidade*, que se coloca tem mais ou menos o mesmo seguinte teor: *a coisa em si* existe por si só, ou só existe enquanto produto de nossa interpretação? Eu argumento que para *a coisa em si* a resposta é que *ela* existe a despeito de nossa interpretação! Existe, porque existe para todos, existe porque podemos sentir, enxergar, tocar, ouvir e cheirar. Existe porque nós mesmos existimos e existimos porque podemos pensar a esse respeito.

O que nos leva à segunda pergunta: A realidade é o que podemos enxergar, tocar, ouvir, sentir, ou tudo que podemos fazer é interpretar através de nossos sentidos, sentidos, sem jamais conceber *a coisa em si*, sem saber como ela é em sua essência?

O branco é branco porque assim foi convencionado, esse mecanismo convencional vale para a nomeação de todas as cores, o azedo é azedo pela mesma razão, da mesma forma que árvore é árvore e animal é animal. Todas as coisas são o que são porque assim foram convencionadas, porque assim aprendemos.

---

83 **Erwin Rudolf Josef Alexander Schrödinger** (ou Schroedinger) (12/08/1887 – 04/01/1961) físico teórico austríaco, conhecido por suas contribuições à mecânica quântica, especialmente a equação de Schrödinger, pela qual recebeu o Nobel de Física em 1933. Propôs o experimento mental conhecido como *o Gato de Schrödinger*.

CAPÍTULO DÉCIMO

Um sujeito daltônico não poderá concordar conosco a respeito das variações das cores, portanto, *a coisa em si* para esse sujeito não se manifesta como se manifesta para mim e, talvez, para você. Pode-se perceber a distinção entre as duas perguntas colocadas, uma diz respeito à essência da *realidade*, a outra de como essa ela é interpretada.

Diferentemente de Platão, defendo a existência física do mundo integral e materialmente consolidado, ainda que seja possível imaginar um mundo das ideias, esse mundo das ideias serve apenas de suporte para conjecturas que podem e devem ser elaboradas e desenvolvidas a respeito do mundo real, não sendo o mundo real secundário ao mundo das ideias, mas o contrário!

Os ruídos e sons que posso ouvir dão a mim uma interpretação do meio real onde me encontro que jamais poderá ser dado a um sujeito que seja surdo desde seu nascimento. O mundo real de tal sujeito, sem o conhecimento dos sons, será bem diferente do meu mundo real.

O que dizer de um sujeito que seja cego, desde seu nascimento?

E, como de fato existem, o que dizer de sujeitos que sejam cegos e surdos desde seus nascimentos, estendo a pergunta, poderiam eles ter a mesma interpretação do mundo real que eu tenho? Sem cores, sem imagens e sem sons?

Parece-me que estamos muito pertos de uma resposta, o mundo real parece ser uma interpretação devida a uma maioria, mas que de forma alguma pode ser dado como verdadeira no sentido de ser única e definitiva. Admitida como convenção, a *realidade*, será sempre a interpretação da *coisa em si*, jamais poderá ser dada como determinada, sendo sempre uma interpretação, fora de nosso alcance, embora exista!

Podemos avançar nessas reflexões, o que acham?

A REALIDADE

Há muitos pontos de vista para refletirmos sobre esse tema, um deles é considerar o nosso cotidiano, conforme a reflexão feita acima sobre *a coisa em si*, entretanto, o mundo em que vivemos está para além das relações cotidianas que temos com ele, em Física, por exemplo, existem relações que fogem ao alcance do cidadão comum.

A Física Quântica é a Física que estuda as quantidades elementares que constituem tudo que nos cerca, tudo que podemos tocar no mundo macroscópico e que fazem parte de nosso cotidiano, é formado por componentes microscópicos que revelam particularidades e comportamentos que, mesmo os físicos que os estudam, têm discussões acirradas e polêmicas sobre as interpretações e explicações desses comportamentos e particularidades, chegando mesmo a questionar, em grande medida, suas existências.

Entre o final do século XIX e início do século XX a Física Quântica foi forjada, ela nasceu como alternativa para questões que a Física Clássica (Física de Newton) não podia responder. Sua primeira versão mais madura foi estabelecida, entre outros, pelo dinamarquês Niels Bohr nas primeiras décadas do século XX e é conhecida como a interpretação de Kopenhagen.

Essa interpretação dada às quantidades elementares da matéria, sugere que haja uma complementaridade nas formas como essas quantidades podem ser observadas, ou seja, há situações que essas quantidades se manifestam em forma de onda e outras situações em que elas se manifestam em forma de partícula. Particularmente sou adepto dessa interpretação, contudo há outras diversas interpretações que foram sugeridas ao longo do século XX essencialmente distintas dessa.

Como é isso?

Imaginemos um experimento no qual nosso objetivo seja observar um elétron, que é uma dessas quantidades elementares da matéria, aquilo que se deseja observar é o fator determinante, pois se queremos conhecer seu deslocamento ou sua posição, ao montar o aparato experimental verificaremos qualidades de uma partícula, contudo se o objetivo for observar a energia associada a esse elétron, o aparato experimental revelará suas características ondulatórias. Assim, um elétron pode ser uma onda ou uma partícula conforme a montagem experimental.

Dessa forma, o aparato experimental tem interação direta com o objeto quântico que se quer observar. Muitos físicos e filósofos da ciência refletiram profundamente sobre esse fato e alguns o levaram às últimas consequências, estendendo essa interação ao observador, conjecturando que seria a consciência do observador, em última análise, que faria a distinção da quantidade elementar de matéria se manifestar, seja como um corpúsculo ou como uma onda. Eu permaneço no grupo que entende que a interpretação de Kopenhagen é a mais adequada e que o aparato experimental é que determina essa condição da quantidade elementar de matéria observada, tal qual, Júnior (2001, p.21) que diz: "O que temos hoje como consenso consiste na velha interpretação ortodoxa, cristalizada no período 1927-1935 [a interpretação de Kopenhagen]".

Nesse contexto, nasce a questão importante sobre a realidade, ora, ainda que uma interpretação seja adotada por uma maioria, isso não revoga as demais interpretações, o que nos leva a questionar sobre nossa realidade, isto é, o que é o real?

É uma mera interpretação do observador ou existe independentemente desse observador? Ou ainda, existe independentemente do observador e assim sempre será, sendo apenas possível ao observador conhecer essa realidade a partir de interpretações empíricas, mas nunca em sua completeza?

Essas são questões em aberto e de difícil resposta. Mas, sempre podemos tomar partido e aderir a uma que nos convenha! "Resumindo, o problema do idealismo na Física Quântica é ainda um problema aberto. E por depender da interpretação adotada, este é um problema filosófico" (JÚNIOR, 2001, p. 21).

Verdade e realidade são conceitos que têm uma interface onde há uma superposição e nela podem ser confundidos, vamos avançar mais um pouco e promover uma tempestade de ideias, antes de refinar nossa análise.

O que é a Verdade?

Se não podemos defini-la, ao menos devemos ser capazes de estabelecer um critério para buscá-la. O que vemos, ouvimos, tocamos, os odores que experimentamos e os sabores que sentimos, todos eles, em conjunto ou individualmente, compõem verdades ou alguma verdade?

Retomemos os questionamentos, trata-se de uma verdade absoluta, ou apenas uma interpretação de nossos sentidos, isto é, uma verdade relativa?

Caso seja uma interpretação, terão todos os sujeitos a mesma interpretação?

Creio que posso lançar alguma luz sobre esses questionamentos. Em princípio penso ser adequado entender a realidade/verdade – essa cotidiana – como uma interpretação do que existe de fato, adiante explicarei melhor, e uma interpretação que é comum à maioria dos sujeitos, mas não a todos!

Retomando o conceito de Aprendizagem:

> [...] verifica-se que o processo de Aprendizagem apoia-se, conforme o ponto de vista da Neurociência, em processos interrelacionados

> com a emoção, com a razão, com a Linguagem e com todos os órgãos dos sentidos e também, é claro, com a memória, de tal forma emaranhados que não conseguimos estudar a Aprendizagem sem levar em consideração simultaneamente todos os aspectos envolvidos sejam eles de cunho neurológico ou psicológico, nesse contexto destacam-se dois parâmetros balizadores da Aprendizagem: a memória e a capacidade de decidir. (Marini, 2018)

Assim, podemos concluir que aprendemos a Verdade que vivenciamos, senão todos os sujeitos, ao menos a grande maioria terá a mesma subjetiva Verdade a respeito dos acontecimentos cotidianos. Isso devido ao fato de o processo de Aprendizagem nos ser comum, ainda que, não a todos (mas, à grande maioria, pois como já dito, há sujeitos que se relacionam com os acontecimentos cotidianos diversamente e não são poucos).

Nessa Aprendizagem quase inconsciente, concluímos de forma racional (ao menos uma grande maioria, sempre é bom destacar), o que venha a ser, por exemplo, o áspero, o grande, uma ponta, um mamífero, um pássaro, o que é um leão, o que é uma cadeira, o que é um ruído, o que é uma música, o cheiro de limão e assim por diante. Essa é nossa realidade aprendida e interpretada. Não há como saber se nossa interpretação corresponde a uma realidade absoluta, a *coisa em si*, ou se é nossa forma adaptativa, resultado da evolução de nossos sentidos, que assim a determina.

Importante destacar que sujeitos cegos, surdos, afásicos[84] ou com alguma ausência importante de um sentido ou conjunto de sentidos, desenvolverão uma Aprendizagem distinta e consequentemente uma "verdade", também, distinta. Acentuo que nossa Verdade é subjetiva, interpretativa e, em grande medida, comum à maioria dos sujeitos.

Parece justo considerar que *a coisa em si* exista e que cada grupo de sujeitos, conforme seus recursos sensoriais, desenvolvam uma realidade interpretada e aprendida.

Ora, o que dizer das Verdades que estão para além das coisas vivenciadas cotidianamente? Por exemplo, qual é a Verdade de um fato histórico? E o que dizer das Verdades científicas? E, evidentemente, podemos acrescentar nessa

---

84 **Afasia:** é uma disfunção ou a ausência da capacidade do desenvolvimento da linguagem. Implica na dificuldade ou incapacidade da construção de conhecimento. É resultado de disfunção nos centros de linguagem no córtex cerebral.

CAPÍTULO DÉCIMO

lista as Verdades econômicas, jurídicas, políticas, éticas e morais, entre outras. Como exemplo, podemos fazer uma abordagem despretensiosa, nas questões a respeito das verdades históricas e científicas, sem nos importarmos em discernir entre significados de *lato ou stricto sensu*.

Essas perguntas são inquietantes e cujas respostas são nada fáceis. A Verdade histórica tem um caráter especialmente subjetivo, porque ela é narrada por sujeito que sempre condicionará sua narrativa a partir de parâmetros sociopsicológicos particulares.

A Verdade científica tem sempre caráter provisório, portanto, nunca será absoluta.

Temos um problema: Como estabelecer a Verdade diante do que parece ser um dilema/trilema/enésima lema?

Eu penso que nunca poderemos estabelecer o que é uma Verdade absoluta, mas podemos pensar na busca de um critério de Verdade, ou seja, uma maneira de se chegar o mais próximo possível do que é verdadeiro.

Abordarei aqui, de forma não profunda, critérios úteis para o estabelecimento de Verdade histórica e para o estabelecimento de Verdade científica, não profunda repito, porém, suficientemente adequado para o nosso propósito.

Quando se quer encontrar uma verdade histórica é necessário, mas não suficiente, cruzar as informações históricas oferecidas por historiadores de diversas formações. Compreender como cada um desses historiadores viveram: onde estudaram, o que estudaram, com quem aprenderam, em que contexto sócio-histórico viveram, quais foram os seus envolvimentos políticos, enfim conhecer suas biografias.

De posse dessas informações, analisar seus escritos com os filtros que essas informações puderem construir, evidentemente, é um trabalho nada fácil, considerando-se que, mesmo quem realiza essa tarefa está sujeito a essas influências que busca evidenciar nos autores estudados. A isenção é tarefa árdua e de grande responsabilidade, diria eu, para poucos!

Contudo, é um critério de Verdade histórica.

Já uma verdade científica, que tem de partida um caráter provisório, dependerá das teorias que a sustenta. Enquanto essas teorias se mantiverem firmes, falseáveis, mas não falseadas, a Verdade científica correspondente a essa Teoria (ou conjunto de Teorias) também será mantida. De forma muitíssimo breve e não obstante, há muito o que se falar sobre como validar uma teoria científica e como falseá-la no processo de se constituir uma verdade científica, ainda que de forma provisória, sem, obviamente, se saber o quanto esse provisório poderá durar.

Nesta reflexão, o que posso destacar é que, mesmo sem podermos determinar qualquer Verdade, já que as verdades cotidianas são interpretações aprendidas, as verdades históricas são subjetivamente construídas e que as verdades científicas têm fundamentalmente um caráter provisório, podemos sempre estabelecer um critério de verdade que nos coloque o mais próximo da Verdade buscada.

E teremos que nos contentar com isso.

Todavia, imersos que estamos num mundo midiático, no qual proliferam "notícias" de toda ordem é muito importante que se faça uma análise criteriosa dos fatos difundidos, e se construa um critério para se estabelecer as verdades desses fatos.

Pelo exposto é razoável concluir que, são muitas as candidatas verdades sob diversos pontos de vista e para filtrá-las é necessário um bom critério, podemos agora alargar esse horizonte e tomarmos uma posição filosófica sobre algumas dessas verdades.

A VERDADE DOS FATOS

Quem nunca ouviu a frase, *contra fatos não há argumentos*, mas o que são os fatos?

Fatos são eventos com os quais todos concordam, por exemplo, *há um copo de vidro espedaçado no chão*, todos que olharem para esses pedaços poderão concordar que são de vidro e que pertenciam a um copo, se assim for, haverá uma verdade factual.

Figura 84 – Cacos de vidro 1

Mesmo que seja necessário uma análise minuciosa, com eventuais ensaios de laboratório, por fim se poderá constatar esse fato, então, há aí uma verdade factual. Entretanto, sempre é importante lembrar que a verdade "vidro" e a verdade "pedaços" são verdades construídas, aprendidas e concebidas, mas não são verdades a priori, são conceitos e denominações dadas à determinadas *coisas em si*, mas isso não desmonta a verdade do fato.

Figura 85 – Cacos de vidro 2

Um fato pode ser descrito por um intermediário, suponha que os cacos de vidro que antes constituíam um copo, foram descritos por alguém através de um discurso escrito, ou um áudio, ou ainda um dos dois acompanhado de um vídeo, essa descrição poderia ser considerada uma verdade factual? Creio que não de imediato, não se trata de duvidar de tudo, estamos refletindo sobre um critério de verdade, e os cacos de vidro são apenas um exemplo, mas nos servem bem para demonstrar que a descrição escrita poderá ser tendenciosa, então, precisamos saber quem está descrevendo e qual o seu interesse nessa descrição. É bem cansativo, mas precisamos vencer o cansaço, há descrições tendenciosas e controversas por todo lado, revistas e jornais escritos, falados,

CAPÍTULO DÉCIMO

325

televisivos, em todas as mídias e por isso um monte de informações que pode escamotear a verdade.

Os cacos de vidro são devidos a um carro que atropelou uma pessoa e, cujo condutor, em seguida fugiu sem prestar socorro; os cacos de vidro são restos de uma garrafa de aguardente que estava na mão de um sujeito embriagado que a deixou cair nesse local antes de ser atropelado, o condutor o levou para o hospital e não se sabe nada de nenhum dos dois. Os cacos de vidro são de um copo que uma moradora levava nas mãos e continha um pouco de açúcar para sua vizinha, um adolescente distraído trombou a pé com ela e o copo foi ao chão.

Uma análise refinada poderá dizer que tipo de cacos de vidro são esses, mas o componente complementar, a história associada, essa análise não saberá mostrar, será necessário ouvir testemunhas e uma análise pericial mais profunda.

O Brasil ganhou a copa do mundo de futebol masculino de 2002 e o time ganhador terminou o jogo com os seguintes componentes, Marcos, Lúcio, Edmilson, Roque Jr, Cafu, Gilberto Silva, Kléberson, Roberto Carlos, Rivaldo, Juninho Paulista e Denilson (Ronaldo Fenômeno e Ronaldinho Gaúcho foram substituídos e não terminaram jogando)

https://pt.wikipedia.org/wiki/Final_da_Copa_do_Mundo_FIFA_de_2002#:~:text=Ao%20final%20 de%2090%20minutos,mais%20um%20recorde%20no%20torneio

(acessado em 09/11/2022).

Esta é uma verdade factual que se tornou uma verdade histórica, mas que é ainda assim, uma verdade factual, o fato está registrado, todos concordam, nada há o que se dizer em contrário.

"A fase inicial do jogo viu a Alemanha propor um jogo e o Brasil tentando explorar situações de contra-ataque; os alemães, porém, nunca conseguiram se tornar realmente perigosos" (IDEM), esta, contudo, não é uma verdade factual, embora esteja registrado no mesmo meio midiático e seja um discurso sobre o mesmo evento, há um caráter eminentemente subjetivo, um comentário.

A VERDADE HISTÓRICA

Como já disse, para nos aproximarmos desse tipo de verdade é necessário um critério bem definido que possibilite o confronto, análise e conclusão, por exemplo, ao estudar o conflito entre Israel e Palestina, procurei encontrar autores de lados distintos e encontrei livro *O Conflito Israel-Palestina* escrito por dois autores (Dan Cohn-Sherbok – judeu e Dawoud el-Alami – árabe), as descrições de fatos históricos, de lado a lado, são até semelhantes, mas na parte final onde está aberto um debate, não há concordância, vejamos um trecho de cada um sobre um mesmo contexto histórico:

> Como expliquei no capítulo 4, mais de meio milhão de refugiados árabes fugiu do território israelense depois da guerra. A maioria desses refugiados foi para a Jordânia e outros para a Faixa de Gaza. Devido ao antagonismo dos árabes ao Estado judaico, é compreensível que o governo israelense se opusesse ao retorno deles. Em junho de 1938, Bem-Gurion afirmou ao seu gabinete que aqueles que erguessem armas contra a Nação judaica teriam de enfrentar as consequências – Dan Cohn-Sherbok – judeu. (AL-ALAMI e COHN-SHERBOK, 2005, p. 211)

> Os árabes simplesmente ressentem as ações do Estado colonial israelense, seu regime de Apartheid e sua política de limpeza étnica. Um palestino vivendo num campo de refugiados em Gaza ou exilado de sua terra natal não odeia o colono judeu porque ele é um judeu, mas porque ele é um imigrante vivendo numa colônia construída sobre o que restou de sua aldeia, apoiado financeiramente e moralmente pelo Ocidente, o qual se esqueceu do drama dos refugiados palestinos e que os abandonou à condição de não terem um Estado há mais de cinquenta anos – Dawoud el-Alami – árabe. (AL-ALAMI e COHN-SHERBOK, 2005, p. 223)

Talvez, a narrativa de apenas dois autores não seja suficiente para chegarmos a alguma verdade provisória, mas certamente será melhor do que nos atermos a uma única narrativa.

Toda leitura é mais absorvível quando o leitor tem ideias inclinadas para o mesmo lado do autor que lê, é da natureza humana se aproximar daqueles cujas ideias são minimamente parecidas, ideias em rumo de colisão são desprezadas, por isso é um exercício muito difícil escutar e tentar compreender os diferentes, essa empatia é necessária, entretanto, muitas vezes absurdamente difícil. Pois, em alguns casos os diferentes são movidos pelo discurso do ódio e preferem inverdades, sempre com o objetivo de enganar, nesses casos não perca seu tempo, caro leitor/leitora.

CAPÍTULO DÉCIMO

O critério para verdades históricas é o de *cruzar as informações históricas oferecidas por historiadores de diversas formações. Compreender como cada um desses historiadores viveram: onde estudaram, o que estudaram, com quem aprenderam, em que contexto sócio-histórico viveram, quais foram os seus envolvimentos políticos, enfim conhecer suas biografias.*

A VERDADE CIENTÍFICA

Essa é uma das verdades cujo conceito já deu muita polêmica, contudo, uma coisa é certa, essa é uma verdade provisória ou se preferirem temporária, que pode perdurar por muito tempo e algumas vezes ganhar status de verdade factual.

A Terra de Ptolomeu era o centro do Universo, tudo girava ao seu redor, essa verdade foi contestada por Copérnico com a tese do heliocentrismo, o Sol no centro. O Sol no centro simplificava as explicações relativas aos movimentos dos astros observados no céu (firmamento), mas não havia garantias para essa defesa. As coisas tomaram novo rumo com Galileu que garantia que a Terra girava ao redor de seu próprio eixo e não era estática como sugeria a explicação ptolomaica.

Sucessivas novidades, agora com lastros de cálculos matemáticos e previsões precisas de eventos astronômicos, por fim, colocaram um ponto final na visão anterior e as ideias de Copérnico prevaleceram. Tudo isso foi possível de ser observado e constatado através de observações sempre mais precisas, telescópios mais potentes e, por fim, a visão da Terra pela janela de uma nave espacial. Uma Teoria que acabou virando uma verdade factual, não é sempre que isso acontece e, por isso, merece uma celebração.

As leis de movimento (na superfície da Terra) de Galileu e (dos planetas) de Kepler foram generalizadas por Newton (a Lei da Gravitação Universal), entre a publicação de seu trabalho em 1713 e a publicação de Einstein (Teoria da Relatividade Geral) em 1915, decorreram 202 anos, uma duração interessante, período em que todos tinham a Teoria newtoniana como verdade.

No Brasil de 2018 a 2022 vivemos um período de retrocesso sem limites, terraplanistas de plantão, negativistas, defensores de ideias contrárias às ciências, que conseguiram conduzir milhões nessa surpreendente viagem ao inferno, pior ainda, quiseram arrastar os demais com eles. Uma maneira rasteira de influenciar as pessoas, mas não inédita, infelizmente. Há tanta informação confusa e destituída de um mínimo de bom senso que, quando associada à ausência de critério (para encontrar a verdade) consegue convencer milhões. Esse é, a meu ver, o resultado de uma construção educacional falida, que não forma um sujeito pensante e reflexivo, apenas vomita informações desconexas, maldosamente engendrada para obter o controle de manada.

HÁ VERDADE NA EDUCAÇÃO BRASILEIRA?

Não me considero um sujeito com inteligência acima da média, mas também não estou abaixo dela e navego bem, para utilizar um termo que está na moda, por diversas áreas do conhecimento. Não obstante, creio que uma análise em retrospectiva poderá me colocar acima da média, não por mérito meu, mas demérito de uma grande parte da população que, na minha opinião, busca a marginalidade intelectual ao se desviar da busca pelo saber. Evidentemente, há muitos inocentes neste prato da balança, mas por agora chamo a atenção dessa massa que foge do saber.

O primeiro computador comercializado foi o UNIVAC utilizado pelo Pentágono (governo americano) em 1951, o primeiro computador pessoal foi lançado pela IBM em 1981. O computador que equipou, em 1969, a missão Apollo 11 e que levou Neil Armstrong a pisar a superfície da Lua, foi o AGC que tinha um poder computacional inferior ao de um carregador USB de smartphone dos dias de hoje (2022).

Quando eu nasci, em 1960, nada do que temos hoje na área da informática, era sequer uma visão. Ingressei na universidade em 1981 e não havia acesso aos PCs aqui no Brasil. Apesar de compreender relativamente bem diversas áreas do conhecimento, o meio ambiente da informática não é uma delas, tenho smart fone, smart TV, notebook, pacote Office, sei usar o Corel Draw, o AutoCad, o Excell, o Word, e uma lista bem grande de Softwares e aplicativos, entretanto, não compreendo bem como funciona o Facebook e o Instagram.

No relacionamento profissional que mantenho, ah! ainda trabalho, é muito comum lidar com os jovens que vêm assumindo suas posições nas empresas e que, de forma muito hábil, navegam bem nessa internet das plataformas corporativas, como a plataforma SAP, por exemplo.

CAPÍTULO DÉCIMO

Muitas vezes esse relacionamento, meu com os jovens da modernidade, acaba por expor faces de moedas distintas, a saber, de um lado, meu desconhecimento a respeito dessas plataformas e de outro o desconhecimento de mundo e falta de empatia desses jovens. Eles têm uma nova religião, acreditam profundamente no "sistema" de informatização que pensam dominar de forma absoluta, e acreditam piamente que de fato há uma inteligência artificial, não conseguem enxergar que não há nada de inteligência nisso que creem, a não ser a inteligência do ser humano que a projetou, e que, se há algum resultado que parece, quando olhado bem de longe, com alguma inteligência é porque as máquinas têm processadores com capacidade de armazenamento e frequência de processamento, cada vez maiores e, isso, absolutamente, não é inteligência de qualquer tipo.

E a falta de empatia, que pode ser característica de qualquer pessoa, é amplificada quando se pensa que esses processos informatizados são quase óbvios, contudo, não o são. Meu pai nasceu em 1934, imaginem a sua dificuldade em lidar com coisa da informática. Ele faz compras pela internet, mas não entende o Facebook, o Instagram e o Google, se não houver empatia, a comunicação entre as gerações fica comprometida. Muitos desses jovens, não todos é bom que se reforce, compreendem bem essas mídias, mas não sabem fazer uma conta de dividir, não sabem usar o algoritmo da divisão e isso sim é muito triste. E creem na tal inteligência artificial, buscam o caminho mais fácil, uma vez que pensar e resolver problemas "dá trabalho".

Recordo-me de uma ocasião, quando um aluno meu (turma do segundo ano do Ensino Médio), em uma aula sobre logaritmos, disse que não precisava do conteúdo da aula, "porque isso a calculadora faz", permiti que ele usasse a calculadora para resolver alguns problemas e ele não conseguiu resolver um único exercício, sequer. A responsabilidade por evitar situações desse tipo, por esclarecer o que é importante, por conscientizar o verdadeiro lugar da informática em nossas vidas, deve estar no topo da lista das prioridades de nossa sociedade.

Senão, *uma análise em retrospectiva poderá me colocar acima da média, não por mérito meu, mas demérito de uma grande maioria que, na minha opinião, busca a marginalidade intelectual ao se desviar da busca pelo saber.*

A tecnologia da informatização não é panaceia que eliminará todos as dificuldades da humanidade. Não é pedra de roseta para resolver todos os nossos problemas. Mas, pode ser a caixa de pandora da humanidade, minando a construção de saberes e destruindo, como uma droga viciante, as iniciativas positivas da sociedade.

SÍNTESE

Neste capítulo a verdade foi colocada no banco dos réus, sem exaurir as possibilidades, foi dada uma visão geral sobre os conceitos de *a coisa em si*, de realidade, de verdade e suas variantes. Foi defendida a propositura para o estabelecimento de um critério de verdade, considerando-se a impossibilidade de uma verdade absoluta.

Tangenciou-se a verdade científica e foi dada uma pitada no tempero sobre a verdade da Educação brasileira. Ainda que levemente a verdade foi desnudada de, ao menos, um véu.

ANEXO AO CAPÍTULO 10

A CONSCIÊNCIA DA CONSCIÊNCIA

O que será (À Flor da Terra)

O que será que será
Que andam suspirando pelas alcovas
Que andam sussurrando em versos e trovas
Que andam combinando no breu das tocas
Que anda nas cabeças, anda nas bocas
Que andam acendendo velas nos becos
Que estão falando alto pelos botecos
Que gritam nos mercados que com certeza
Está na natureza, será que será
O que não tem certeza, nem nunca terá
O que não tem conserto, nem nunca terá
O que não tem tamanho

O que será que será
Que vive nas ideias desses amantes
Que cantam os poetas mais delirantes
Que juram os profetas embriagados
Que está na romaria dos mutilados
Que está na fantasia dos infelizes
Que está no dia a dia das meretrizes
No plano dos bandidos, dos desvalidos
Em todos os sentidos, será que será
O que não tem decência nem nunca terá
O que não tem censura nem nunca terá
O que não faz sentido

O que será que será
Que todos os avisos não vão evitar
Porque todos os risos vão desafiar
Porque todos os sinos irão repicar
Porque todos os hinos irão consagrar
E todos os meninos vão desembestar
E todos os destinos irão se encontrar
E mesmo o Padre Eterno que nunca foi lá
Olhando aquele inferno, vai abençoar
O que não tem governo, nem nunca terá
O que não tem vergonha nem nunca terá
O que não tem juízo

O que será que será
Que todos os avisos não vão evitar
Porque todos os riscos vão desafiar
Porque todos os sinos irão repicar
Porque todos os hinos irão consagrar
E todos os meninos vão desembestar
E todos os destinos irão se encontrar
E mesmo o Padre Eterno que nunca foi lá
Olhando aquele inferno, vai abençoar
O que não tem governo, nem nunca terá
O que não tem vergonha nem nunca terá
O que não tem juízo

Chico Buarque de Holanda

Assim como tudo que nos envolve no universo, em particular em nosso planeta, a Terra, a consciência deve ter nuances, com variações desde uma sutil consciência até uma consciência mais desenvolvida. Percebe-se inteligências variadas, desde aquelas pouco desenvolvidas, observadas em alguns animais, até aquelas de gênios que já existiram entre os seres humanos, para nós, as mais desenvolvidas já vistas, sem necessidade de citar exemplos. Mas, há outras nuances e matizes que nos cercam, a bondade, a fidelidade, como as dos cães, a maldade, a abnegação, a dedicação, um sem-número de coisas que podem ser listadas, desde uma sutileza até uma grande intensidade.

Pode-se intuir que o mesmo deva ocorrer com a consciência que, evidentemente, pode ter lugar no próprio desenvolvimento das espécies e ainda ser classificada em uma escala de valor. Contudo, no âmbito de nossa espécie, o Homo sapiens – os seres humanos – ainda é possível perceber variações dessa consciência. Não quero referir-me à percepção que um sujeito tem do seu contexto físico, de seu corpo, ainda que essa distinção seja possível, quero sim, referir-me antes ao contexto sócio-histórico, sócio-político e sociocultural.

A consciência que um sujeito tem do mundo que o cerca, especialmente, considerando os aspectos sócio-políticos, sócio-históricos e culturais, pode apresentar variações imensas e essas variações determinam, em grande medida, o seu comportamento. Não só determinam o comportamento, como permitem a dominação intelectual de um sujeito sobre outro.

É possível conjecturar que o desenvolvimento da consciência para além dos limites fisiológicos/genéticos são determinados pela Educação. Ao oferecer elementos que possibilitem e potencializem a construção do conhecimento, a Educação permite ao sujeito o desenvolvimento de sua consciência.

Escrevi, certa ocasião, a respeito da consciência sobre ideias filosóficas que:

> Por trás de uma investigação sempre existem ideias filosóficas gerais, embora muitas vezes esse fato ocorra no nível do subconsciente, evidentemente a diferença entre essa e uma escolha consciente se refletirá na organização ausente na primeira (subconsciente) e presente na segunda (consciente). (MARINI - 2018).

E Popper escreveu que "Todos nós temos nossas filosofias, estejamos ou não conscientes desse fato [...]" (POPPER, 1979, p 42.).

Ter consciência dos fatos, compreendê-los, analisá-los (e construir uma síntese) a partir dessa análise, ter a capacidade de organização, passa irremediavelmente pela construção do conhecimento, objeto da Educação formal.

Um povo consciente é a constituição de sujeitos conscientes, que por sua vez, é resultado da Educação – professores, escola, comunidade, *milieu*[85].

Ter consciência da própria consciência, compreender o quão distante se está de uma consciência plena, se é que se pode falar em plenitude, talvez seja o objetivo maior que um sujeito deva buscar. Porque essa busca, em si mesma, já determina um grau de consciência elevado e, a determinação de persistir nessa busca traz a reboque a construção de um complexo conjunto de subsunçores, isto é, conjunto de necessidades e subsídios para a construção de conhecimento, indispensáveis ao próprio desenvolvimento consciente.

Enfim, um sujeito consciente não será enganado, um povo consciente não será manipulado!

---

85 **Milieu:** contexto físico e social que determina o meio ambiente no qual pessoas atuam ou vivem.

O que Será (À Flor da Pele)

O que será que me dá
Que me bole por dentro, será que me dá
Que brota à flor da pele, será que me dá
E que me sobe às faces e me faz corar
E que me salta aos olhos a me atraiçoar
E que me aperta o peito e me faz confessar
O que não tem mais jeito de dissimular
E que nem é direito ninguém recusar
E que me faz mendigo, me faz suplicar
O que não tem medida, nem nunca terá
O que não tem remédio, nem nunca terá
O que não tem receita

O que será que será
Que dá dentro da gente e que não devia
Que desacata a gente, que é revelia
Que é feito uma aguardente que não sacia
Que é feito estar doente de uma folia
Que nem dez mandamentos vão conciliar
Nem todos os unguentos vão aliviar
Nem todos os quebrantos, toda alquimia
Que nem todos os santos, será que será
O que não tem descanso, nem nunca terá
O que não tem cansaço, nem nunca terá
O que não tem limite

O que será que me dá
Que me queima por dentro, será que me dá
Que me perturba o sono, será que me dá
Que todos os tremores que vêm agitar
Que todos os ardores me vêm atiçar
Que todos os suores me vêm encharcar
Que todos os meus órgãos estão a clamar
E uma aflição medonha me faz implorar
O que não tem vergonha, nem nunca terá
O que não tem governo, nem nunca terá
O que não tem juízo.

Chico Buarque de Holanda

Conclusão da Terceira Parte

Na conclusão dessa Terceira Parte, quero deixar uma visão otimista, quero mostrar que mesmo com manifestações tão nefastas durante toda sua história, a humanidade pode descobrir forças interiores que a promovam a um nível sensato. E, nesse sentido, ressalto a existência humana como partida para essa abordagem menos carregada e mais leve.

O Existencialismo é uma escola filosófica, cujo desenvolvimento das ideias concentra-se no Ser, no Homem enquanto sujeito pensante. É relativamente lógico compreender que essa Filosofia lance suas luzes essencialmente sobre as experiências humanas do ponto de vista de sua existência, assim, o que importa são as experimentações vivenciadas e tudo que não pode ser experimentado ou experienciado, fica à margem da abordagem dessa Filosofia.

Entendo que a experiência humana proporciona uma condição pendular ao seu próprio desenvolvimento e dessa forma, atinge toda a humanidade e, certamente, incluem-se aí, também, os filósofos. Esse desenvolvimento proporciona diferentes pensamentos e produzem diferentes pensadores influenciados e impregnados pelo caldo sócio-histórico-cultural à qual estão imersos.

Digo condição pendular, pois há sempre um movimento que tende para o oposto, sempre que a situação atual/presente não responda mais às questões importantes e cruciais que são colocadas. Assim, aconteceu com o Existencialismo, inaugurado de forma organizada pelo dinamarquês Soren Kierkegaard a partir de meados do século XIX, justamente em contraposição à escola filosófica do Idealismo, especialmente o Idealismo alemão, que encontra em Martin Heidegger um dos filósofos mais representativos dessa escola de pensamento.

Já adianto-me a dizer que meu raciocínio não está alicerçado no existencialismo nem mesmo no idealismo, uma vez que, considero o homem como parte inerente do processo sócio-histórico-cultural. Não obstante, quero lançar algumas luzes sobre aspectos da existência do Homem. Vislumbro três possibilidades – não mutuamente excludentes, dentre tantas outras, sobre as quais, creio, caiba uma reflexão dessa ordem.

Primeira: O homem enquanto ser constituinte de um todo no conjunto de todas as espécies, e isso leva a reflexão ao âmbito que aborda a sua evolução como espécie que carrega toda a herança que essa evolução proporciona, vinda desde um passado distante.

O que dizer sobre a existência desse homem, que se ergueu sobre dois apoios e pôs-se a andar na posição ereta?

Esse homem, literalmente, caminhou sobre o planeta aprendeu a preservar e depois a produzir o fogo, desenvolveu a linguagem, estabeleceu-se em grupos sociais colaborativos, finalmente deixou de ser nômade e dominou a agricultura rudimentar. É isso que o homem sócio-histórico herdou. É dessa origem que se constituíram os mais remotos subsunçores[86] que carregamos. Há muito conteúdo e explicação nessa herança, sentimentos, anseios, desejos, esperanças, ímpetos, uma herança genética que, ao mesmo tempo, nos aprisiona e nos liberta!

Segunda: Um homem sócio-histórico, sujeito que pensa, única espécie a filosofar, imerso na complexidade sociocultural, resultado de seu passado recente. A filosofia é o amor à verdade, a busca pela verdade, filosofar é interrogar para o encontro com a verdade. O Homem sócio-histórico, de passado recente, passado que se pode pesquisar nas bibliotecas, é criador e potencializador do mundo 3 de Popper[87], é o sujeito que tem que lidar com suas heranças, inclusive as genéticas, e responder a questões ainda não respondidas. É inquieto e busca incansavelmente a verdade, pois considera que essa busca, que sabe não ter fim, somente essa busca, trará razão de ser à sua existência.

Terceira: O homem enquanto potência do devir, aquilo que pode ser, mas ainda não é. O homem que busca seu objetivo, que processa uma razão, que é parte de um processo histórico, que vive uma complexidade cultural e tenta ir adiante a um futuro próximo.

---

86 Por **subsunçor**, entende-se um ou mais conceitos já existentes na estrutura cognitiva de forma mais completa (conceitos preexistentes maduros).

87 "**mundo 3**" que é formado pelos conteúdos lógicos de livros, pelas bibliotecas, pelas memórias de computador e similares, é o mundo autônomo onde se encontram as teorias formuladas em linguagem natural.

Conclusão da Terceira Parte

De posse de suas verdades provisórias, e sempre na constante empreitada de conquistar verdades sempre mais válidas, esse homem sonha e tem razões. Razão que aqui tem a conotação de ser uma mola propulsora, uma catapulta, que pode lançar esse Homem ao futuro, um futuro desconhecido, porém expectado. Não se trata de uma causa que lhe é imposta, ainda que essas existam e possam empurrar o homem para um futuro que não tenha escolhido. Uma razão é, antes de mais nada, um motivo, e acima de tudo uma escolha! Esse homem, potência do devir, habita em todo ser humano, às vezes em estado de hibernação, mas está lá.

Reitero que, como o Homem e os aspectos que compõem sua existência não se separam, cada sujeito tem todos esses ingredientes coabitando no seu ser, no seu íntimo, no seu todo. E é a um só momento o herdeiro de sentimentos profundamente enraizados, até mesmo geneticamente herdados – subsunçores[88] de época remota – é sujeito pensante que busca a verdade, é agente construtivo do mundo 3, imerso na complexidade do contexto sócio-histórico-cultural e é, por fim, aquele que sonha com o devir, que age no sentido da conquista de seus objetivos, pelas razões que gestou.

Esse é o perfil do Homem que nossa Terra precisa e é esse Homem que precisamos juntar às fileiras daqueles que buscam uma alternativa a esse beco sem saída pelo qual enveredou, que compreendem a natureza de nosso Universo e sua raridade, que compreendem a natureza frágil de nosso planeta e a raridade da vida que o habita, que compreendem que a busca por recursos imediatos, no contexto de um capitalismo frenético, está em rumo de colisão com a perpetuação de nossa espécie, enfim, é o que precisa ser feito, é a consciência da escolha difícil, necessária, mas salvadora.

Muitas vezes, neste livro, escrevi e rescrevi, acentuei e ressaltei que há uma escolha difícil a ser feita, mas difícil para quem?

Para a grande maioria da população mundial, que no ano de 2022 atingiu o número de 8 bilhões, não tem nada de difícil e é na verdade a escolha esperada e até suplicada!

---

88 **Subsunçor** é um conhecimento específico, existente na estrutura de intelectual do indivíduo, que serve de base para um novo construto a ser acrescentado na construção do conhecimento.

Será uma escolha difícil para a classe média – de todo o mundo – porque crê que não pode se desgarrar de tudo o quanto lhe disseram ser a sua própria escolha.

Será uma escolha impossível para a minoria rica, aqueles que controlam e determinam nossos destinos, quando nos encontramos distraídos.

Finalmente, a escolha não tem nada de difícil quando olhamos para o todo, entretanto, enquanto o poder estiver aliado ao capital será sim muito difícil, não o ato de escolher, mas o convencimento dos detentores do poder a fazerem essa escolha.

FALE COM O AUTOR

Este espaço é para você fazer anotações e registrar seus questionamentos, poderá solicitar respostas e comentários ao autor, por e-mail: wagner@wasonline.com.br ou por WhatsApp: (11)991489378

REFERÊNCIAS

AGUILAR, Sérgio Luiz Cruz. *Identidades e Diferenças: O caso da Guerra Civil na Antiga Iugoslávia*. Revista Brasileira de História & Ciências Sociais, vol. 4, Nº 8, dezembro de 2012.

AIOLA, Simone et al. *THE ATACAMA COSMOLOGY TELESCOPE: DR4 MAPS AND COSMOLOGICAL PARAMETERS*. Draft version July 14, 2020.

AL-ALAMI, Dawoud e COHN-SHERBOK, Dan. *O Conflito Israel-Palestina*. Editora Palíndromo, São Paulo, 2005.

ANDREWS, Carol. A Pedra de Roseta. Departamento de Antiguidades Egípcias, Publicações do Museu Britânico, https://www.scribd.com/document/348656403/A-Pedra-de-Roseta, acessado em 20/09/2022.

ANTESERI, Dario e REALE, Giovanni. *História da Filosofia volume I*: antiguidade e Idade média. Editora Paulus, São Paulo, 1990.

ANTESERI, Dario e REALE, Giovanni. *História da Filosofia volume II*: do humanismo a Kant. Editora Paulus, São Paulo, 1990.

ANTESERI, Dario e REALE, Giovanni. *História da Filosofia volume III*: do romantismo até nossos dias. Editora Paulus, São Paulo, 1990.

AVELLAR, Márcio G. B. et al (org.). *Astrobiologia: Uma ciência Emergente*. Tikenet Edição: IAG/USP, 2016.

AZEVEDO, B. L. de et al. *The discovery of a new Mimivirus isolate in association with virophage-transpoviron elements in Brazil highlights the main genomic and evolutionary features of this tripartite system*. Viruses. v. 14, n. 2, p. 1-16. 21 jan. 2022.

BACHELARD, Gaston. *A intuição do instante*. Verus Editora Ltda, Campinas, 1993.

BAKER, Joanne. *50 Ideias de Física Quântica que você precisa conhecer*. Editora Planeta, 2015.

BELUSSI, Lucas Francisco Bosso et al. *O Bóson de Higgs*. Revista Brasileira de Ensino de Física, 2013.

BERGER, Peter Ludwig. *O Dossel Sagrado: Elementos para uma Teoria Sociológica da Religião*. Edições Paulinas, São Paulo, 1985.

BONINI, Altair et al. *História*. Secretaria de Estado da Educação, Curitiba, 2006.

BOURGEOIS, Beranard. *Hegel: Os atos dos espíritos*. Editora Unisinos, 2004.

BOUZON, Zenilda Laurita, GARGIONI, Rogério e OURIQUES, Luciane Cristina. *Biologia Celular*. Universidade Federal de Santa Catarina, Florianópolis, 2010.

BRANCO, Pércio de Moraes. *Breve História da Terra*. Serviço Geológico de Brasil – CPRM, 2016.

BRIX, Klaudia e OETTIMEIR, Christina. *Physarum Polycephalum – a new view of a classic model system*. Journal of Physics D: Applied Physics, vol. 50, Nº 41, IOP Publishing Ltd, 2017.

BROWNLEE, Donald e WARD, Peter Douglas. *Sós no UNIVERSO?* Editora Campus, Rio de Janeiro, 2000.

BÜCHNER, Luiz. *Força e Matéria*. Lello e Irmãos Editores, Porto, 1905.

BURNS, Edward McNall. *História da Civilização Ocidental*. Editora Globo, Rio de Janeiro, 1965.

CAMPOS, Ludimila Caliman. *O Cristianismo e o Império Romano*. Revista Ágora, Vitória, n.15, p. 132-145, 2012.

CAPRA, Fritjof, *A Teia da Vida: Uma Nova Compreensão Científica dos Sistemas Vivos*. Editora Cultrix, São Paulo, 1997.

CARRAPIÇO, Francisco e RITA, Olga. *Simbiogénese e Evolução*. In "Evolução. Conceitos e Debates", Levy, A., Carrapiço, F., Abreu, H. & Pina, M. (eds). Esfera do Caos, Lisboa, pp.175-198, 2009.

CARUSO, Francisco (org.). *Diálogos Sobre o Tempo*. Casa Editorial Maluhy & Co, São Paulo, 2010.

CARVALHO, Alexandre Galvão. *O Poder Régio e as Formas de Propaganda na Mesopotâmia Antiga*. Encontro Estadual de História ANPUH, Bahia, 2020.

REFERÊNCIAS

CLAUSEWITZ, Carl Von. *Da Guerra*. Editora Martins Fontes, São Paulo, 1996.

COTRIM, Irlan de Souza. *História Geral: Da Pré História à Segunda Guerra Mundial*. Atitude, Vitória, 2021.

COUTINHO, José Pereira. *Religião e Outros Conceitos*. Sociologia, Revista da Faculdade de Letras da Universidade do Porto, Vol. XXIV, pág. 171-193, 2012.

CRUZ, Kelle Gomes. *Sistemas Microemulsionados à base Tensoativos Hidrocarbônicos para Aplicação como Suportes para Dispersão de Compostos Antibióticos*. Dissertação de Mestrado, Universidade Federal de Viçosa, Minas Gerais, 2013.

DAMÁSIO, Antônio R. *O Erro de Descartes: emoção, razão e o cérebro humano*. Editora Schwarcz Ltda, São Paulo, 2011.

DAMINELI, Augusto e DAMINELI, Daniel Santa Cruz. *Origens da Vida*. Estudos Avançados, vol. 2, número 59, 2007.

DARGAM, Tânia e GONÇALVES, Neide. *O Bóson de Higgs Uma Fantástica Aventura*. Revista de Villegagnon, 2014.

DARROCH, Simon A. F. e HULL, Pincelli M. *MASS EXTINCTIONS AND THE STRUCTURE AND FUNCTION OF ECOSYSTEMS*. The Paleontological Society Papers, Vol. 19, Andrew M. Bush, Sara B. Pruss, and Jonathan L. Payne (eds.), Copyright © The Paleontological Society, 2013.

DEAMER, David W. e MONNARD, Pierre-Alain. *Menbrane Self-Assembly Processes: Steps Toward the First Cellular Life*. THE ANATOMICAL RECORD 268:196–207 (2002).

DESCARTES, René. *Discurso do Método*. Editora Martins Fontes, 1996.

EISBERG, Robert e RESNICK, Robert. *FÍSICA QUÂNTICA: Átomos, Moléculas, Sólidos, Núcleos e Partículas*. Editora Campos, Rio de Janeiro, 1979.

ELIADE, Mircea. *O Sagrado e o Profano*. Editora Martins Fontes, 1992.

ENGELS, Friederich e MARX, Karl. *O Manifesto do Partido Comunista*. Editorial Avante, Lisboa, 1997.

FAIRCHILD, Thomas Rich et al (org.). *Decifrando a Terra*. Oficina de Textos, São Paulo, 2000.

FAPESP, Revista Pesquisa. *Cometas como o ISON podem gerar aminoácidos ao se chocar com luas e planetas.* Edição 212, 2013.

FAIRCHILD, Thomas R. e BOGGIAN, Paulo Cesar. *A Vida Primitiva: do criptozoico (pré-cambriano) ao início do fanerozóico.* Editora Interciência, Rio de Janeiro, 2004.

FARIAS, Robison Fernandes. *A química do tempo: carbono 14.* QNESC, v.16, 6-8, Novembro, 2002.

FLORES, Eduardo Furtado (org.). *Virologia Veterinária.* Editora da UFSM, Santa Maria, 2007.

FONTAINE, Joëlle e SIMAAN, Arkan. *A Imagem do Mundo: dos babilônios a Newton.* Companhia das Letras, São Paulo, 2003.

FREITAS, Makezia Mayara da Costa. *Estudo da Formação de Micelas Reversas em Sistemas de Tensoativos não Iônicos/Solventes Orgânicos.* Dissertação de Mestrado, Universidade Federal do Rio Grande do Norte, Natal, 2017.

GENTIL, N. et al. *Matemática – Série Novo Ensino Médio.* Editora Ática, São Paulo, 2000.

GIBBON, Edwards. *Declínio e Queda do Império Romano.* Companhia das Letras, São Paulo, 1989.

GLEISER, Marcelo. *A Criação Imperfeita: Cosmos, vida e o código oculto da natureza.* Editora Record, São Paulo, 2010.

GOLDING, William. *Senhor das Moscas.* Prisa Edições, Rio de Janeiro, 2014.

GONÇALVES, Rafael Bruno e PEDRA, Graciele Macedo. *O Surgimento das Denominações Evangélicas no Brasil e a Presença na Política.* Diversidade Religiosa, João Pessoa, v. 7, n. 2, p. 69-100, 2017

GREENE, Brian. *O Universo Elegante.* Companhia das Letras, São Paulo, 2001.

GROTZINGER, John et al. *Para Compreender a Terra.* Editora Artmed, Porto Alegre, 2008.

GUERRA, Rafael Angel Torquemada (org.). *Ciências Biológicas.* Universidade Federal da Paraíba, 2011.

HAWKING, Stephen William. *Uma Breve História do Tempo.* Editora Rocco, Rio de Janeiro, 1988.

REFERÊNCIAS

HEIDEGGER, Martin. *Ontologia: Hermenêutica da Faticidade*. Editora Vozes, Petrópolis, RJ, 2012.

HOBSBAWM, Eric J. *A Era das Revoluções: 1789-1848*. Editora Paz & Terra, Rio de Janeiro, 2014.

ISRAELACHVILI, Jacob N. *Intermolecular and Surfaces Forces*. Academic Press is an imprint of Elsevier, San Diego, California, 2011.

JÚNIOR, Oswaldo Pessoa. *O Sujeito na Física Quântica*. UEFS, Feira de Santana, pp. 157-96, 2001.

JÚNIOR, Arnaldo de Souza Vasconcellos. *O Princípio de Conservação de Energia e a Descoberta do Neutrino: uma análise lakatosiana*. Dissertação de Mestrado, Área de Filosofia, Universidade de Brasília, 2019.

KAHNEMANN, Daniel et al. *RUÍDO: Uma falha no julgamento humano*. Editora Schwarcsz S.A., Rio de Janeiro, 2021.

KANT, Immanuel. *Fundamentação da Metafísica dos Costumes*. Edições 70, Lisboa, 2007.

KRIWACZEC, Paul. Babilônia: *A Mesopotâmia e o nascimento da Civilização*. Editora Zahar, Rio de Janeiro, 2018.

LEÃO, Delfin et al (org.). *Arqueologias de Império*. Universidade de Coimbra, Coimbra, 2010.

LESTIEME, Rémy. *O Acaso Criador*. Editora da Universidade de São Paulo, São Paulo, 2008.

LICHSTON, Juliana Espada, MACEDO, Cristiane Elizabeth de e SILVA, Naisandra Bezerra da. *Organização e Diferenciação Celular*. Editora da Universidade Federal do Rio Grande do Norte, Natal, 2012.

LOCKE, John. *Ensaio sobre o entendimento humano*. Editora UNESP, 2012.

LOPES, Sônia Godoy Bueno Carvalho et al. *Diversidade biológica, História da vida na Terra e Bioenergética*. EDUSP, São Paulo, 2014.

MAGNOLI, Demétrio (org.). *História das Guerras*. Editora Contexto, São Paulo, 2006.

MANIASSO, Nelson. *Ambientes Micelares em Química Analítica*. Quim. Nova, Vol. 24, No. 1, 87-93, 2001.

MARCIANI, Giulia. *O CONTATO ENTRE O HOMO NEANDERTALENSIS E O HOMO SAPIENS: DADOS PALEOANTROPOLÓGICOS, GENÉTICOS E ARQUEOLÓGICOS*. Revista Iniciação Científica, v. 11, n. 1, p. 190-212, Criciúma, Santa Catarina, 2013.

MARINI, Wagner. *Neurociência e a Aprendizagem Matemática*. Editora Chiado, Lisboa, 2018.

MARTINS, Zita. *A origem da vida na Terra: contribuição endógena e exógena de moléculas pré-bióticas*. Gazeta da Física: Sociedade Portuguesa de Física, vol. 37, Nº 2, p. 7 – 11, 2014.

MAZOYER, Marcel e ROUDART, Laurence. *História das agriculturas no mundo: do neolítico à crise contemporânea*. Editora UNESP, São Paulo, 2010.

MENEZES, Luís Carlos de. *A Matéria*. Editora Livraria da Física, São Paulo, 2005.

MICHEL, Bruce Alberts et al. *Biologia molecular da célula*. Editora Artmed, Porto Alegre, 2017.

MIRANDA, Jorge et al (org.). *Estudos em Memória do Professor Doutor António Marques dos Santos: Mercantilismo/Mercantilismos*. Editora Almedina, Coimbra, 393-422, 2005.

MOLNÁR, Ferenc. *Os Meninos da Rua Paulo*. Editora Saraiva, São Paulo, 1952.

MOREIRA, Marco Antonio. *O Conceito de Simetria na Física*. Revista do Professor de Física, Universidade de Brasília, Brasília, 2019.

MOTTA, Valter T. *Bioquímica Básica*. Editora Medbook, Rio de Janeiro, 2011.

MOURA, Elizabeth Mendes Martins de. *Diversidade de Vírus DNA Alóctones de Mananciais e de Esgoto da Região Metropolitana de São Paulo*. Tese de Doutorado, Universidade de São Paulo, 2017.

NUNES, Edson de Araújo et al (org.). *Religiões e Espiritualidades: Por uma cultura de respeito e paz*. Fórum Diálogos, 2020.

ORWELL, George. *A Revolução dos Bichos*. UENP, Jacarezinho, PR, 2015.

PEREIRA, Luísa et al. *A Symbiogenic Way in the Origen of Life*. J. Seckbach (ed.), Genesis - In The Beginning: Precursors of Life, Chemical Models and Early

REFERÊNCIAS

Biological Evolution, Cellular Origin, Life in Extreme Habitats and Astrobiology 22, 723–742 DOI 10.1007/978-94-007-2941-4_36, © Springer Science+Business Media Dordrecht, 2012.

POLON, Luana. *Eras Geológicas. Estudo Prático.* acessado em 26/07/2022, https://www.estudopratico.com.br/eras-geologicas/

POPPER, Karl. *A Lógica da Pesquisa Científica.* Editora Cultrix, São Paulo, 2ª edição, 2013.

POPPER, Karl. *Conhecimento Objetivo.* Editora Itatiaia Ltda, Belo Horizonte, 1999.

POPPER, Karl. *Os Dois Problemas Fundamentais da Teoria do Conhecimento.* Editora UNESP, São Paulo, 2013.

POZZER, Katia Maria Paim. *Escritas e escribas: o cuneiforme no antigo Oriente Próximo.* Clássica, v. 11/12, n. 11/12, p. 61-80, São Paulo,1998-1999

PROFETA, Guilherme et al. *Através do Espelho: O inverso da matéria.* Comunicação Instituto de Física da USP. São Paulo, 2022.

PRONI, Marcelo Weishaupt, *História do Capitalismo: uma visão panorâmica.* UNICAMP-CESIT, Campinas, 1997.

REES, Martin. *Apenas Seis Números: As forças profundas que controlam o Universo.* Editora Rocco Ltda, Rio de Janeiro, 1999.

RIBEIRO, Jayme. *Dossiê História e Memória 147 OS "FILHOS DA BOMBA".* Outros Tempos, Vol. 6, Nº 7, julho de 2009.

RIDLEY, Mark. *Evolução.* Editora Artmed, Porto Alegre, 2007.

RUBINSTEIN, Cláudia Viviana. *Early Middle Ordovician evidence for land plants in Argentina (Eastern Gondwana).* New Phytologist, 188: 365–369, 2010.

RUSSO, Cláudia A. M. et al. *Diversidade dos Seres Vivos.* Fundação CECIERJ, Rio de Janeiro, 2008.

SANTOS, J. M. B. Lopes dos. *A Descoberta do Neutrino.* Departamento de Física, Faculdade de Ciências, Universidade do Porto, Porto, 2003.

SILVA, Angelo Roncalli Alves. *Estudos fotofísicos, fotoquímicos e fotobiológicos de complexos de flalocianina de cloro-alumínio e indocianina verde em lipossomas.* Tese de Doutorado, Universidade de São Paulo, Ribeirão Preto, 2010.

SAFATLE, Vladimir. *O Circuito dos Afetos: Corpos políticos, desamparo e o fim do indivíduo*. Editora Autêntica, São Paulo, 2015.

SILVA, José Adailton Barroso da, et al. *UMA BREVE HISTÓRIA SOBRE O SURGIMENTO E O DESENVOLVIMENTO DO CAPITALISMO*. Ciências Humanas e Sociais Unit, Aracaju, v. 2, n.3, p. 125-137, 2015.

SOCIEDADE bíblica do brasil. *História da Bíblia*. https://biblia.com.br/perguntas-biblicas/historia-da-biblia/, acessado em 06/10/2022.

SOUZA, Josiney A. *Os Matemáticos da Evolução*. Revista Eletrônica Espaço Teológico, Vol.10, n.17, p.54-70, 2016. https://revistas.pucsp.br/index.php/reveleteo

SPINOZA, Baruch. *Breve Tratado de Deus, do Homem e do seu bem-estar*. Autêntica Editora, 2012.

STEWART, Ian. *Uma história da Simetria na Matemática*. Editora Zahar, Rio de Janeiro, 2012.

SWEEZY, Paul et al. *A Transição do Feudalismo para o Capitalismo: Um Debate*. Editora Paz e Terra, Rio de Janeiro, 1977.

WERÁ, Kaká. *Menino-Trovão*. Editora Moderna, São Paulo, 2022.

WHITROW, Gerald James. *O que é o tempo?* Jorge Zahar Editor, Rio de Janeiro, 2005.

ZAIA, Cássia Thais B. V. e ZAIA, Dimas A. M. *Adsorção de Aminoácidos Sobre Minerais e a Origem da Vida*. Quim. Nova, Vol. 29, Nº. 4, 786-789, 2006.

ZAIA, Dimas A. M. *A Origem da Vida e a Química Prebiótica*. Revista Semina: Ciências Exatas e Tecnológicas, Londrina, v. 25, n. 1, p. 3-8, jan./jun. 2004.

CRÉDITOS DA IMAGENS

Figura 1: Albert Einstein 1904 (Foto de Lucien Chavan) / Isaac Newton (Retratado por Godfrey Kneller)

Figuras 2 a 11: Acervo do autor

Figura 12: https://brasilescola.uol.com.br/fisica/espectro-eletromagnetico.htm

Figuras 13 e 14: https://gizmodo.uol.com.br/estudo-novas-zonas-habitaveis/

Figura 15: GROTZINGER, 2008, p. 30

Figura 16: Michael Elser/University of Zurich

Figura 17: GROTZINGER, 2008, p. 31

Figura 18: Minas Júnior Consultoria Mineral

Figura 19: Acervo do autor

Figura 20: https://www.cp2.g12.br/blog/re2/files/2017/02/Geologia.pdf

Figura 21: GROTZINGER, 2008, p.54

Figura 22: GROTZINGER, 2008, p.57

Figuras 23 e 24: GROTZINGER, 2008, p.57

Figura 25: https://www.cp2.g12.br/blog/re2/files/2017/02/Geologia.pdf

Figura 26: Minas Júnior Consultoria Mineral

Figura 27: https://www.coladaweb.com/geografia/placas-tectonicas

Figura 28: https://pt.wikipedia.org/wiki/Ciclone_extratropical#/media/Ficheiro:Low_pressure_system_over_Iceland.jpg

Figura 29: https://www3.unicentro.br/petfisica/2018/09/11/efeito-coriolis/

Figura 30: https://segredosdomundo.r7.com/maiores-erupcoes-vulcanicas/

Figura 31: https://www.iberdrola.com/sustentabilidade/
historia-da-vulcoes-em-erupcao

Figuras 32 e 33: https://www.cp2.g12.br/blog/re2/files/2017/02/Geologia.pdf

Figura 34: GROTZINGER, 2008, p. 258

Figuras 35 e 36: Acervo do autor

Figura 37: GENTIL 2000, p. 108

Figuras 38 e 39: Acervo do autor

Figura 40: https://pt.wikipedia.org/wiki/Sism%C3%B3grafo

Figura 41: https://www.infoescola.com/geologia/sismologia/

Figura 42: Acervo do autor

Figura 43: https://pt.khanacademy.org/science/6-ano/vida-e-evolucao-6-ano/
celulas-procariontes-e-eucariontes/a/clulas-procariticas-e-eucariticas

Figura 44: Scripps Institution of Oceanography Archives

Figura 45: Acervo do autor

Figura 46: https://www.infoescola.com/quimica/compostos-tensoativos/

Figura 47: https://xdaquestao.com/questoes/1476566

Figura 48: https://pt.wikipedia.org/wiki/Lipossoma

Figura 49: Acervo do autor

Figura 50: https://www.ufrgs.br/labvir/material/aula2bvet.pdf

Figura 51: https://www.infoescola.com/biologia/ancestral-comum/

Figura 52: Acervo do autor

Figura 53: https://www.bbc.com/portuguese/vert-tra-55905807

CRÉDITOS DA IMAGENS

Figura 54: https://prismacientifico.files.wordpress.com/2014/04/physarum_polycephalum2.jpg

Figura 55: https://pt.m.wikipedia.org/wiki/Ficheiro:Teoria_colonial.png

Figuras 56, 57 e 58: Acervo do autor

Figura 59: GROTZINGER, 2008, p. 40

Figuras 60, 61 e 62: Acervo do autor

Figura 63: Eras Geológicas - Etapas e características (estudopratico.com.br)

Figura 64: https://pt.wikipedia.org/wiki/Primatas

Figura 65: ASTROBIOLOGIA – Uma Ciência Emergente, pág 356. https://www.iag.usp.br/sites/default/files/2023-01/2016_galante_horvath_astrobiologia.pdf Adaptado de BIGNAMI e SOMMARIVA, 2013

Figura 66: Acervo do autor

Figura 67: https://www.todoestudo.com.br/historia/crescente-fertil

Figura 68: https://pt.wikipedia.org/wiki/Pedra_de_Roseta

Figuras 69, 70 e 71: Acervo do autor

Figura 72: https://pt.wikipedia.org/wiki/Expansão_islâmica

Figura 73: Acervo do autor

Figura 74: https://www.fsspx.com.br/wp-content/uploads/2010/10/Os-templarios.pdf

Figura 75: https://iluminareaquecer.blogspot.com/2017/02/ordens-religiosas-militares-e.html

Figuras 76 e 77: Acervo do autor

Figura 78: http://www.jornaldocampus.usp.br/index.php/2021/06/questao-israel-palestina-73-anos-de-limpeza-etnica/

Figura 79 e 80: Acervo do autor

Figura 81: 5 pontos para entender a guerra civil no Iêmen, a pior crise humanitária do mundo - BBC News Brasil. https://www.bbc.com/portuguese/internacional-43309945

Figura 82: Abduljabbar Zeyad/Reuters

Figura 83: Mandel Ngan / AFP

Figuras 84 e 85: Acervo do autor

Impresso na Logprint
em papel offset 75 g/m²
fonte utilizada adobe caslon pro
março / 2024